BIRD BRAIN

AN EXPLORATION OF AVIAN INTELLIGENCE

BIRD BRAIN
AN EXPLORATION OF AVIAN INTELLIGENCE

Nathan Emery

実は
猫よりすごく賢い
鳥の頭脳

ネイサン・エメリー　渡辺 智【訳】

X-Knowledge

Bird Brain: An exploration of avian intelligence
by Nathan Emery

装丁・本文デザイン　轡田昭彦＋坪井朋子
翻訳協力　株式会社トランネット
編集協力　小泉伸夫

CONTENTS

8 序文

10 はじめに

16 第1章
羽を持った類人猿

「トリアタマ」は悪口とされるが、鳥は霊長類にも似た情報処理能力を持っている。鳥の脳の見方はここ100年でどう変化したか。賢い動物とはいったいどのようなものを言うのか。

40 第2章
方向感覚と記憶力

鳥ほどの長距離を移動する動物はほかにいない。間違えずに目的地にたどり着けるのはなぜなのか。また、鳥の記憶力は人間をはるかに凌ぐことがある。貯食をする鳥の驚くべき記憶能力とは。

64 第3章
伝える能力

色とりどりの羽でメスを誘ったり、縄張りを声で主張したり……鳥の生活にコミュニケーションは欠かせない。鳥がいかに視覚、聴覚を利用してこれを行っているか。また、鳥のさえずりと人間の言語との共通点とは何か。

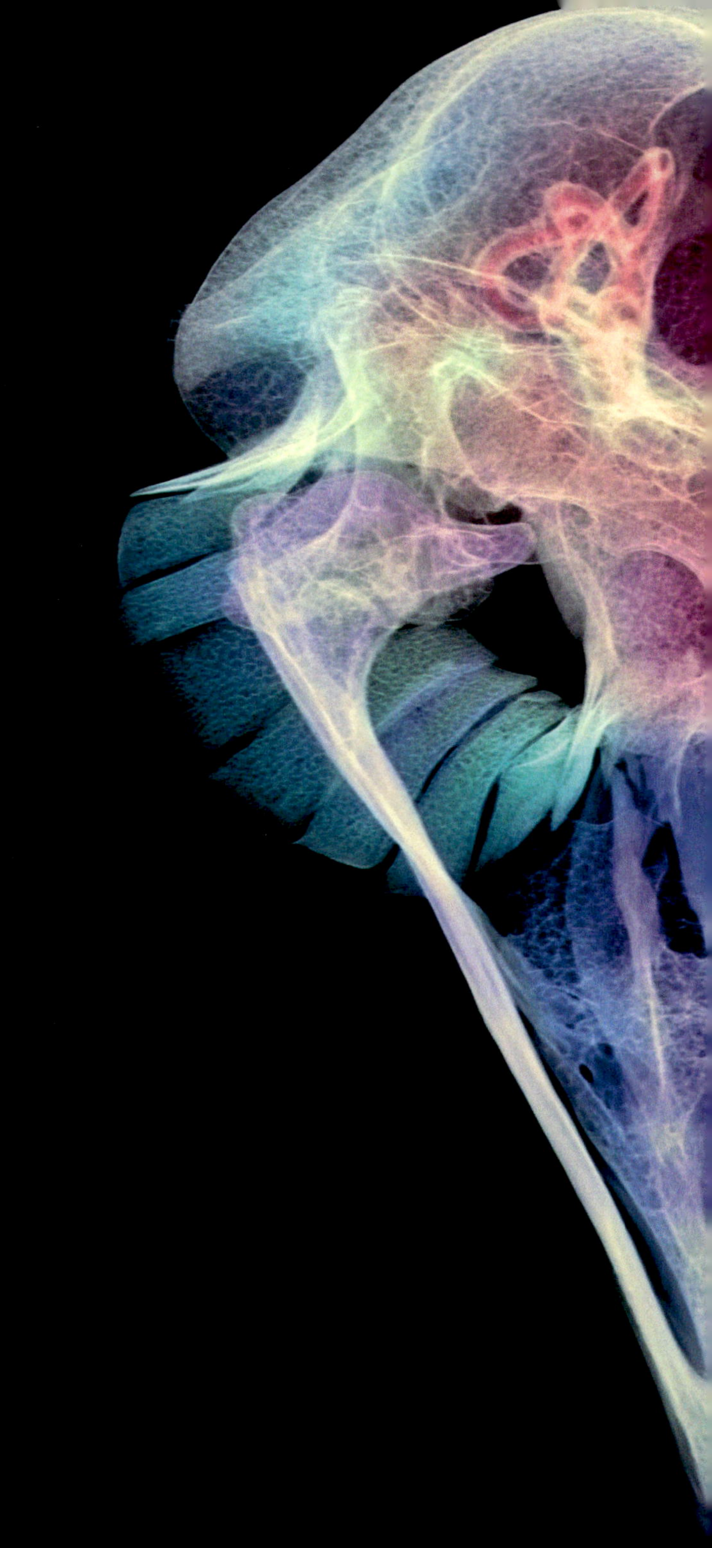

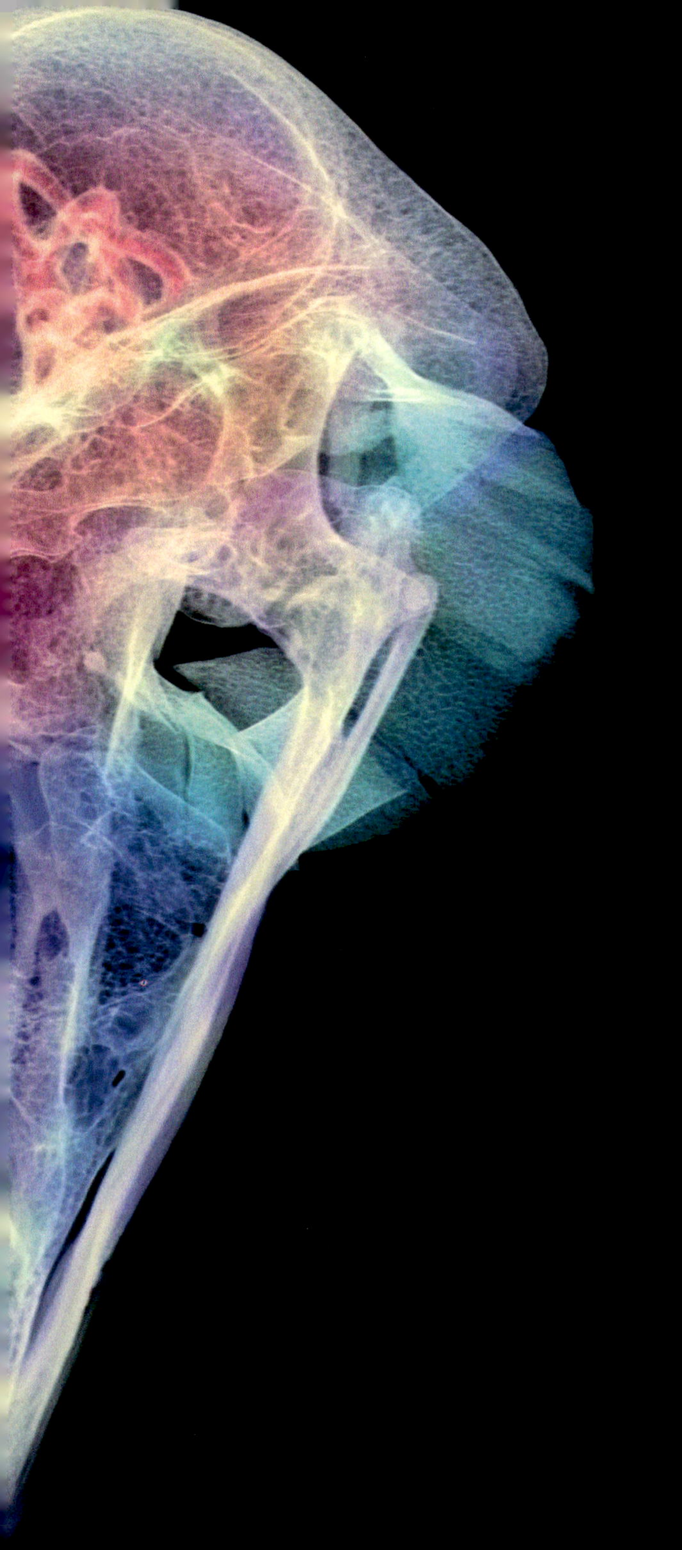

88 第4章
敵と味方と

夫婦関係、序列、個体識別、協力……群れで暮らすには、社会性が必要である。ときにはケンカが起きることもある。そんなとき鳥はどうするのか。

112 第5章
道具の使用と作成

問題解決に、道具を使うものがいる。さらには、道具を作るものまでいる。そんな鳥たちの行動を詳しく見ていくと、鳥が物事の因果関係を理解しているのか、という問題にも突き当たる。

136 第6章
己を知り、他者を知る

鳥は自己を認識しているか。他者の考えていることがわかるのか。また、心のなかで時間旅行をすることはできるのか。動物にこのようなことができたなら、人間とは何か、という概念も揺らぐことになる。

160 第7章
「トリアタマ」が死語になる日

新たな発見は、私たちに何を教えてくれたのだろうか。人間の見方、鳥の見方、動物の見方、そしてこれからの課題とは。

185 用語解説

186 参考文献

188 もっと知りたい方のために／索引

191 謝辞／図版クレジット

序文

フランス・ド・ワール
米・エモリー大学教授（心理学）、リビング・リンクス・センター所長

鳥の方向感覚、刷り込み、歌（さえずり）の学習についての研究は長く行われてきましたが、研究者たちは、鳥において「認知」という言葉を慎重に避けてきました。動物の頭のなかで起きていることを考えること自体がタブーだったという面もありますが、いちばんの理由は、鳥類の脳の独特の構造にありました。鳥の脳には哺乳類の皮質にあたるものは存在しないとされ、その脳では思考はもちろん、高等な学習などできようがないと考えられてきたのです。また、研究対象がほぼもっぱらハトだったのもよくありませんでした。ハトには小さな脳しかないからです。こうして鳥類は、虫や魚と同様、本能だけで動いている生き物だと思われてきました。

しかし1990年代になると、画期的な研究が少しずつ行われるようになり、今やそれは大きな潮流になりました。その成果により、以前の考え方は大きな転換を迫られるようになったのです。鳥にも未来の計画をしたり、相手の心を読んだりといった複雑な認知能力があることが、実験によって次々に明らかになっています。その発見は目を見張るものばかりであり、またどれも巧妙な実験なので、異論を差し挟む余地はほとんどありません。鳥への理解に革命がもたらされたと言ってもよいでしょう。

本書の著者であるネイサン・エメリーは、こうした研究の最前線で活躍しており、特に霊長類と脳の大きな他の動物との類似を収斂（しゅうれん）進化［訳注：異なる種が類似した環境の下で似た特徴を持つに至ること］の視点から研究しています。種としては遠縁どうしでも、同じような認知能力を示すものがいるのです。かつては、動物の知能は人間を頂点に置く梯子（はしご）のような階層で考えられていましたが、現在では、梯子というよりは枝分かれのたくさんある低木のような構造として捉えられています。つまり、種によって必要な認知能力をそれぞれ別個に進化させてきたと考えられているのです。その結果として、鳥類のなかには霊長類と似た知能を示すようになったものもいます。

そうした知能に関する実験で素晴らしい成果を上げた鳥として筆頭に挙げられるのが、ものの違いを言うことができるようになったヨウムです。アレックスと名づけられたこの鳥にまず、トレイに入ったいろいろなものを見せます。するとアレックスは、くちばしでそれらに触れて感触を確かめます。そうして実験者が青いものは何でできているかと尋ねると、「毛糸」などと正確に答えるようになったのです。つまりアレックスは、色の名前と材質ごとの感触を覚えておき、それらの知識を合わせて考えられるようになったわけです。この実験の結論は、アレックスが言語を話したということではないものの、言葉を使わなければ答えられない質問に答えた意義は非常に大きく、世界の研究者たちを驚かせました。

同様に目覚ましい成果を上げた鳥として、カレドニアガラスのベティも挙げられます。ベティはまっすぐな針金を鉤状に曲げて道具を作り、筒のなかから餌の入ったバケツを釣り上げたのです。現在では、カレドニアガラスは野生下でも木の葉や枝で道具を作ることが知られています。また、同じカラス科のアメリカカケスは、ほかの鳥が何を知っているかを理解しています。虫などの餌を貯食（ちょしょく）するのはカケスに自然に見られる行動ですが、それには盗難される可能性もつきまといます。そこで、貯食をするところをほかのカケスに見られていた場合、あとで餌の貯蔵場所を移すのです。あいつはこの餌のことを知っているはずだ、とわかっているからこその行動と言えます。

私自身も、飼っていたコクマルガラスとかくれんぼをしたことがあります。コクマルガラスは初期の動物行動学者たちが好んで研究した鳥で、その行動の詳細が丹念に記録されています。けれども、知能についてはほとんど触れられていません。鳥の知能については今も昔も議論の種で、鳥が何かをできたとしても、知能というよりは連合学習［訳注：条件反射や試行錯誤による学習など、ある刺激に対し行動した結果に応じて、その後の行動に変化が生じる学習過程のこと］で片付けられてしまうことが多いのです。知能とか認知といった言葉がようやく出てくるのは、実験を重ねた結果、試行錯誤ではどうにも説明がつかないということになってからです。しかし鳥も含めて動物は、それまで経験のない課題を一度で解決できることがあります。それを踏まえると、鳥たち動物は何をすればよいか即座に判断する洞察力を持っているとしか思えません。

現在では、研究者たちも動物が思考をしている可能性を示唆することに抵抗が少なくなってきています。鳥についてもさまざまな状況証拠があります。たとえば過去の出来事を覚えていたり、未来の見通しを立てて計画をしたり、道具を柔軟に用いたり、さらには和解や同情もしたりします。1つ1つの例を見るだけでは、鳥に対する見方が変わったりはしないでしょうが、本書を通して全体像を眺めると、必ずや鳥の能力を見直すことになると思います。ふんだんに盛り込まれたイラストや写真もその助けになるでしょう。

脳そのものに着目するだけでも、鳥の持つ能力について、その一端をうかがい知ることができます。鳥類には約1万種おり、脳のサイズもいろいろです。その脳組織のエネルギー消費量は大変なもので、単位あたり、筋肉組織の約20倍を必要とします。それだけの負担を背負ってでも大きな脳を持つものには、進化上、どうしてもそうするべき理由があったはずです。進化とは、余計なものを付け足すものではないからです。カラス科の鳥やオウム目の鳥の脳の大きさは、体の大きさとの比率で見ると、ほぼ霊長類と同じです。このような鳥が、サルと同じような知能を持っていても何ら不思議はありません。また、鳥の脳の構造についてもかつての考えが誤りであることがわかり、前脳は線条体(せんじょうたい)ではなく、外套(がいとう)から発達したものであると訂正されました。哺乳類の皮質も、外套に由来しています。つまり、鳥の脳と哺乳類の脳には、以前考えられていたより共通点が多いことがわかったのです。

本書には、鳥の認知能力について、古今東西の研究成果がわかりやすい形で収められています。最新の知識と、議論が続いている課題について、ここまで網羅した本はほかにないと言ってよいでしょう。私たちを含む霊長類と鳥類は、進化のうえでは遠く隔てられていますが、間にある壁は意外と高くなさそうです。著者が述べるように、鳥が持つ認知能力は、進化の歴史や生息環境における克服すべき課題などを理解すれば、実に理にかなったものであるとわかるはずです。そして鳥の洗練された知能、柔軟な問題解決能力を目にすればきっと、私たちと案外似ているところがあるんだな、と考えを改めることでしょう。

はじめに

鳥に知能はあるのか

私たち人間は、鳥に魅せられます。
あんなふうに空を飛べたらと憧れるのはきっと、地球に現れた最初の人類も同じだったでしょう。
のちに私たちは、知力を使ってその能力をものにしましたが、
鳥の知力に憧れることはありませんでした。

鳥の知能はずいぶんとひどい扱いを受けています。英語で「バードブレイン（鳥頭（とりあたま））」と言うと、愚か者を意味するほどです。しかし偏りのない目で鳥を見ると、いかに適応力が高い生き物であるかがわかります。鳥は南極から熱帯の砂漠まで、世界中、寒いところでも暑いところでも、さらに環境がすぐに変化するところにでも棲んでいます。また、およそ１万にもおよぶ多様な種がいて、そのなかには膨大な数の個体で地球の一部を占領し、私たち人間の暮らす場所に進出してきているものもいます。

では、実際のところ鳥の知能はどうなのでしょうか。ニワトリは賢いと思いますか？ もちろん、知能をどう定義するかにもよるでしょう。それについては次の項目で扱いますが、鳥を分類しようと思えば、一般的に賢いものと賢くないものに二分して考えるのではないでしょうか。しかし、果たしてこれでよいのでしょうか。

ハトは賢そうには見えません。ですが実際は、この地球で生きるために発達した特別な能力を持っています。ハトの食べ物は、穀物の小さな粒です。今度公園に行ったら、餌をついばむハトの様子を観察してみてください。自分の食べ物はどんなものなのかをちゃんとわかっていて、砂利などに混じっていても迷わず見つけて食べています。実験によってハトはいろいろな視覚情報を識別できることがわかっていますが、これは食性によるものと考えられます。しかし、これをもってハトは賢いと言えるでしょうか。知能には学習が関わっていますが、それをすばやく、かつ柔軟にできなければ賢いとは言えません。この点では、残念ながらハトは優秀とは言えません。何かを学習するのに、何百回もの試行錯誤を必要とするからです。したがってハトは、鳥の知能を探る研究対象としてはあまり適切ではなさそうです。しかし約１万種いる鳥類のうち、ハト以外で知能が研究されたのはほんの少数に過ぎず、そのほとんどがカラスやオウムの仲間たちです。

カラスの仲間は以前から賢いことで知られおり、神話や伝説にもよく登場します。ネイティブアメリカンの創世神話でも重要な役割を担っていますし、北欧神話では最高神オーディンの斥候（せっこう）として、フギンとムニン（それぞれ「思考」「記憶」の意）という２羽のワタリガラスが登場します。イギリスでは、ロンドン塔に棲むワタリガラスがいなくなると、国が滅びると言われています（最近の研究によると、ロンドン塔で飼われるようになった歴史は比較的浅く、ビクトリア朝［訳注：1837～1901年］の頃だと言います）。かたやハリウッド映画では、ホラーやサスペンスものなどに不吉の前兆として、必ずと言っていいほどカラスが登場します。A・ヒッチコック監督の『鳥』は、その代表例です。

一方のオウムは、神話には出てきません。賢いと認識されたのは、人間の言葉をまねすることがわかってからです。最初に飼うようになったのはヨーロッパの貴族たちですが、これは美しい羽が目当てでした。しかし、しゃべることが知られると、その存在は一般の人々の間でも一気に有名になりました。

科学に興味がある人にとって、鳥は実に魅力的な存在です。なにせ鳥の脳は、哺乳類とは別の進化をたどりつつも、結果として似た機能を持つに至ったのですから。鳥たちも、同じような課題に対し、同じような解決をするのです。

上　文学や映画においてカラスは、死や病気、恐怖を暗示するものとしてよく登場する。A・ヒッチコック監督の映画『鳥』では、カラスの群れが静かな街を恐怖に陥れる。

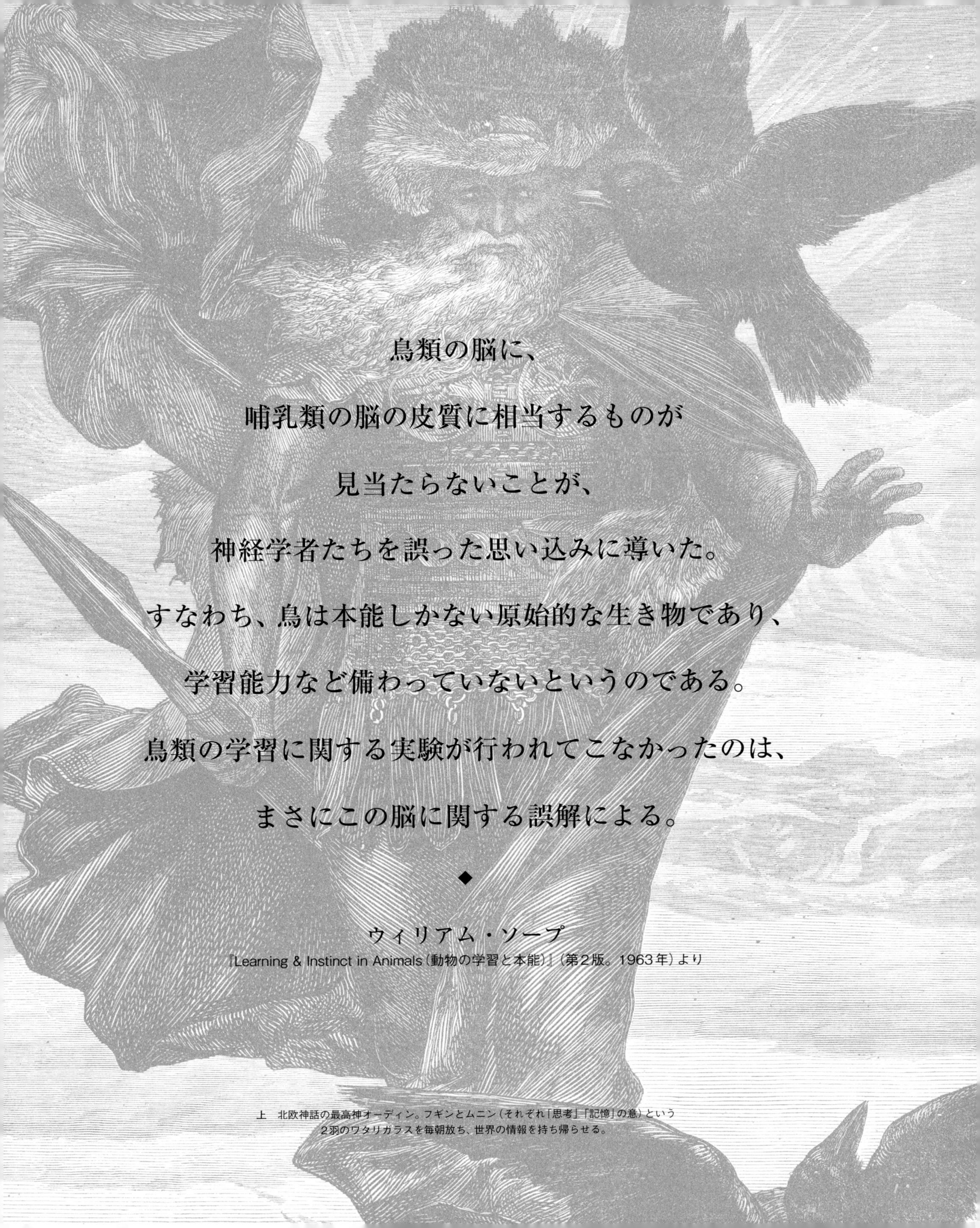

鳥類の脳に、

哺乳類の脳の皮質に相当するものが

見当たらないことが、

神経学者たちを誤った思い込みに導いた。

すなわち、鳥は本能しかない原始的な生き物であり、

学習能力など備わっていないというのである。

鳥類の学習に関する実験が行われてこなかったのは、

まさにこの脳に関する誤解による。

◆

ウィリアム・ソープ

『Learning & Instinct in Animals（動物の学習と本能）』（第2版。1963年）より

上　北欧神話の最高神オーディン。フギンとムニン（それぞれ「思考」「記憶」の意）という2羽のワタリガラスを毎朝放ち、世界の情報を持ち帰らせる。

知能とは何か

どういうときに、動物が賢いと言えるのでしょうか。
科学においては、単なる学習や本能ではなく、認知を用いて新たな問題に対処すること、
すなわち知能を持つことを言います。

動物には、群れの仲間の行動を予測したり、物量の大小を理解したりする能力があります。ただし、こうした能力は進化によって本能に埋め込まれたものなので、それが発揮される状況は限定されています。つまり、ある状況下での対処に特化したものであり、ほかの状況は想定されていないのです。したがって、もしそういった能力を別の状況にも応用することができるならば、その動物は賢いと言えます。

認知とは、情報の処理・保持にとどまらず、それをさまざまな状況において活用することも含みます。鳥の場合、野生下でも情報の処理は行っていますが、それは生きるための一次的行動が目的であって、問題解決にまで至っているケースはあまりありません。ハトにしても、食べ物とそうでないものを区別するすぐれた能力を持ってはいますが、その能力をほかの場合にまで活用することはありません。しかしカラスは、道具を作るだけでなく、改良することもできます。枝で作った棒を使って木の幹のなかにいる虫を捕るのですが、そのときの状況に合わせて長さの調節までできるのです。ハトの場合もカラスの場合も食料を得るという点では同じですが、能力の使い方の幅が違うわけです。

注意しなければならないのは、知能があるように見えても、そこには別のプロセスが絡んでいる可能性があるということです。動物が一見賢いと思えるような行動をしても、それが、人間がするのと同じような問題解決プロセスを経て行われたとは限らないのです。たしかに、動物が洗練された認知能力を示すことはあります。たとえば、目の前にはない物事について想像したり、未来の見通しを立てたり、事の因果関係を理解したりするだけでなく、その能力をいろいろな場面に応用することもあります。しかしそういった行動は、単に試行錯誤を繰り返して身についただけかもしれないのです。また、考えてやっているというよりは、やはり進化によって身についた本能である可能性もありえます。このように、動物の行動の裏でどんなプロセスが働いているかについてはさまざまな解釈が可能で、議論が絶えません。進化の過程で人間と遠く隔てられた動物については、特にそうです。

本書では、鳥が見せるさまざまな“賢い”行動を紹介しますが、それらの行動がどう説明できるのか、いろいろな視点（本能、学習、認知、想像力、予測能力、洞察など）から考えていきたいと思います。

左　ロンドン塔ではたくさんのワタリガラスが飼われている。そのうちの1羽、メルリーナは、レイヴンマスター（飼育係）によく馴れている。棒がお気に入りで、よく持ち回っている姿が見られるほか、死んだふりをして観光客を楽しませることもある。

右　ムクドリの群れ。群れの端にいるものが敵の存在に気づいて逃げようとすると、中心にいるものも含めて一斉に飛び立つ。これは本能による反射的行動で、そうした場合には考えて事にあたるより有効である。

鳥の知能の進化

鳥類は生まれながらにしてみな平等ではなく、「トリアタマ」と呼ばれても仕方のないものもたくさんいます。そのなかから、知能の低い鳥の典型とされるドードー（絶滅種）の例を見てみましょう。

ドードーは、インド洋南西部のモーリシャス島に棲んでいました。外界と隔絶された地に棲む固有種でしたが、16世紀末にヨーロッパ人に発見されると、乱獲などによりわずか1世紀ほどで絶滅してしまいました。狩人に簡単に捕まったのは頭が悪かったからだとよく言われますが、本当にそうだったのでしょうか。たしかに、親戚にあたるハトなども取り立てて賢いとはされていません。また、人間を恐れなかったからだとも言われますが、もともと捕食動物がいない島に棲み、人間ともほとんど接触がなかったわけですから、それも当然です。それでも学習能力が高ければ、すぐに適応して狩人から逃れられたのかもしれません。しかし相手は、地球史上最も厄介な殺戮者です。しかもドードーは、飛べないうえに大きな図体をしていました。また、島にはその身を隠す場所もありませんでした。そうした事情も含めて、やはりドードーは悪いときに悪い場所にいたとしか言いようがありません。

進化の枝分かれ

哺乳類、爬虫類、鳥類は、有羊膜類という共通の祖先から進化した。鳥は高等な生き物と思われてはいないが、進化の歴史のなかでは最も新しいもので、地球に登場したのは哺乳類よりもあとのことである。鳥類は恐竜にごく近く、鳥型恐竜と同じ分類にされることもある。

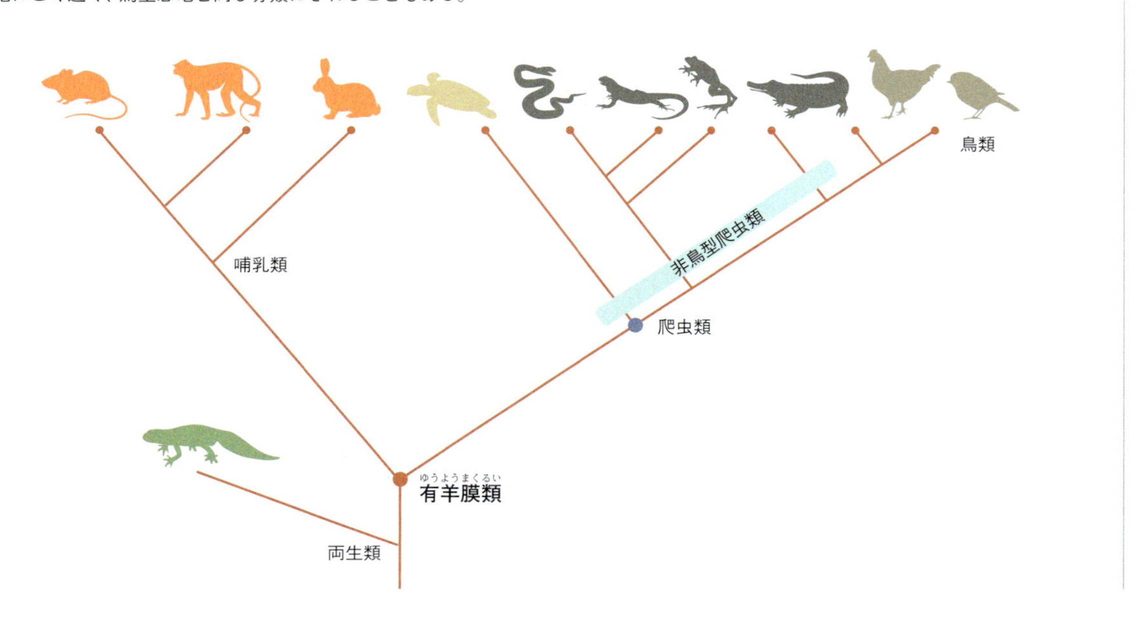

上　鳥には約1万もの種があるが、認知能力の研究がなされているものはごくわずかである。体に対する脳の大きさや生態から判断して、キツツキ（左）、サイチョウ（中）、ハヤブサ（右）の仲間がかなりの知能を持つと目される。

約１万種いる鳥類のうち、その半数以上は鳴禽類とも呼ばれるスズメ目に属しています。私たちが日ごろ庭や公園で目にする鳥のほとんどが実はスズメ目で、スズメをはじめ、ツグミ、アトリ、シジュウカラ、コマドリ、さらにはカラスも含まれます。「さえずり」と言うと、あのけたたましいカラスも含まれるのでイメージしにくいかもしれませんが、これらの鳥はみな、それぞれの種に特有の鳴き方をします。これは、そうした鳴き方を習得する特別な回路が進化によって脳内にできたためです。この能力は動物界ではまれなもので、人間が言語を操るのと共通した性質を持っています（詳しくは第３章参照）。

鳥の脳の仕組みや、学習や認知に関する研究が行われるようになって１世紀以上が経ちますが、どれくらいの知能を持つのかわかっているのは、ごく少数の種に過ぎません。研究室で飼われ、実験研究ができる種は限られているからです。したがって、ほとんどの種の知能については、どうしても推測に頼らざるをえません。そのもととなるのは、脳の大きさ（体全体に占める割合）、食性、社会性、習性、生活史（寿命の長さや、雛が巣立つまでの期間など）といったことで、こうした手がかりから、それぞれの種が脳を何に使っているか——たとえば食料探しなのか、コミュニケーションなのか、巣作りなのか——が見えてきます。実験ができないのであくまで輪郭が見えるに過ぎませんが、それでもこの方法は知能の進化過程を探るうえでは役に立ちます。特に、かなりの知能を持つと思われるものを研究するときには有効です。

観察する限りでは、キツツキの仲間、サイチョウの仲間、ハヤブサの仲間の３つが、賢いとされる種に共通して見られる特徴のすべて、あるいはいくつかを持っています（34、38ページ「優等生組」参照）。どれもスズメ目ではなく、それぞれ近縁にあたる別の目に属しています。これらが持つ認知能力は、共通の祖先からではなく、別個に独立して進化したものと考えてよいでしょう。

羽を持った類人猿

「トリアタマ」の誤解を解く

**鳥類には知性はない、という誤った考え方のもとは19世紀にあります。
なかでもドイツの比較解剖学者L・エディンガーが発表した説は、大きな影響力をおよぼしました。**

エディンガーの誤解

動物の脳に関する事典でエディンガーは、鳥類の脳について、そのほとんどは線条体であると断定してしまいました。線条体とは本能や種に特有の行動をつかさどる部分で、鳥類の脳をこの線条体から発達したものと考えると、鳥には哺乳類における皮質のような思考をつかさどる部分はないということになります。つまりエディンガーは、鳥に知性はないと主張したのです。20世紀に入り、鳥の行動は本能だけでは説明できないという研究報告が発表されるようになってもなお、エディンガーのこの考え方は定説として幅をきかせていました。

正当な評価

しかし、1950年代と60年代にさえずりや刷り込み、模倣といった複雑な学習行動の研究が行われるようになると、鳥の知能に対する考え方に変化が見られるようになりました。動物は自分の行動を自分の意思で行い、自ら考えて問題解決をしていると広く考えられるようになったのです。それまでは、動物は自動人形のようなもので、環境の変化に対しても損得で反応しているだけだとされていました。

そして1970年代になると、鳥類の研究に新しい波が起こります。鳥たちは生存がおびやかされるような状況に対応して、独自の習性や認知能力を新たに獲得していることがわかったのです。たとえば食べ物を隠しておいて、あとで食べる鳥がいます。この習性を貯食と言いますが、その場所に再び戻ってくるには、かなり高度な空間記憶力が必要です。食料の備蓄が長期かつ広範囲にわたっていればなおさらです。そのため貯食をよくする個体は、そうでないものに比べて空間記憶力がすぐれています。実際、この能力に比例して、場所を記憶しておく脳内の部位である海馬が大きいこともわかっています（詳しくは第2章参照）。

まだまだ新しい能力が

さらに1990年代に入ると、人間や大型類人猿に特有のものと見られていた行動が鳥にも見られるという研究報告が続々と発表されるようになりました。たとえばオークランド大学の心理学者G・ハントは、カレドニアガラスが用途に応じて2種類の道具（タコノキの葉と鉤状の棒）を作って使い分けていることを発見しましたし、アメリカの心理学者I・ペッパーバーグは、アレックスという名のヨウムを訓練して言語を習得させるという、前代未聞の偉業を成し遂げました。貯食の研究も、ケンブリッジ大学の心理学者であるN・クレイトンとT・ディキンソンによって進められ、2人はアメリカカケスには過去の出来事について考える能力があることを突き止めました。この能力を、エピソード記憶と言います。

このような発見と並行して、神経科学の分野でも進展が見られました。鳥類の脳には、哺乳類では見られない能力があることがわかったのです。鳥は瞬時に物体を識別して行動することができますが、哺乳類よりはるかに小さい脳でどうしてそんなことができるのか、それまでは謎でした。実は、鳥の脳は複数のタスクを同時にこなすことができたのです。これは、脳の右半球と左半球が、それぞれ別の行動を担っているためです。たとえば、片方の半球が天敵に対して警戒している間に、もう一方が食べ物を探すという具合です。さらに、成鳥の脳が神経細胞を新たに作り出せる（神経新生）こともわかりました。これには、季節によってさえずり回路や海馬のなかで起こる場合と、貯食の記憶のように必要に応じて起こる場合とがあります。

そうして神経解剖学や進化学の研究が進展するなか、エディンガーの考えには次々と疑問符がつけられるようになりました。それらを反映して2004年には、鳥の脳の各部位の名称が根本的に見直され、ついには鳥の前脳は線条体であるという考えも改められました。つまり、爬虫類、哺乳類との共通祖先である有羊膜類にあった外套*から発達したものとされたのです。こうして、鳥の認知に関する近年の研究は科学的に裏づけられることになりました。新しい発見は以降も続き、もはや「トリアタマ」は悪口では使えない様相を呈しているほどです。

左　フロリダヤブカケス。隠した食料を記憶しておいて、あとで探す。どこに隠したかだけでなく、隠してからどれくらい経つかもわかっている。古くなれば食べられないからである。また、隠したときに誰かに見られていたならば、それも覚えていて隠し場所を移す。

＊訳注：脊柱動物の脳の構成はみな同じで、前のほうから前脳、中脳、後脳に分かれる。前脳は大脳と間脳に分かれ、外套は文字通りマントのように大脳の表面を覆っている細胞の層で、哺乳類では皮質と言う。

鳥の知能に関する発見の歴史

- 西暦 鳥の脳に関する重要な発見
- 西暦 鳥の学習に関する重要な発見
- 西暦 鳥の認知に関する重要な発見

1908
L・エディンガーが、鳥の脳の各部位に命名。これは、鳥の脳のほとんどは線条体が発達したもので、外套はないという誤解にもとづく。

1935
K・ローレンツが、刷り込みの研究を行う。孵化直後のガチョウがはじめて見た動くもの（通常は母鳥）についていくさまを詳述。

1948
O・ケーラーが、鳥に数を数える能力があるか実験する。コクマルガラスが並べられた物体の数だけ首を縦に振ることを報告。

1948
B・F・スキナーが、「スキナー箱」を使った画期的実験［訳注：ハトを実験箱に入れ、その行動に関係なく15秒ごとに餌を与えた］を始める。やがてハトは餌が出る前に特定のしぐさをするようになり、結果、「ああすればこうなる」という因果関係を考える能力があることが認められる。

1949
アオガラがくちばしで牛乳瓶のフタを開ける様子がイギリスで観察される。この行動は瞬く間にイギリス中のアオガラに伝播し、鳥社会にも文化が生まれる可能性があることが指摘されたが、のちの実験で否定される。

1954
B・ソープが、鳥のさえずり学習の研究を開始。周波数分析器で鳥の鳴き声をグラフ化して分析する。

1964
P・マーラーが、ミヤマシトドの鳴き声に、サンフランシスコ内だけでも方言が複数あることを発見。鳥のさえずりが文化的に伝わっている可能性が高まる。

1967
H・カーティンとW・ホドスが、はじめて鳥（ハト）の脳の解剖図を作成。これにより、鳥の脳の研究が本格的に始動する。

1971
ハトに磁気コンパスがあり、帰巣や長距離の移動に利用していることがわかる。

1976
F・ノッテボーンが、カナリアの脳内にさえずりを制御する回路を発見。人間の言語との関わりを調べる神経生物学の隆盛の第一歩となる。

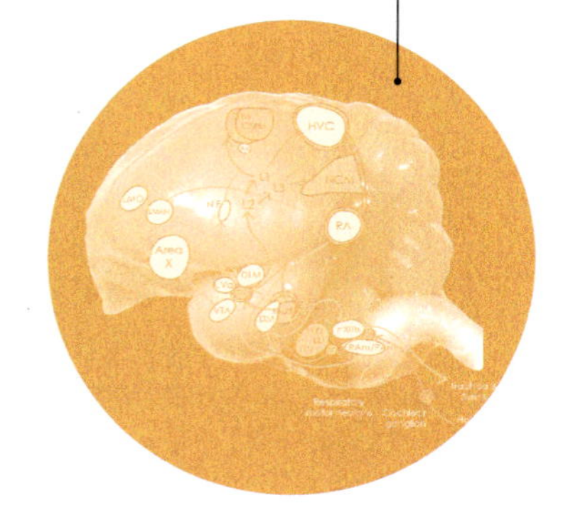

1977
I・ペッパーバーグが、アレックスという名のヨウムに言葉を教える長期実験を開始。鳥の認知能力について、それまでの概念をくつがえす画期的な研究となる。

1981
R・エプスタインが、類人猿で有名な鏡像認知［訳注：鏡に映った像を自己のものだと認識すること］の実験をハトで行う。ハトは記号や自己を認識する能力を示したように見えるが、それは段階的訓練によるものであるとした。だが、のちに多くの議論を呼ぶ。

1982
鳥（ハト）の脳に、機能的に哺乳類の前頭葉前部の皮質に相当する部分があることがはじめて指摘される。

1982
F・ノッテボーンとS・A・ゴールドマンが、神経新生が成鳥の脳内で起こることを発見。鳥が新しいさえずりの仕方を覚えることとの関連を指摘する。

1995
鳥類初の自然生息地内での実験（野生下でのチャイロハチドリの空間記憶に関する調査）が行われる。

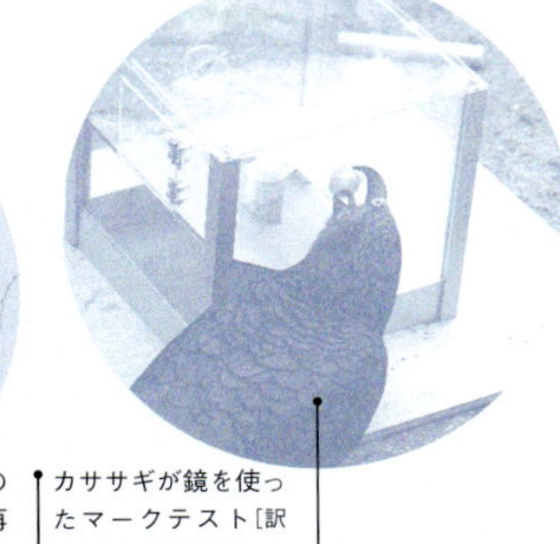

1996
G・ハントが、カレドニアガラスが2種類の道具（タコノキの葉と鉤状の枝）を作って使い分けていることを発見。カラスの道具作成および使用の能力が、チンパンジーと同等であることがわかる。

1997
脳が大きい鳥ほど、新しいことができるようになる場合が多いことが確認される。

2001
アメリカカケスが食料を備蓄すること、さらには盗まれないように隠していることが判明する。N・クレイトンの研究グループが、一連の実験によりカケスのエピソード記憶（いつ、どこで、何をしたか。1998年）、駆け引き（2001年）、計画性（2007年）を確認。

2002
A・カチェルニクの研究グループが、カレドニアガラスのベティが針金を鉤状に加工して、筒のなかから餌の入ったバケツを釣り上げることを確認。

2004
鳥の脳の学術用語に関するフォーラムが開かれ、鳥の脳の各部位の名称を変更するとともに、鳥の脳は外套から進化したものであると正式に訂正する。

2004
マツカケスが仲間と新入りとのやりとりを脇で観察することで、新入りのグループ内の地位を推測していることが確認される。

2006
ムクドリが、人間の言語の特徴である再帰構造を音声で理解できることが示される［訳注：人間の言語では同じ規則を何度も適用して入れ子構造を作ることができるが、これを再帰と言う。研究グループはムクドリのさえずりから要素のみを取り出し、さまざまに組み合わせたものを聞かせる実験をした］。

2008
ヌマウタスズメの前脳に、聴覚に関わる運動ニューロンがあることが判明。他の個体のさえずりを聞いたときも、自身が同じさえずりを発したときも同ニューロンが反応した。

2008
カササギが鏡を使ったマークテスト［訳注：動物を鏡に慣れさせたのち、体に印をつけて再び鏡を見せ、その印を気にするしぐさをするかどうかを見るテスト］に合格。自己認識能力を持つ証拠とされるが、反論もある。このテストに合格した動物はヒト、チンパンジー、オランウータン、イルカ、ゾウのみ。

2009
C・バードとN・エメリーが、イソップ童話『カラスと水差し』の状況を再現して、カラスが原因と結果の関係を理解できるか調べる。この課題を使ってこれまでカレドニアガラス、カケス、人間の子供で実験が行われた。

2011
ミヤマオウムとカレドニアガラスがさまざまな仕掛けをすぐに見破り、箱から餌を取り出すことに成功。

2012
野生下では道具を使わないシロビタイムジオウムが、飼育下で自発的に道具を作って餌を取ることが確認される。

2012
ポジトロン断層法（陽電子放出断層撮影）を使った実験で、カラスに顔を認識する神経回路があることが判明。霊長類に類似した回路を持つことが確認される。

2013
ワタリガラスが政治的な社会形態を持つことが判明。長期にわたって相互関係を記憶したり、他者どうしの関係に介入したりすることが確認される。

2014
オウチュウがいろいろな動物の声を巧妙に模倣することで偽の警戒信号を発し、他の動物の獲物を横取りすることが確認される。

脳は何をしているか

脳は、考えるためだけのものではありません。思考能力がない動物もたくさんいます。
そうした動物の脳がしていることは、
体温を維持する、体を動かす、周囲からの刺激に反応するといった単純なことばかりです。

そもそも脳とは

脳は外界とやりとりをする道具で、五感を使って情報をキャッチし、これまでに蓄積した情報と比較します。蓄積した情報には、よく見る顔のように記憶に保存されているものと、自転車の乗り方のように経験を繰り返して習得したものとがあります。脳は入力情報に対してどう反応するか決定しますが、その際、知覚したもののほとんどは無視して、そのなかから自分にとって（生物的に）価値があるものだけに注意を向けています。そうして意思決定がなされますが、その材料となるのは、最近同じことを経験したときの状況であったり、過去の経験であったりします。また、その時々の気分や置かれた状況が影響することもあります。そして意思決定のあとは行動を計画し、最終的に何らかの行動に至ります。

鳥の脳

では、鳥の場合はどうでしょうか。鳥の意思決定には、たとえばさえずりにどう反応するかといったことがあります。もしそれが信頼できる筋からの警戒信号であれば、声とは反対方向にすぐ移動し、天敵から離れるでしょう。逆に、もしそれが気に入った相手からの求愛の声であれば、声の主のところへ近づいていくでしょう。いずれにしても脳は、ある情報が良いものか悪いものかを判断し、近づく、あるいは遠ざかるという行動を体にとらせているのです。

鳥脳は超速脳

鳥類は、哺乳類に比べてはるかに速いスピードで意思決定をしています。その理由は、空という場所に棲み、しかもそこを高速で飛ぶという特異な生態にあります。それに対してネズミのような典型的な哺乳類の場合、急いで動き回っているようでも、そのたよりにしているのが視覚より嗅覚であるのが鳥類と違うところです。ネズミは高速移動をしないので、すばやく意思決定をする必要もありません。サルの意思決定はもう少し速いのですが、これは木から木へ移ったり、天敵に追われたりという多様性に富んだ環境のなかを、迅速かつ正確に移動する必要があるためです。サルやヒトなどの霊長類は主に視覚と聴覚をたよりにしており、どちらもすばやい情報伝達を可能にしています。とはいえそのスピードは、鳥類とはやはり比べるべくもありません。なにせ鳥たちは、めまぐるしく変化する色彩と、四方八方の危険と、あふれんばかりの情報量のなかを飛び回っているのですから。

そうした瞬時の意思決定を鳥たちはいとも簡単にやってのけているように見えますが、ではなぜそんなことが可能なのでしょうか。脳のどの部位を使って情報を処理しているのでしょう？　鳥たちには何か特別な回路でもあるのでしょうか。

左　インコなどの鳥は、入り組んだ3次元空間を高速で飛ぶ。その際、森林の枝葉にぶつからないよう、脳が高速で情報処理を行っている。写真はワカケホンセイインコ。

動物の脳比べ

左からそれぞれ、フクロウ、ネズミ、サルの右半球。灰色部分は海馬、赤い部分は皮質（鳥は「外套」と言う）。どちらも鳥類と哺乳類に共通する重要な部位。

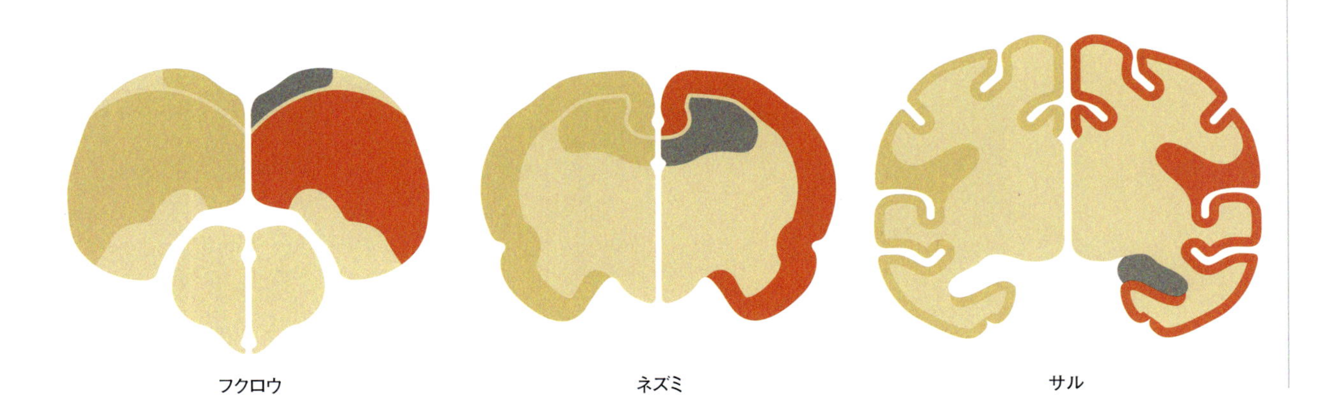

鳥類の脳

研究が始まって100年以上を経ても、鳥類の脳の構造や機能についてわかっていることは限られています。神経系と認知の研究において、鳥類は重要視されてこなかったのです。

鳥の脳には皺がない

前述したように、かつては鳥類の脳の外側部分（外套）と哺乳類の脳の皮質には、共通点はほとんどないと思われていました。しかし近年になり、実はそうではないことが明らかになりました。どちらも3億年以上前にいた哺乳類、爬虫類、鳥類の共通祖先（有羊膜類）が持っていた外套から進化したものだったのです。ただし、鳥類のなかで脳についてわかっているのはごく少数の種に限られています。ハト、ニワトリ、そしてキンカチョウなど鳴禽類のうちの数種です。残念ながらどの鳥も取り立てて知能が高いとは言いがたく、また鳥類にはざっと1万種もいて、脳の構造もそれぞれ違うことを考えればいかにも不十分です。

脊椎動物ではすべて、脳の構造も情報を処理する方法も似通っています。脳が機能するにはさまざま器官が必要で、まず情報を感知する器官、次に選別・統合する器官があります（例：網膜→視床）。そうして伝わってきた情報を分析・処理して判断を下すのが外套で、このとき記憶の倉庫である海馬や、計画実行器官である大脳基底核にも相談します。この過程の水面下では、脳幹が脳を適度な活動状態に保ったり、末梢神経系をつかさどる視床下部が体を食料探しや繁殖相手探しに導いたりしています。

こうした脳の仕組みの詳細や各部位の専門用語を知らなくても、脳の働きを正しく理解することはできます。脳はまず、目の前の環境から情報を取り入れます。世界の一部を切り取ったとき、それがどう表れているか——これが情報です。花であれば、その形や色、香り、咲いている場所のことであり、前に同じものに出会ったときの記憶や、そのとき生じた感情も含みます。こうした情報を脳は解釈・保存し、行動を起こすときの判断材料として使うわけです。これが脳神経系の基本的な働きで、脊椎動物すべてに共通しています。

サルの脳

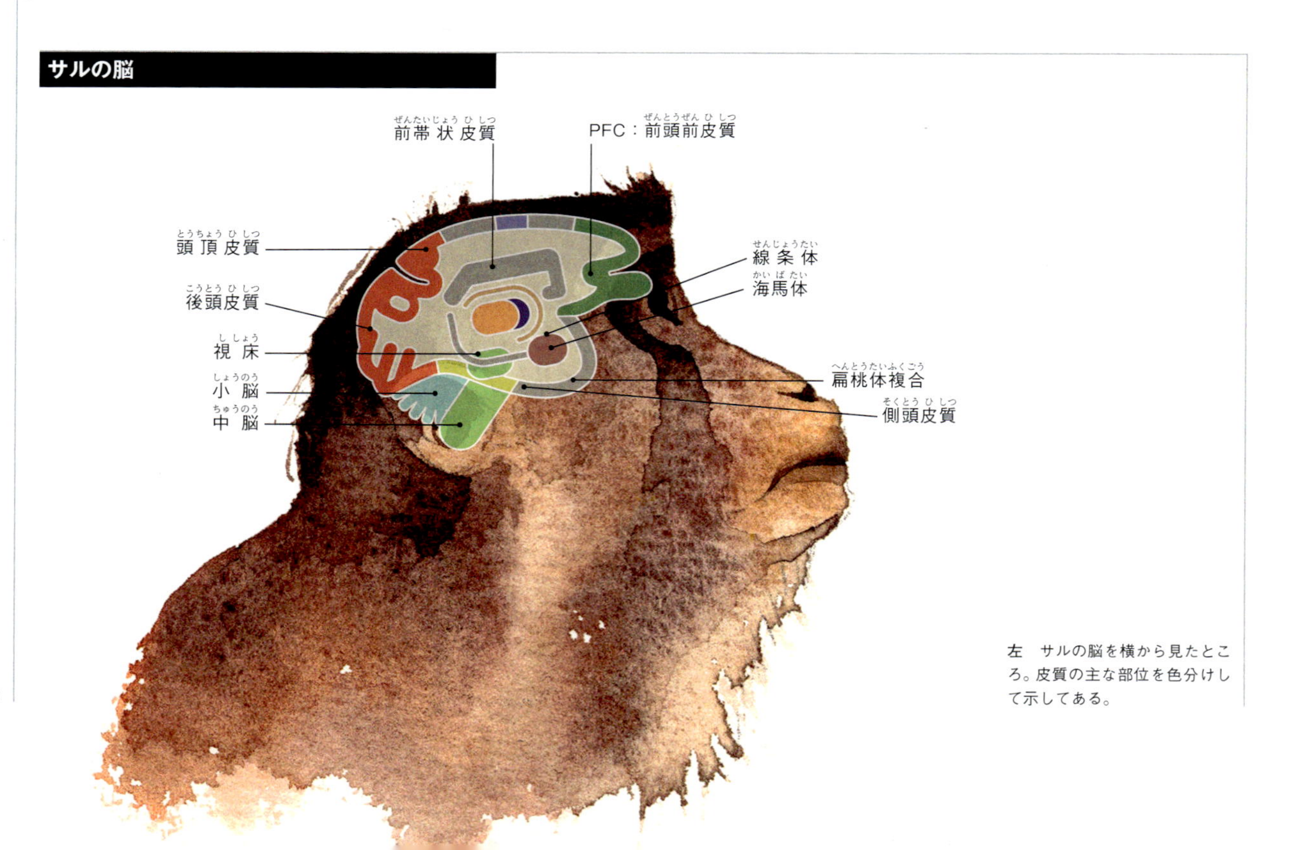

左　サルの脳を横から見たところ。皮質の主な部位を色分けして示してある。

下の図は、鳥（ミヤマガラス）の脳です。部位ごとに色分けし、解剖学用語を記してあります。そのうち本書において重要なのは、脳外套の各部位（高外套、中外套、巣外套、内外套、弓外套、海馬）と線条体、そして小脳です。このミヤマガラスの脳は、殻をむいたクルミくらいの大きさです。一方、左ページに掲載した哺乳類（サル）の脳の実際の大きさは、大きめのスモモくらいです。鳥の脳とはかなり様相が異なっていますが、なかでも特徴的なのが折りたたんだような形で表面を覆っている部分（皮質）です。かたや鳥類の脳の表面はなめらかで、チンパンジーやイルカに見られるような皺（専門用語では「溝」と言います）はありません。溝は、皮質が折りたたまれて生じたもので、こうすることで、小さなスペースにより多くの神経組織を詰め込むことができるのです。

その点について考えてみるのには、ピンポン球のなかに1枚の紙を詰め込むケースを想像してみるとよいでしょう。紙をくしゃくしゃにして、ぎゅっと詰めるのがいちばんよいはずです。哺乳類の脳も同じことで、頭蓋骨のなかに皮質がくしゃくしゃに収まっています。それに比べて鳥類の脳は、紙をまず水でふやかしてから、丸めてピンポン球のなかに入れたような感じです。

ミヤマガラスの脳

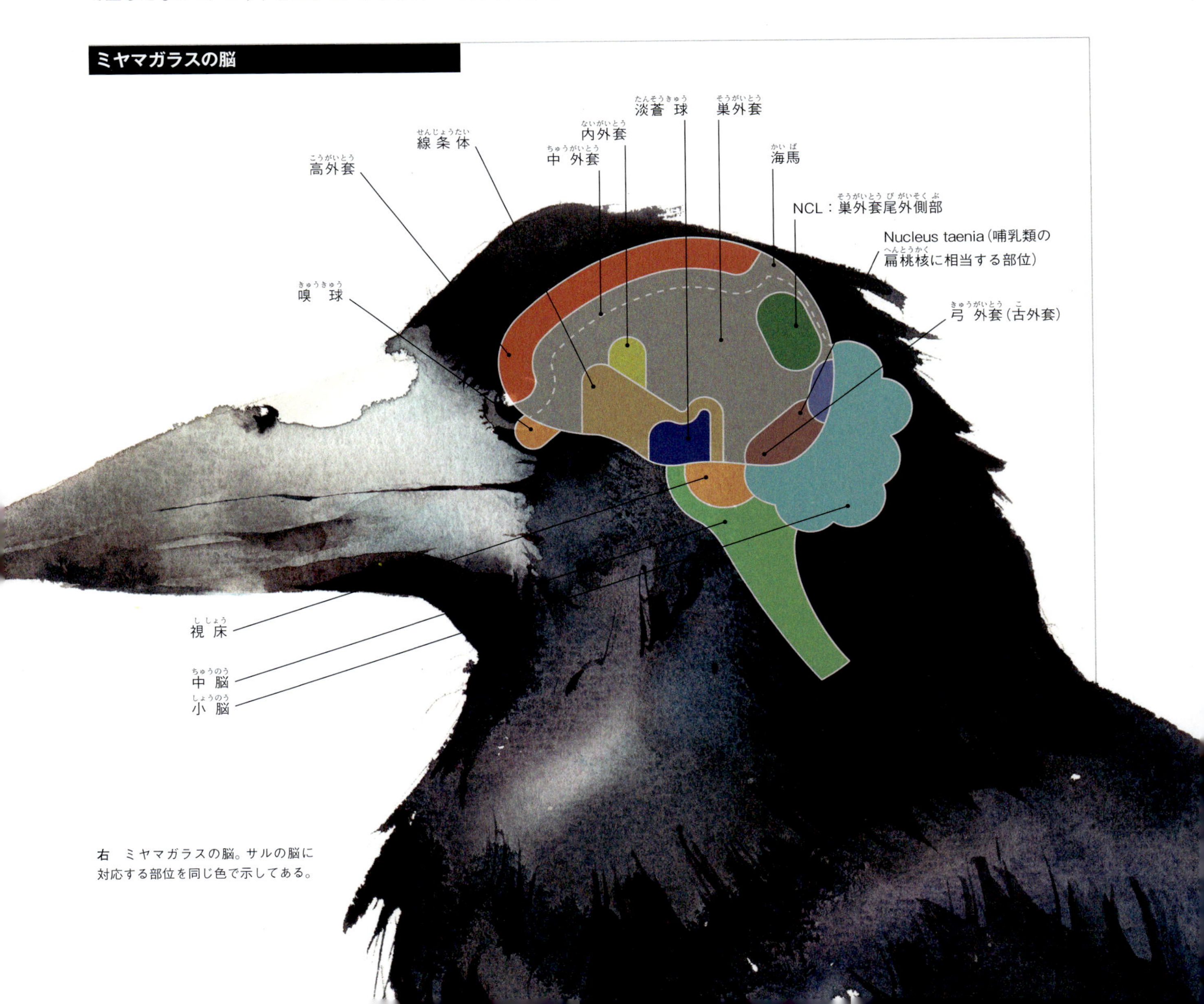

右　ミヤマガラスの脳。サルの脳に対応する部位を同じ色で示してある。

鳥に考える脳はあるか

では、鳥の「思考回路」はどうなっているのでしょうか。哺乳類、鳥類のどちらの前脳でも、最も多くを占めるのが外側部分ですが、機能面では、鳥類の外套と哺乳類の皮質はどれくらい近いものなのでしょう？　実は、鳥の脳内の２つの部分のどちらかが皮質に相当するのではないかと言われています。その１つがウルスト［訳注：Wulst。盛り上がっていることからドイツ語で「隆起」の意］または高外套と呼ばれる頭頂部のふくらんだ部分、もう１つが背側脳室隆起（DVR = Dorsal Ventricular Ridge）という部分で、なかに巣外套、中外套、内外套、弓外套を含んでいます。進化の過程では、哺乳類と鳥類の前脳の外側部分は別の道をたどってきましたが、最終的には同じ機能を持つに至ったと考えられ、皮質にあたるものが鳥類の外套にもあると推定できるのです。

ものの見方は同じ

鳥類の外套と哺乳類の皮質が共通祖先に由来することは前に述べた通りですが、両者は情報処理回路においても同じような特徴を共有しています。視覚系で言うと、どちらにも似たような２種類の経路があります。１つは視床（間脳）経由系で、物体の空間中の位置を脳の一次視覚経路に直接伝えるルートです。網膜から入って視床を通った情報は、鳥ではウルスト（高外套）、哺乳類では一次視覚野に像として投影されます。

並行して、もう１つのルートである視蓋・上丘（中脳）経由系が、見たものの色や形、動きといった外見上の特徴を扱い、さらに、それが自分にとってどんな意味を持つか（仲間か否かなど）といったことまで判断します。この経路で網膜から入った情報は、鳥では視蓋、哺乳類では上丘に送られます。これらは目の動きを制御する部分で、特に動く獲物を目で追うときなどによく働きます。それから情報は視床に送られ、対象が興味のあるものであればそこに注意を向けることになります。最後にたどり着くのは鳥では内外套、哺乳類では外線条皮質で、ここで詳細な分析が行われます。

そのほか聴覚系、触覚系、運動系においても、鳥類と哺乳類は類似した情報処理回路を持っています。このことから、他の機能においても両者の脳には類似性があると思われます。認知機能についても同様に考えてよいでしょう。

ネコと鳥の視覚情報処理回路

哺乳類と鳥類は、類似した視覚回路を持つ。これにより、ものの色を認識したり、ものどうしを区別したり、動くものを追いかけたりできる。こうして、さまざまな場面に目を使って対応しているのである。

視蓋・上丘（中脳）経由系
視床（間脳）経由系

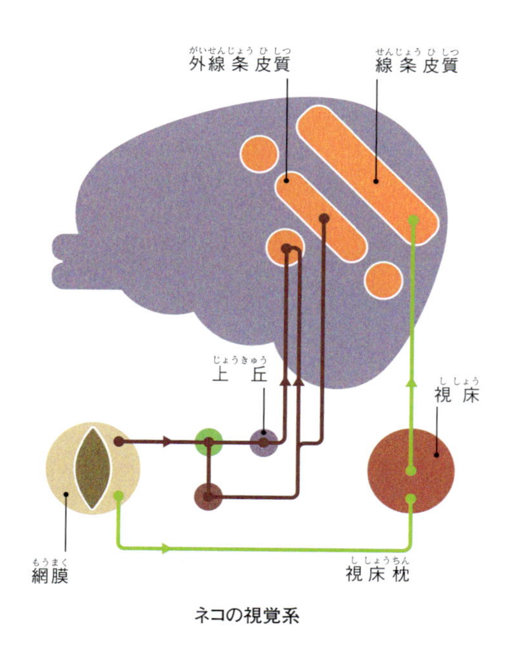

ネコの視覚系

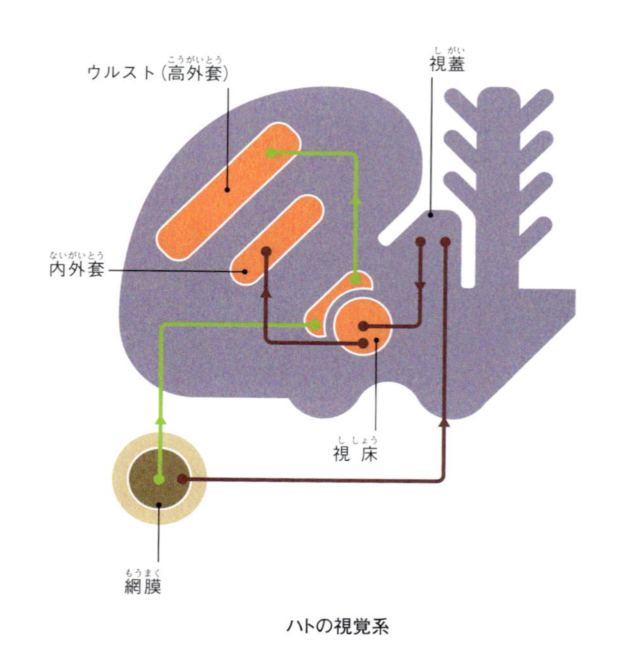

ハトの視覚系

下　ネコもハトも、かなり視覚に依存した動物である。ネコは夜行性の肉食動物のため、その目は暗いところでも獲物がよく見える。一方、ハトは昼行性の被食動物なので、天敵がよく見えるよう広い視野を持つ。また、食料である穀物の小さな粒もよく見える。

鳥に前頭前皮質はあるか

哺乳類の脳を決定づけるのは、前頭前皮質（PFC＝Prefrontal Cortex）です。
個性があるのも、心があるのも、自分を自分とわかるのも、
問題解決ができるのも、みなPFCのおかげです。
PFCは、計画性や柔軟性、作業記憶〔訳注：何かの作業を行うときのように、情報を短い間、脳にとどめておく記憶のこと〕といった
高次の機能、つまり実行機能も可能にしています。人間を人間たらしめるのもこの部分なのです。

脳のなかの指揮者

鳥にも、哺乳類の前頭前皮質（PFC）にあたるものがあるのでしょうか。実は、鳥の行動や進化、神経回路、神経科学の研究から、脳の後部にある巣外套尾外側部（NCL = Neuronal Ceroid Lipofuscinosis）が哺乳類で言うPFCではないかと言われています。あのおとなしいハトでも、作業記憶や計画性、柔軟性、さらには行動の抑制、興味あるものの注視といった、PFCのたまものとされてきた特徴が見られることがわかっています。こうした機能とはつまり、認知機能を適切にまとめあげるものでもあります。

このことを考えるのに、オーケストラの指揮者を想像してみるとよいでしょう。指揮者は、各メンバーの役割をすべて把握したうえで、全員とコミュニケーションをとります。単独で上手に演奏できる人に対しても、きちんと次の指示を出します。指揮者が全体に指示を出し、起こりそうな問題を事前に防ぎ、たとえ起きてもすぐに対処してくれるおかげで、大人数のオーケストラでも非常にこまやかな表現をすることができるわけです。PFCが脳の他の部位に対して行っているのもまさにこのような役割で、このおかげで実行機能が可能になるのです。

NCLとPFCの共通点

鳥のNCLが哺乳類のPFCに相当することを示す研究報告もたくさんあります。たとえばハトのNCLを人為的に破壊した実験では、ハトは作業記憶と柔軟性を試す課題ができなくなりました。また、作業記憶の実験でNCLのニューロンが最も激しく反応したのは、課題をクリアして報酬が与えられようとするときでした。これはつまり、NCLが持つ脳内回路が霊長類のPFCに似ていて、知覚に関わる部分、情動に関わる部分、記憶に関わる部分、それから線条体にもつながっているためです（右ページの図参照）。カラスやオウムの仲間の鳥では、NCLがほかの種と比べて明らかに大きいことも、NCLが複雑な認知に関わる器官であることを示しています。

また、哺乳類のPFCでも、霊長類とほかの動物を比べてみると、やはりその大きさと知能に比例関係があることが確認できます。加えて、神経伝達物質ドーパミンの重要性が挙げられます。ドーパミンは行動と認知に関わる重要な物質で、中脳からの情報をPFCに大量に伝える役割があります。そしてそのPFCには、ドーパミンを受容するニューロンが大量にあります。こうしたことは、鳥のNCLでもやはり同じなのです。

状況証拠はたくさんあるものの、ではどのようにNCLが機能しているかとなると、残念ながらまだわからないことだらけです。霊長類のPFCは細分化されていて（背外側部、眼窩前頭部、腹内側部）、それぞれが違う認知機能を担っていますが、NCLではどうなのか、まだわかっていないのです。PFCでは背外側部が高次機能において最も重要な役割を果たしていますが、鳥の外套のなかでも同じように役割の主従関係があるのかもしれません。

左　インドハッカは1860年代にオーストラリアに持ち込まれると、たちまち都市部に群居するようになり、現在では同国内できわめて有害な外来生物として知られる。彼らは大きなNCLを持っており、それが新たな環境にすぐに適応する能力や新しい食料源を開拓する能力と関係していると思われる。

前頭前部の回路

鳥の脳には巣外套尾外側部（NCL）と呼ばれる部位があり、機能的に霊長類の前頭前皮質（PFC）に相当する。霊長類も鳥類も、これらの部位により作業記憶にもとづいてあらゆる可能性を想定し、そのなかから最も適切な選択を行うことができる。

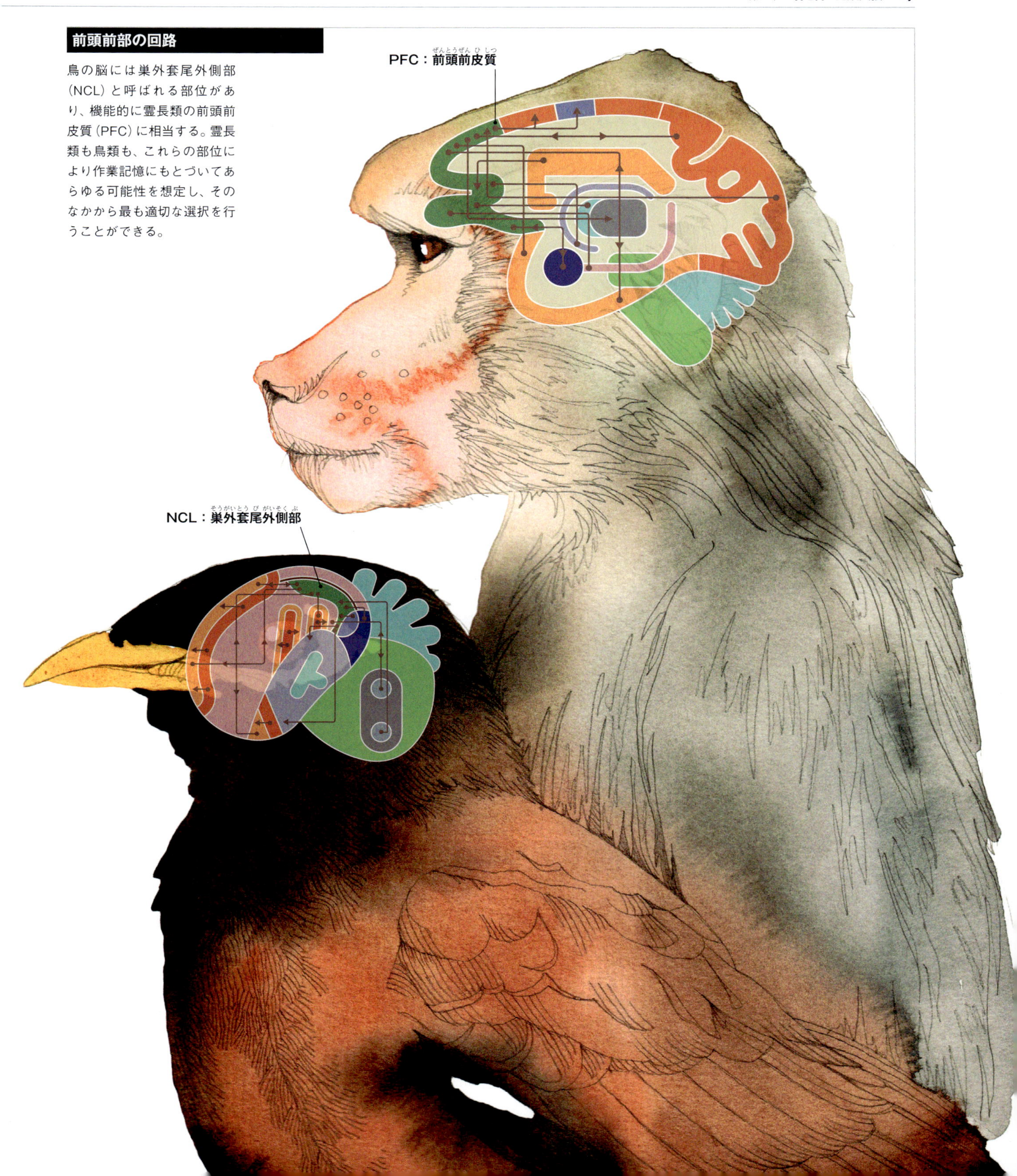

鳥類の脳はどう進化したか

鳥類と哺乳類は3億年前に枝分かれし、それぞれ別の進化をたどってきました。最後の共通祖先は有羊膜類[*1]という現在の両生類のような格好をしたもので、現存する哺乳類、爬虫類、鳥類の脳はすべてこの祖先に由来します。

恐竜の生き残り

意外なことに、進化の歴史のなかでいちばんあとに登場したのは哺乳類ではなく鳥類です。しかも鳥類は分類学上、恐竜と同じ目に属する、生きた恐竜でもあるのです。では、その脳はどう進化したのでしょうか。

鳥類（ハト）、両生類（カエル）、爬虫類（カメやトカゲ）、哺乳類（ネズミ）との間で、脳の構造を比較してみます。なかでも重要なのは、やはり外套です。知覚や学習、認知に関わる部位は、これに由来するからです。前脳は2つに分かれますが、それが外套と外套下部です。外套からは皮質、海馬、扁桃体（感覚処理、思考、記憶、空間認識、感情に関わる部位）が生じ、外套下部からは大脳基底核（学習や習性、さらには繁殖、摂食、子育てなど本能的行動に関わる部位）が生じました。

ここで右ページの図を見てみましょう。有羊膜類には3つの外套（背側部、内側部、外側部）があり、その下には背側脳室隆起（DVR）があります。一方、外套下部には線条体（哺乳類の基底核の主要部分）があり、中隔で隔てられています。

背側化と腹側化

進化の過程で、外套は2つの方向へ形を変えていきました。哺乳類と鳥類・爬虫類とでは別の道をたどったのです。哺乳類では、外套の「背側化」というものが起こりました。つまり、外套の背側部が肥大して皮質になったのです。そして内側外套は海馬を、外側外套は嗅皮質を、小さいままの腹側外套（DVRに相当）は扁桃体をそれぞれ形成しました。逆に鳥類と爬虫類においては「腹側化」というものが起こり、爬虫類では外套の内側部、背側部、外側部は比較的小さいままでしたが、DVRが肥大しました。鳥類もほとんど同様ですが、腹側外套が巨大なDVRの固まりに発達し、背側外套はいちばん外側で高外套に進化しました（他の部位では小さいままです）。特に、猛禽類は大きな高外套をしています。

このように進化のプロセスは違っても、鳥類と哺乳類はどちらもこの外套を使って認知しているというのは同じです。どうしてこうなったのかと言うと、2つの可能性が考えられます。

1つは、哺乳類の皮質と鳥類の外套は違う進化をたどったので構造はまったく異なるが、結果的には同じ機能を担うに至ったとするもの。もう1つは、基本構造が同様の類似した器官を持ち、それらは当然、担う機能も同じであるという考え方[*2]です。どちらの説が正しいのか、まだ十分なデータがないため、はっきりしたことは言えません。しかし少なくとも確かなのは、鳥類と哺乳類とでは脳の形に違いがある――鳥類の脳は核構造で、層構造を持つ皮質はないが、哺乳類の大脳皮質は6層の層構造をしていて、構造的に異なる――ものの、機能的には共通点が多いということです。

上　鳥類はトカゲと似たところがあるが、哺乳類とも共通点がある。脳の構造にも、それが反映されている。

右　爬虫類、鳥類、哺乳類はそれぞれ見た目も行動も異なるが、どれも共通祖先である有羊膜類の脳と同じ構造を持っている。有羊膜類は、カエルのような現在で言う両生類のような格好をしたものであった。

＊訳注1：両生類のような乾燥に弱い卵ではなく、乾燥した陸上で発生を進めることができるように、胚が羊膜で覆われた動物。その子孫が卵生の爬虫類と鳥類、胎生の哺乳類の3種で、羊膜類とも言う。また、魚類と両生類を無羊膜類と呼ぶこともある。

＊訳注2：鳥類の外套、特にDVRが、層構造ではない哺乳類の扁桃核に相当するという説。哺乳類は細胞が積み重なった層構造、鳥類は細胞の固まりからなる核構造という矛盾が解消する。

背椎動物の外套の進化

下の4つの断面図は、脳の左半球を正面から見たもの。各部位の並びから、哺乳類、爬虫類、鳥類は、どれも共通祖先である有羊膜類と同じ脳の基本構造を持っていることがわかる。

- 背側外套
- 内側外套
- 外側外套
- DVR：背側脳室隆起
- 中隔
- 外套下部
- 脳室

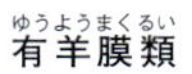
有羊膜類

哺乳類

爬虫類

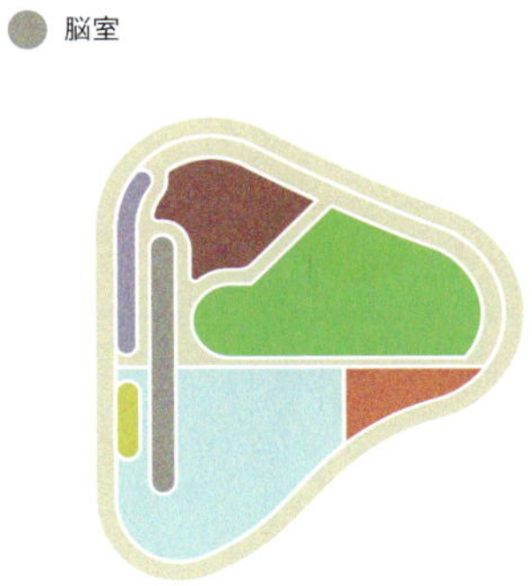
鳥類

パソコン、ケーキ、サイコロ

鳥類の脳と哺乳類の脳は、構造が違うのになぜ似た働きができるのでしょうか。身近なものに例えて考えてみましょう。

MacかIBMか

鳥類の脳を、アップル社のコンピューター（通称Mac）と考えてみましょう。電源、小型演算装置、情報を入力するキーボードとマウス、それにディスプレイがついており、アップル社が独自に開発したプログラミング言語を使ってソフトウェアを動かしています。一方、哺乳類の脳はIBM社のコンピューターと考えてみましょう。演算装置と周辺機器があるのは同じですが、内部で起こっていることはMacとはまったく異なり、入力した情報は別の方法で読み取られ、処理されています。MacとIBMのコンピューターではプログラムの言語が違うのです。それなのに演算が行われると、そっくりのアウトプットが得られます。特に現在では、どのコンピューターもグラフィカル・ユーザー・インターフェース［訳注：マウスを用いて行うように、目で見て直感的に操作できる使用環境のこと］を使うようになっているので、なおのこと似ています。

鳥類と哺乳類の脳にも、同じようなことが言えます。同じ入力内容（知覚した情報）に対し、似たアウトプット（行動や認知的操作）が生じますが、情報処理装置（脳）のなかでは違うことが起こっているのです。こうした違いが起こるのは主に、ハードウェアとしての脳に違いがあるからです（ソフトウェアについては、よくわかっていません）。

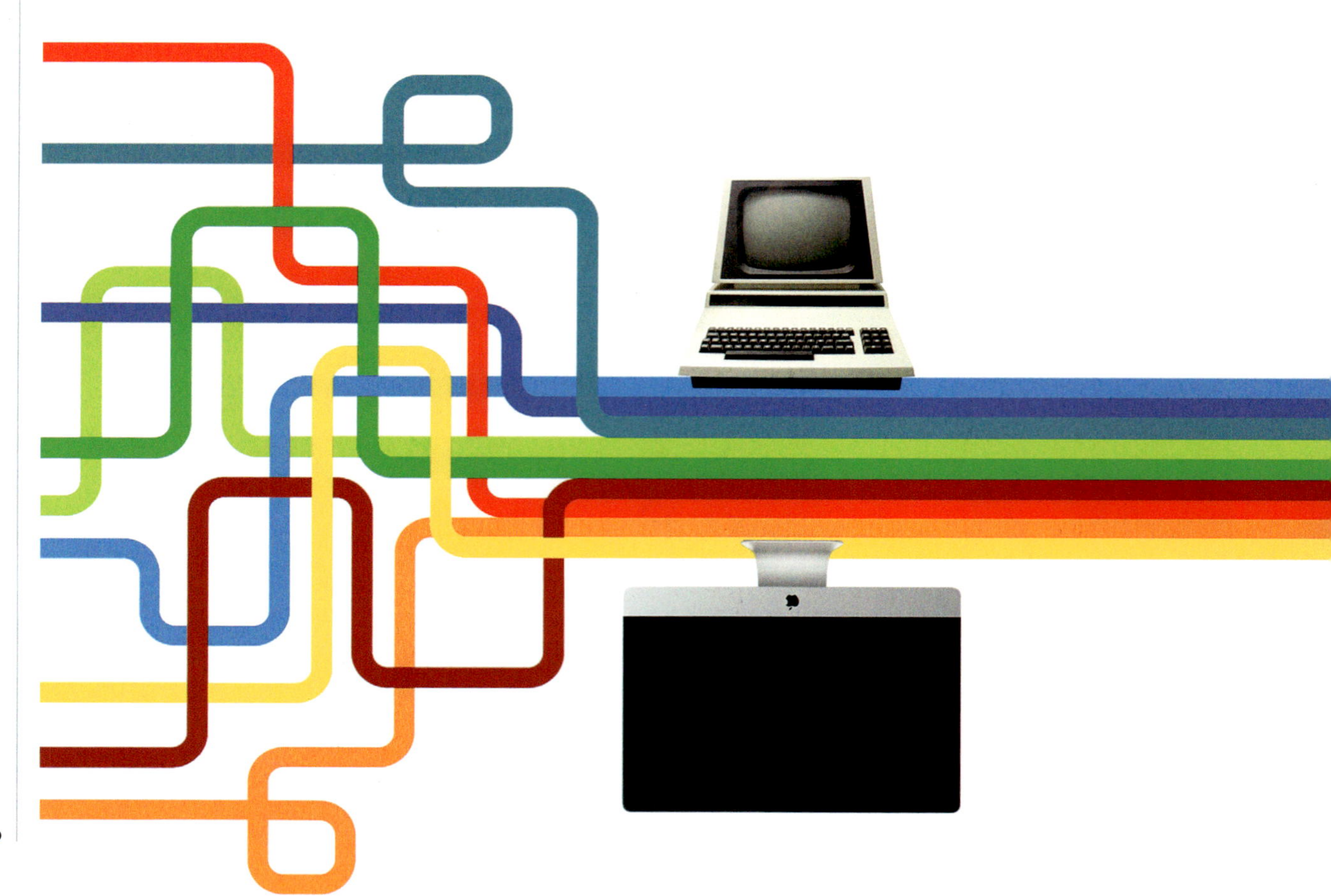

ショートケーキとパウンドケーキ

ハードウェアとしての脳の成り立ちを考えるとき、哺乳類の脳はショートケーキに例えることができます。それも、6つの層が重なったものと想像してください。対して鳥類の脳は、レーズンやナッツの入ったパウンドケーキのようなものです。層はなく、ケーキ本体（脳）のなかに、ぽつぽつとフルーツの小片（神経核）がたくさん入っています。どちらのケーキも材料は同じ（卵、小麦粉、フルーツ、砂糖、バターは、ニューロンやグリア細胞［訳注：脳神経を取り巻いて、その結合、支持、栄養補給などをする細胞］などに相当します）ですが、その配合と焼き方（進化）が違うので別のものができあがるのです。

サイコロ

このことをもっとわかりやすくするため、立方体で考えてみましょう。右上の図を哺乳類の脳と考えてください。ほとんどのニューロンは脳の表面に集中しており、6つの層をなしています。ほかはニューロンどうしを接続する部分で、その接続は層のなかだけでなく、皮質の下にあるニューロンにもおよびます。表面にあるニューロンの層のことを灰白質（かいはくしつ）、脳内に張りめぐらされた接続線を白質と言います。

一方、鳥の脳（右下の図）には、はっきりと見えるような白質はありません。これは、層をなす皮質がなく、ニューロンが脳のなかに点在しているからです。細胞の固まりである細胞核が機能の似たものどうし近くで連係をとっているだけなので、長い接続線はほとんどないのです。こうした脳の構造の違いが情報処理の方法にどう影響するのか、それを解明するのがこれからの研究の課題です。

左　MacとIBMのコンピューターでは、情報は別のルートをたどるが、最終的には似たアウトプット（ゲーム、計算、文書）に行き着く。鳥類と哺乳類の脳がそれぞれ行う情報処理についても同じことが言える。

哺乳類と鳥類の脳

層構造
表面：灰白質（層）
中心：白質
中間部：灰白質（神経核）

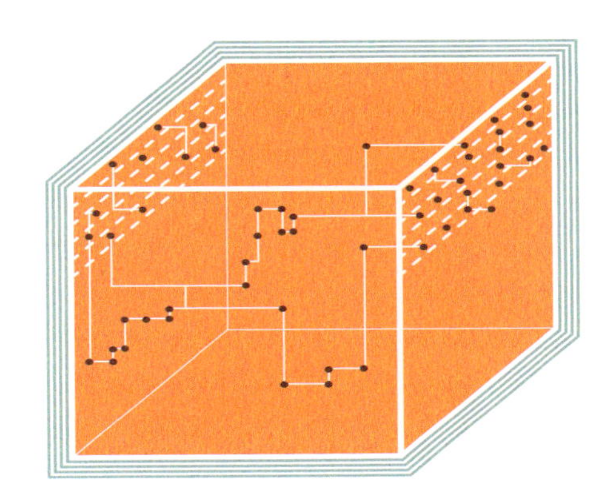

哺乳類の脳構造

核構造
脳のほとんどが灰白質

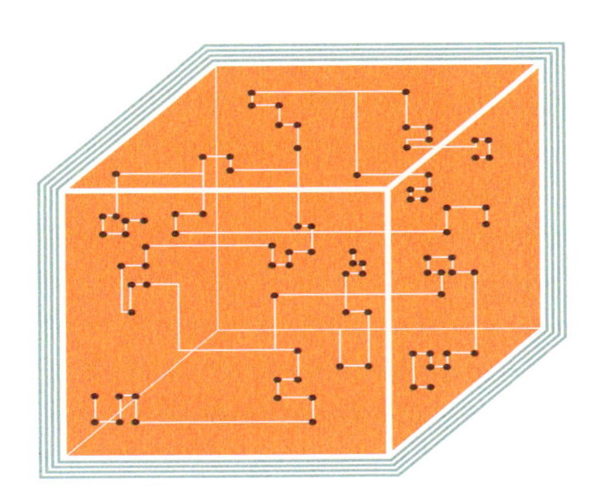

鳥類の脳構造

脳が大きいと賢いのか

**鳥は小さな生き物です。鳥類では最大のダチョウでも、
最大の陸生哺乳類であるアフリカゾウと比べると、100分の2の大きさしかありません。**

クジラとハチドリ

鳥は小さく軽い体をしていますが、これはもちろん飛ぶためです。硬い骨のなかも空洞なので軽く、燃費は最小限に抑えられています。脳もやはり大きいとは言えませんが、それを巧みな技で補っています。必要なときにだけ新しいニューロンを作り出すことなどが、そのよい例です。とはいえ鳥の体は一様ではなく、最小はハチドリの6グラムから、最大でダチョウの123キログラムまでとさまざまです。脳の大きさも、絶対的（実際の重さ）かつ相対的（体に対して占める脳の割合）にかなり異なっています。

動物はふつう、体の大きなものほど大きい脳を持っています。これは他の臓器についても同じです。しかし鳥の場合、むやみに体を大きくできません。クジラやイルカ（クジラ目）にはそんな制約はなく、海水が体を支えてくれるので体も脳も大きくし放題です。実際、クジラの体は陸上で最大のゾウの何倍も大きく、脳はその体でも不釣り合いなほど巨大です。このことから研究者のなかには、広く信じられているイルカの知性は過大評価で、大きな脳の役割は知的活動ではなく、冷たい水のなかでの体温調節であると言う人もいます。しかしこの見解はおそらく間違いで、水棲動物がみな相対的に大きな脳を持っているわけでもなければ、クジラ目がみなイルカのような認知能力を持つわけでもないのです（これは、生活のなかに高等な知性を必要とするような難題があまりないからです）。

ハトはカラスにかなわない

ハトは本能しかなく何も考えていないように思われがちですが、実際はそうではありません。たしかに、記号を使って何かを伝えたり、他者の行動を予測したり、未来のことを想像したりといった複雑なことはできません。しかしハトには、物体を識別する素晴らしい能力があるのです。そのハトの食べ物は、いろいろなものに紛れてしまうような小さな穀物の粒です。そのため、食べられないものと区別して見つけ出さなくてはなりません。ハトのすぐれた識別能力は、きっとそのために発達したものなのでしょう。なにせ彼らは、砂利などに混じっていても迷わず自分の食べ物を見つけ出して食べることができるのですから。

さらにハトは、記憶力も非常にすぐれています。情報を取り入れるスピードは鳥のなかでもかなり速いほうで、それも膨大な量を取り入れて、かつ長期間保持することができるのです。何百もの画像を2年以上経ってもまだ記憶していた、という報告もあるほどです。こんな能力があっても、認知能力という点でハトはカラスやオウムにはおよびません。いったいこれはどういうことなのでしょうか。

前に述べたように鳥の脳の大きさは絶対的にも相対的にもさまざまですが、知能も種によって異なります。ハトとカラスのように、体の大きさの似通った鳥どうしで比べても、脳全体のサイズにはかなりの違いがあるのです。カラスの脳はハトの倍です（右ページの下図参照）。

もっとも、脳は思考ばかりするのではなく、大部分は体の機能調節（熱消費、筋緊張、呼吸など）、情報の知覚、本能的行動といった認知能力をほとんど必要としないことに使われています。学習や認知に関わるのは、外套（がいとう）のなかにある中（ちゅう）外套や巣（そう）外套などの部位で、これらの相対的サイズが鳥の知能の高さに影響をおよぼしています。特に巣外套のサイズは種によって大きな違いがあり、ミヤマガラスはハトの3倍、そのなかにあるニューロンの数（1ミリ立方あたり）もやはり3倍（カラス：18万、ハト：6万）です。体のサイズはほぼ同じでも、ミヤマガラスがハトより柔軟な知能を持つのは、この大きな巣外套のおかげなのです。

ただし、特定の部位のサイズとニューロン密度が鳥の知能とどれくらい比例するのか、詳細はわかっていません。脳自体が大きいほうがニューロンの数が多く、よって性能も高いはずですが、どうも大きさ自体の問題ではないようなのです。私のスマートフォンがパソコンより断然高性能なのと同じことなのかもしれません。

ハチドリとダチョウ

体はダチョウのほうがはるかに大きいが、体全体に占める脳の割合はハチドリのほうが圧倒的に大きい。その小さな体に意外なほど大きな脳が入っている。

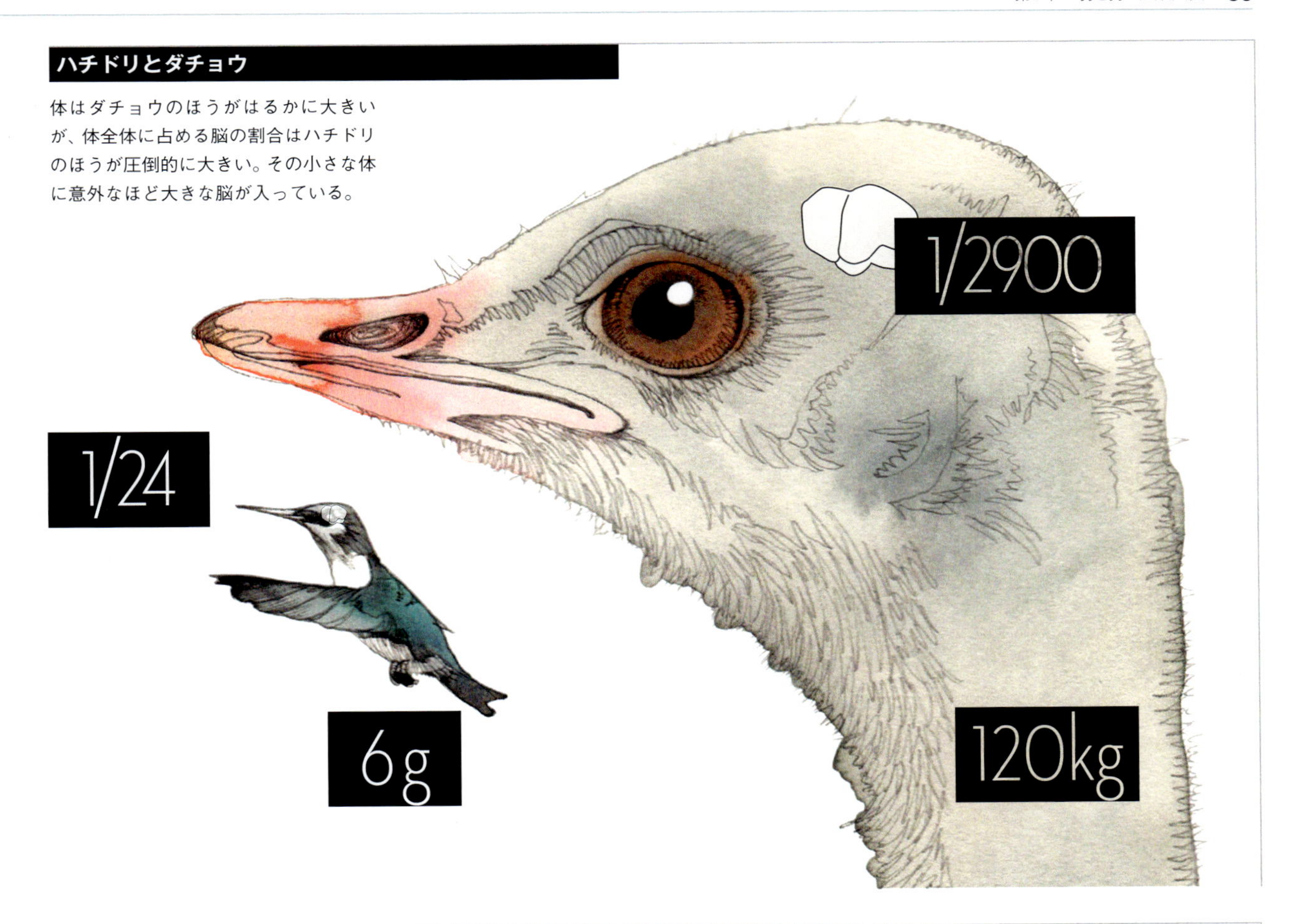

カラスの脳とハトの脳

ハシブトガラス（左）と、ハト（右）の脳。体の大きさは同じくらいだが、脳の大きさは倍ほども違う。高等な部分は外套に集中している。

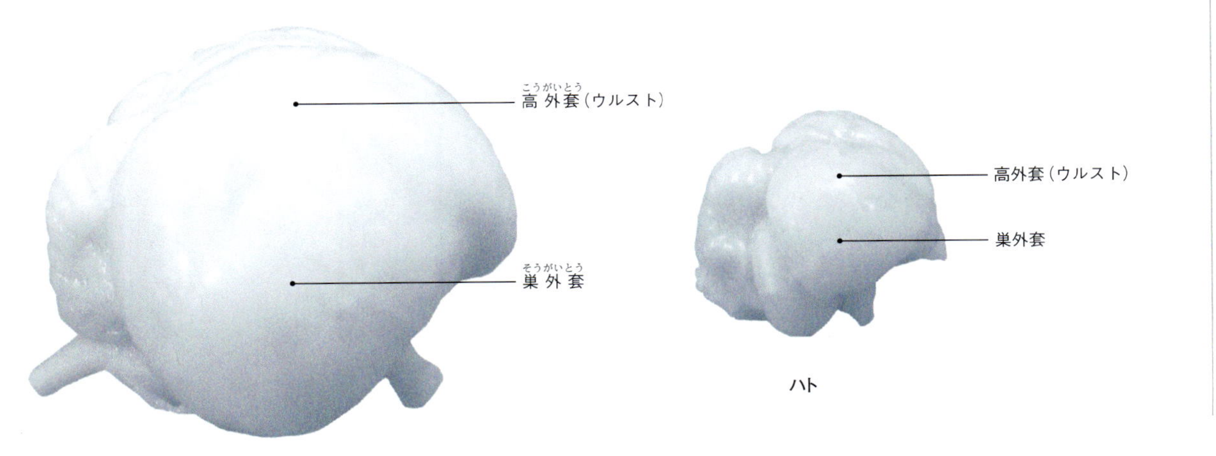

恐竜は賢かったのか

脳の大きさから動物の知能を推測することは可能なのでしょうか。
現存する動物を見ると、脳そのものの大きさはあまり当てにならないようです。
大きな脳をしていても知能が低いものもいれば、逆に脳が小さくても賢いものもいるのです。

優等生組

進化史上最大の脳を持つのはシロナガスクジラですが、体の大きさのわりには小さいと言えます。一方、同じクジラ目のシャチの脳はそれより小さいですが、体に対しては大きいと言えます。この差はおそらく、生きていくなかでどれだけ認知能力を必要とする場面に直面するかの差だと思われます。たとえばシロナガスクジラは単独で行動し、食べ物のプランクトンは大きな口を開けているだけで集められます。逆にシャチはとても社会的で、数頭で群れをなしてアザラシを狩ります。また、群れには文化のようなものも見られます。つまり、シロナガスクジラよりシャチのほうが高性能の脳を必要とする生活形態なのです。

ほかの動物でも、たとえばゾウやチンパンジー、オウム、カラス、イルカ、ヒトなどは体のわりに大きな脳を持っていますが、どれもやはり生息環境のなかに問題解決を必要とする場面が多く見られます。これらの動物たちは「優等生組」とでも言うことができるでしょう。

恐竜は何組なのか

恐竜のなかには、羽毛を持ち、飛び、二本足で歩き、巣に卵を産むものもいました。現在生きている動物のなかでは、鳥類が最も恐竜に近い親戚です。では、鳥を参考に恐竜の知能を推測することは可能でしょうか。また、脳の大きさについてはどうでしょう？ 脳は認知以外にもさまざまな機能をつかさどっているので、脳の大きさだけで動物の知性を推測することはできないということはすでに確認しました。知能に関わる部位、つまり外套の大きさを測ることができたとしても、やはりその大きさだけでは、絶滅した生き物の行動や認知能力については推測の域を出るものではないでしょう。

恐竜の脳の大きさに関するデータはありますが、完璧なものとは言えません。体の大きさは部分的な骨格の残骸から見積もるしかなく、脳の大きさにしても頭骨の内側からとった型（頭蓋内鋳型）から計算したものだからです。それでも脳の相対的サイズを概算することは可能で、それによればどの恐竜も体のわりに小さな脳をしていました。なかでもその割合が小さかったのは、ブラキオサウルスなど竜脚類と呼ばれる大きな恐竜の仲間です。

では、脳の相対的サイズが最も大きかった恐竜は何でしょうか。ふつうに考えればいちばんあとに進化した恐竜で、それが最も賢い恐竜だったはずです。たとえばベロキラプトルは現在の鳥に最も近い恐竜で、体の大きさは特大のシチメンチョウくらいでした。映画『ジュラシック・パーク』では、このベロキラプトルが霊長類と同じようにドアを開けたり問題解決をしたりする姿が描かれています。しかし映画のアイデアとしては魅力的でも、その裏づけはありません。実際、ベロキラプトルの脳は他の恐竜に比べれば大きかったものの、現在の鳥類や哺乳類と比べるとごく小さかったのです。あまり賢いとはされていない走鳥類（エミューやダチョウなど）よりも小さいくらいです。ベロキラプトルも生活のなかで現在の鳥と同じような難題に直面したに違いありませんが、きっと彼らは機知ではなく力ずくで対処したのでしょう。映画で描かれていたような知的芸当ができた恐竜は、おそらくいなかったものと思われます。

種	体の重さ	脳の重さ
ティラノサウルス	6,200kg	200g
ベロキラプトル*	10kg	3g
始祖鳥	0.4kg	1.5g
ダチョウ	123kg	42g
ワタリガラス	1.2kg	15g
コンゴウインコ	1.4kg	24g
ゾウ	2,550kg	4,500g
イルカ	180kg	1,650g
シロナガスクジラ	180,000kg	9,000g
チンパンジー	52kg	430g
ヒト	65kg	1,400g

*近縁にあたる恐竜ツァーガンの頭蓋内鋳型より推定

体の大きさと脳

シロナガスクジラは動物界最大の脳を持つが、それを収容する体もまた巨大である。ティラノサウルスは他の恐竜と同じく、相対的に小さな脳で巨体を動かしていた。ヒトは体のわりに大きな脳をしており、霊長類で最大である。

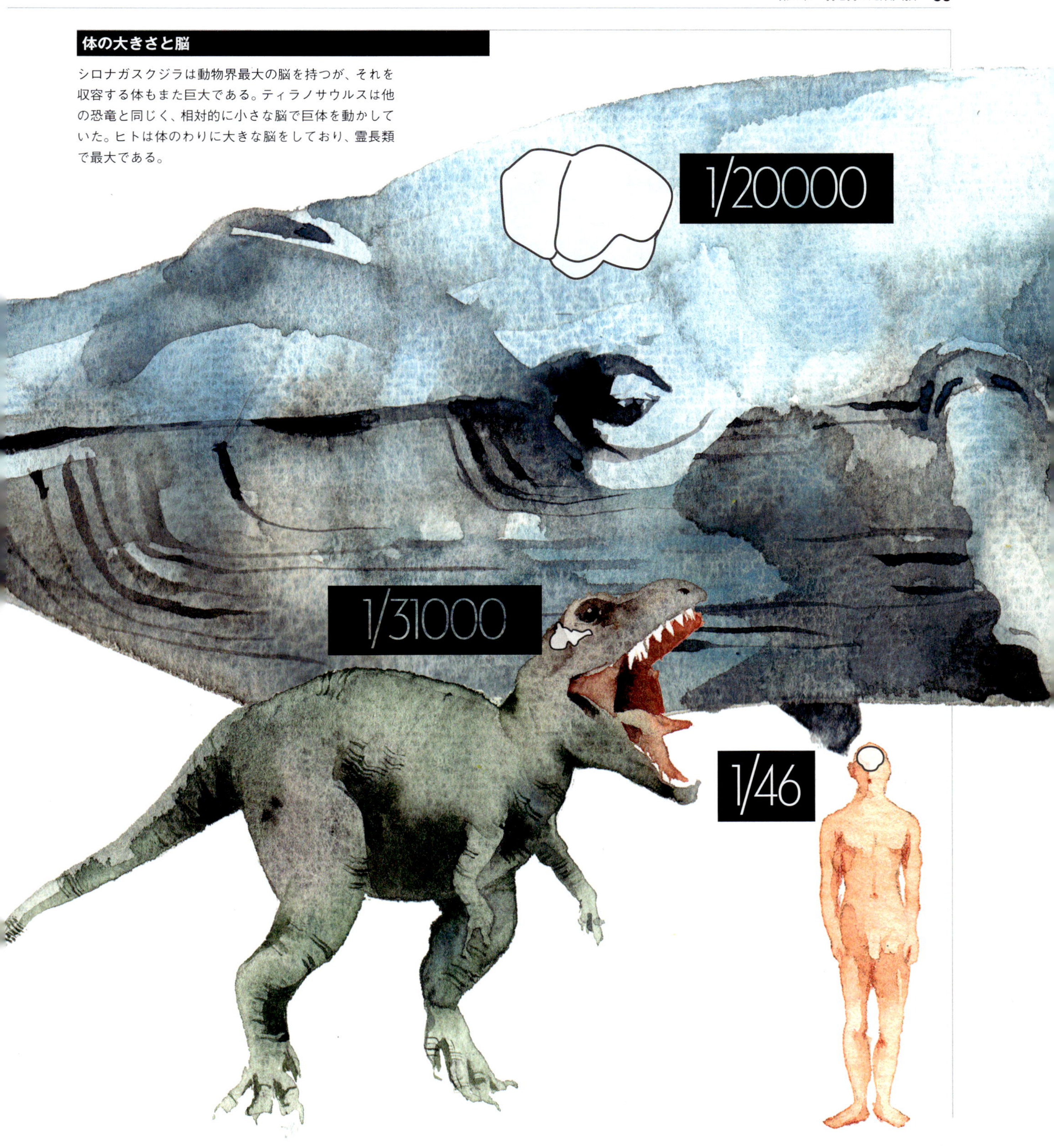

脳は何のために進化するのか

飛ぶのにエネルギーが必要なため、鳥は脳の効率化をきわめ、最小限のニューロンと最短のルートで情報を処理できるように進化しました。それでもカラスやオウムといった体のわりに脳の大きな鳥は、脳をずいぶん使っているのでしょう。なにしろ体の必要とするエネルギーの20%をも消費しているのですから。

そもそも種によって脳の大きさや知能が異なるのはなぜなのでしょうか。脳の発達を促した要因として、自然界にある淘汰圧［訳注：ある生物集団に対する自然淘汰の圧力のこと］が考えられています。では、淘汰の要因にはどのようなものがあったのでしょうか。集団生活への適応でしょうか。食料を手に入れる知恵でしょうか。それとも、環境が変化しても対応できる柔軟性でしょうか。

集団生活に必要な知能

脳の進化に関する最も一般的な説は社会的知性仮説で、社会的な動物ほど大きな脳を必要とするというものです。そうした動物たちはまず、グループのメンバーを敵と区別しなければなりません。それから、他のメンバーとこれまでどのような関係を結んだかを覚えておくことも必要です。また、その暮らしのなかでは他者の意図を予測する必要に迫られたり、互いにだましあったりする場面もあります。社会的知性仮説によれば、大きな脳はこのような情報の蓄積や複雑な思考の役に立っているというのです。

実際に霊長類では、社会性を持つ種ほど大きな脳を持つ傾向が見られます。しかし鳥では、そういった比例関係は確認できません。そもそも鳥の場合、大きな群れをなすものもいますが、その関係は安定的ではありません。つがいの集団ができるのは繁殖期だけで、交尾や子育ての時期が過ぎるとバラバラになってしまいます。そのため、群れのメンバーのことも、今まで結んだ関係のことも覚えておく必要はないのです。それより大切なのは、選んだパートナーとの関係を長く維持することです。巣を守り、子を育てるためには、つがいが協調・協働して事にあたらなければならないからです。そこから、良好な雌雄関係（一雌一雄関係）を維持するには、群れで暮らすよりも大きな脳が必要であると述べる研究者もいます。

いつ、どこに食べ物があるか

ほかには、生活上の課題を克服するために脳が発達したとする説があります。動物にとって特に大事なのは、やはり食べ物を見つけることです。そこで出てきたのが時空間マッピング仮説で、これは、熟れる時期も場所もまちまちの季節の果物を食べる動物は、いつ、どこの木に実がなるのかを覚えておけるよう脳が大きくなったとするものです。事実、果物を食べるサルは、木の葉を食べるサルの２倍の大きさの脳を持っています。鳥の場合も、直接的な証拠こそないものの、アメリカカケスのように、どんな食べ物を、いつ、どこに隠しておいたのかを記憶できる鳥は比較的大きい脳を持つことがわかっています。そのサイズは、初期のヒトであるアウストラロピテクスに匹敵するほどです。

どうやって食べ物を取り出すか

食べ物を見つけることよりも、取り出すことに焦点を置いた説もあります。その１つが、脳が大きい動物ほど、ナッツ類や貝類など、硬い殻に覆われた食べ物を取り出す（これを「取り出し採餌」と言います）能力が高いというものです。ただし、これが鳥にどれだけ当てはまるのか、まだ研究データはありません。しかし、そうした食べ物を取り出すのに道具を使う種は大きな脳を持っているというもう１つの説は、鳥にも当てはまります。道具を使う鳥は、そうでない鳥に比べて脳の相対量が大きいのです（鳥の道具使用については、第５章参照）。道具使用とは、エジプトハゲワシが石を使ってダチョウの卵を割るというような行動のことを言います。それに対し、ツグミのようにカタツムリを舗道に叩きつけて割るといった行動は、道具使用とはみなされません。どちらも硬い殻から中身を取り出していることに変わりはないのですが……。

最後に紹介する説は、脳が発達したのは新しい行動を身につけたり、それまでになかった問題を解決したりするためだというものです。こうすることで動物は新たな場所に棲みついたり、食料が不足したときに別の食料源を開拓したり、気候の変化に対応したりできるのです。

これまでいくつかの説を紹介してきましたが、こと鳥類に関しては、脳が発達した理由は１つの説だけで説明することはで

上　エジプトハゲワシは石を落としてダチョウの卵を割って食べる。道具使用の好例である。逆に、卵を石の上に落とすのは道具使用とはみなされない。

きません。たとえば脳の大きな鳥のなかには、雌雄が一生添い遂げるものもいれば、大きな群れのなかにいるものもいます。また、取り出すのに道具が必要なものも含めていろいろなものを食べますし、新しいことをしなければならない環境に置かれることも多々あります。結局、これらに共通するのは行動の柔軟性、つまり身の回りで起こる変化や直面した課題に応じて行動をアップデートしていくこと、ということになるでしょう。その能力は実験で測ることができますし、こう考えてみることで哺乳類にせよ鳥類にせよ知能がどう発達したのか、これまでよりも説得力のある説明が可能になるものと思われます。

右　オウムの仲間は鳥類のなかでも社会性がきわめて高く、大きな群れで生活している。彼らは声を使った複雑な伝達システムを持っており、人間で言う名前のようなものもある。写真はコンゴウインコ。

羽を持った類人猿とは

本章で見てきたように、この100年で鳥の脳の進化についての考え方が大きく変わりました。そして、鳥の知能についても理解が大きく進みました。

鳥の代表は何か

1970年代まで、鳥の代表選手と言えばハトでした。鳥類の知能についてわかっていたことは、すなわちハトについてわかっていたことだったのです。ハトには高い学習能力があり、知覚刺激を識別する能力はときに人間以上である、ということも研究者たちの間では知られていました。しかし一般的には、広場や公園で何だかよくわからないものを何も考えずについばんでいるだけの存在でした。

その後、ハトだけでなくオウムやカラスなどが研究されるようになると、鳥についての見方が変わるようになり、「羽を持った類人猿」と呼べるものまでいるということがわかってきました。この言葉がはじめて使われたのは2004年で、カラス科の数種には大型の類人猿と同等の認知能力があるということを反映したものでした。

そのカラスと類人猿が枝分かれしたのは、3億年以上も前のことです。その間に出現した親戚たち（他の鳥類や哺乳類、それから爬虫類）のどれも、知能ではとてもカラスにかないません。このことから、カラスと類人猿の類似は、収斂（しゅうれん）進化の結果生じたものと思われます。そこで次章以降では、「羽のある類人猿」の呼び名に恥じない鳥たちの驚くべき認知能力を紹介していきたいと思います。

「賢い」とは

「羽のある類人猿」という呼び名からすると、鳥と類人猿が同じ心を持っているように思われがちですが、そもそも脳の構造が異なることを忘れてはいけません。カラスとサルの心が同じかどうかは知るべくもありませんが、脳の相対量が似通っているのは確かです。つまり、体のわりに大きな脳を持っているのです。34ページで触れた「優等生組」がほかと違うのは、物事を総合して柔軟に考えられることで、備えている能力をさまざまな状況に応用することができるのです。鳥によっては、自身は道具を使わなくても、その働きを理解することができるものもいるほどです（第5章参照）。

しかし残念ながら、膨大な種の知能を比較する研究はまだ緒についたばかりで、そのための装置もまだ開発途上です。種によって知覚方法も違えば、物体を扱う能力もまちまちなので、公平に知能を測るのはきわめて難しいのです。それでも類人猿とカラスであれば、かなり公平な比較が可能です。どちらも視覚がよく発達している（第3章参照）し、物体を扱うことにも長けているからです。カラスに手はなく、使えるのはくちばしだけなので不利ではないかと思われそうですが、実はそうでもありません。人間に育てられたあるカラスは、レンチできつく締められたボルトとナットをいとも簡単に外すことができました。実際にその様子を目にした私と妻が証人です。

もっとも、動物オリンピックを開催して、どの動物がいちばん賢いかを決めるのが目的ではありません。大切なのは、適切な実験を通じて学習や認知がどのようになされるのかを突き止め、そのうえで種による相違や類似を見つけ出し、相違については、それが脳のどのような構造の違いに起因するのかを明らかにすることなのです。

上　枝で作った棒を木の幹に差し込んで虫を探すカレドニアガラス。虫がいらだって棒に絡みついたら引っ張りだし、餌にありつく。

右　鳥の知能についてわかっていることは、ほとんどがハトの研究によるものである。しかし残念なことに、ハトは動物のなかでも賢いほうとはされていない。

2 方向感覚と記憶力

どうして方角がわかるのか

鳥の移動距離は、ほかの動物とは比べ物になりません。
大陸をまたいで移動する渡り鳥もいるほどです。
また、飛び回る空間は、私たちのいる陸上よりもずっと立体的で複雑な世界です。
鳥にとって方向感覚はとても重要なのです。

自分の道は自分で

巣立った鳥がまずしなければならないのは、自分で動き回ることです。ガチョウやニワトリのような早成性（そうせいせい）〔訳注：孵化直後から運動能力を持つ性質〕の鳥は、孵化直後にこの問題に直面します。つまり、自分の身は自分で守らなければならないのです。それでも、母鳥のあとをついていくことで餌にはありつけます。また、方向感覚もまだ必要ありません。生まれて最初に見た動くもの（たいてい母鳥）が刷り込まれているからです。しかし母鳥のもとを離れたら、今度こそ本当に行くところはすべて自分で決めなければなりません。一方、オウムやカラスといった晩成性（ばんせいせい）の鳥では、雛は親鳥に餌をもらい、保護され、長い間巣にとどまります。そうして羽が生えそろうと、ようやく自分で餌を求めて動きだすようになるのです。

鳥の生活と空間認識

生きていくには、方向感覚が必要です。出かけたら家に帰らなければなりませんし、子供が待っているならなおのこと、きちんと帰って食べ物を与えなければなりません。また、稼ぎのいい場所があれば、翌日もそこに行くのが賢明です。鳥の場合、こうしたことが特に重要で、近いところから遠いところまで空間認識ばかりして生活しているようなものです。

実際、ハトは出かけてもきちんと戻ってきますし、渡り鳥はよりよい餌場を求めて長旅をしても、子育てが終わるとまた帰ってきます。貯食（ちょしょく）をする鳥の場合は、餌を隠した場所を何カ月でも覚えておいて、食料が不足したときにそこに戻ってきます。また、カッコウのように托卵（たくらん）をする鳥は、卵を産めそうな巣を下調べして場所を覚えておきますし、雛に餌をやる必要のある晩成性の鳥は、間違えずに自分の巣に帰ってきます。さらにハチドリの場合、どの花から蜜を吸ったか覚えておいて、また蜜がたまった頃に戻ってきます。このように鳥たちは実にさまざまな空間認識をしており、こうしたことが脳の形態や使い方にも影響をおよぼしているのです。

滝に突入する鳥

いろいろ例を挙げましたが、ほとんどの鳥において方角がわかるかどうかは死活問題です。ブラジルのイグアスの滝へ行ったとき、私と妻は、そこに棲むアマツバメの食事風景に目を奪われました。夕闇のなか、轟音とどろく滝の周りを飛びながら虫を捕まえていたのです。アマツバメはその滝の裏側をねぐらとしており、そこで過ごす寒い夜を持ちこたえるには、あらかじめ餌を食べられるだけ食べておかなければなりません。そのため彼らは、暗くなって帰れなくなるぎりぎりの時間まで食事を続けていました。そして日がほぼ落ちたとき、滝のなかへと突進していく光景は、それはまた見事なものでした。滝に体をさらわれることもなく、ねぐらのある場所へと入っていくのです。彼らの頭のなかには、ねぐらを含めて滝の裏側の景色がきちんと入っていたのでしょうか。それとも、ねぐらがあるだいたいの場所を覚えておいて突入直後に見つけていたのでしょうか。はたまた、特に決まったねぐらはなく、突入後にまさに命懸けで探していたのでしょうか。その答えははっきりしていませんが、いずれにしてもアマツバメが素晴らしい空間認識能力を持っているのは間違いありません。

本章では、鳥がどうやって方向を認識しているか考察していきたいと思います。それとともに、鳥にはすぐれた記憶力があり、それにもとづいて行くところを決めたり、食べ物（隠したものも含めて）を見つけたりしていることも紹介します。鳥のなかには、いつ、どこで、どんな食べ物にありついたのか（隠したのか）を覚えているものもいます。そのような、人間で言うエピソード記憶に類似した事項も扱いますが、時間の話は後述することにして、まずは空間の話から始めたいと思います。そのなかには、地球縦断の旅をする鳥から、人間の親指ほどしかない鳥まで登場します。

左　キョクアジサシは、渡り鳥のなかでも有数の移動距離を誇る。餌の豊富な海を求めて北極圏から南極圏へ、なんと約4万キロも旅をする。そして雛が飛べるようになると、また帰っていく。

1年じゅう飛んでいる生活

北アメリカに棲むコマツグミになったと想像してみましょう。冬が近づき、気温が零度近くまで下がってきました。そこでいざ、南へ向かって出発です！　そうして遠路はるばる行き着いた北アメリカ大陸の南端、グアテマラの地は食べ物が豊富で、子育てに最適です。やがて春を迎え、子供たちも大きくなり、そろそろ故郷の味も恋しくなってきました。戻る頃には故郷にも春がやってきて、果物や虫が待ってくれていることでしょう。

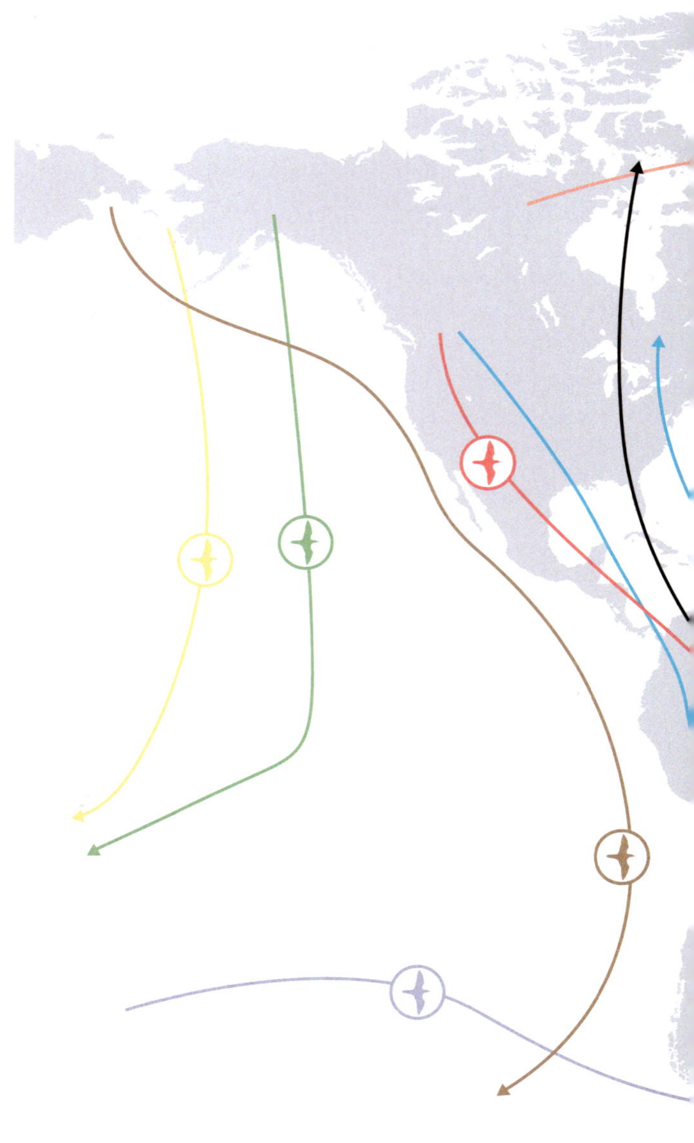

翼がうずいて

とはいえ渡り鳥は、こんなふうに「さあ行くか」「さあ帰るか」などと考えて旅をしているわけではありません。そこで起こっているのは心境の変化ではなく、体のなかのホルモン濃度の変化です。日照時間の変化、気温の低下にともなう内分泌系の変化が生理や行動に影響し、体が渡りの衝動に駆り立てられるのです。

コマツグミより長い旅をする鳥もたくさんいます。最も長距離の渡りをするのはおそらくキョクアジサシで、北極圏の餌場をスタートし、北アメリカ大陸から南アメリカ大陸の西岸を経て、または北アメリカ大陸東岸からアフリカ大陸西岸を経て、南極圏の新たな餌場へと至ります。そして雛に羽が生えると、また帰路につくのですが、その移動距離はなんと7万～9万キロにもおよびます。これを毎年繰り返し、しかも移動中はほとんど休むことなく飛んでいるのです。右の地図にあるように、長距離の渡りをする鳥のほとんどは、まず北から南へ移動し、そして南から北へ帰ってきます。どの鳥も環境や気候の変化、その結果としての食料事情や繁殖のしやすさにしたがってそうしているのです。

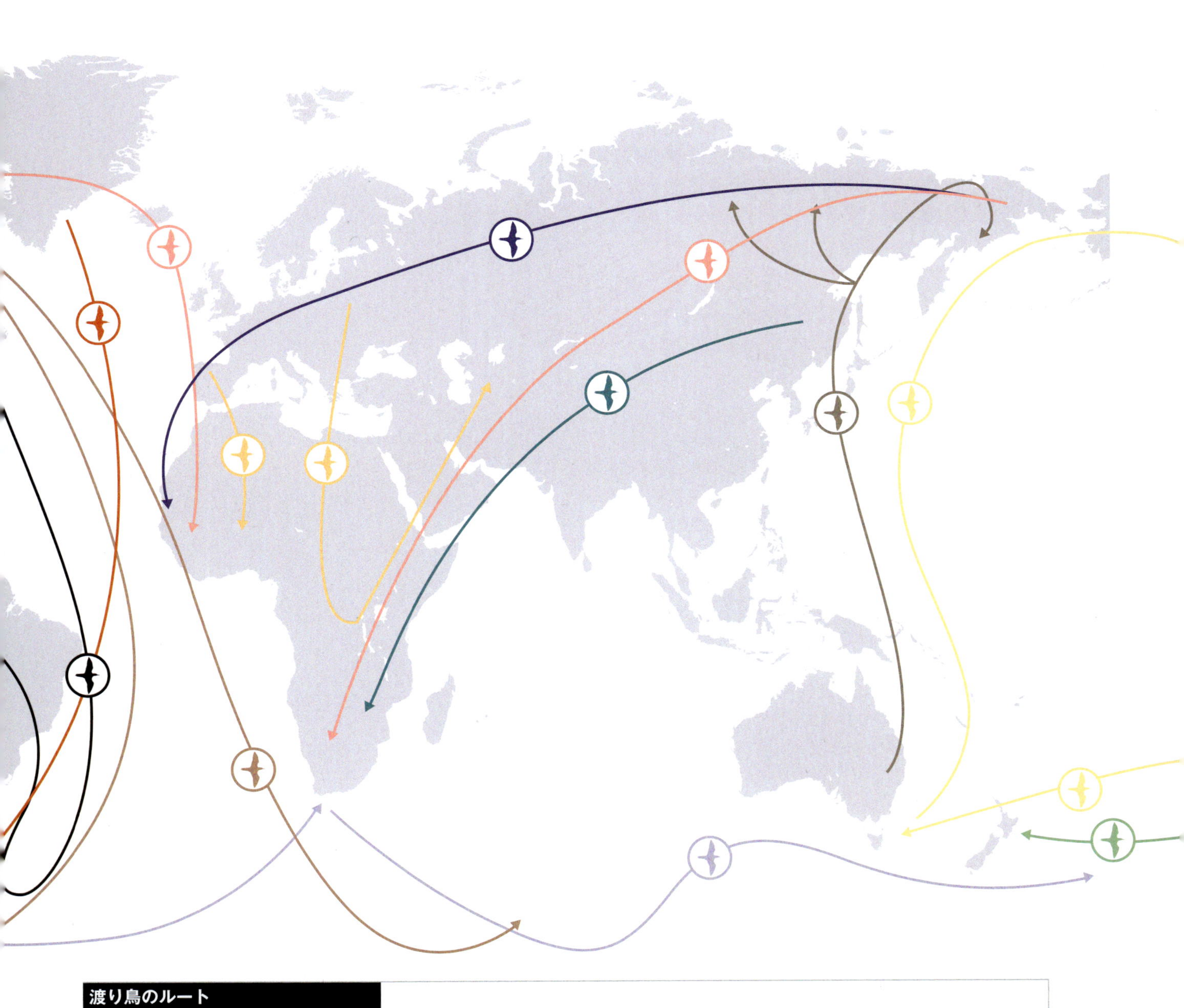

渡り鳥のルート

長距離の渡りをする鳥のルート。種によってルートを色分けし、移動距離を概数で示している。

- エリマキシギ（30,000km）
- ホウロクシギ（6,000km）
- ヨーロッパハチクイ（10,500km）
- アカアシチョウゲンボウ（22,000km）
- マダラフルマカモメ（不明）
- キョクアジサシ（38,000km）
- マンクスミズナギドリ（11,000km）
- ハシグロヒタキ（30,000km）
- ハシボソミズナギドリ（10,000km）
- オオソリハシシギ（11,700km）
- アメリカムナグロ（25,000km）
- ボボリンク（19,000km）
- アレチノスリ（23,000km）

鳥のナビゲーションシステム

目印も道具もないのに、何万キロもの距離を迷わずに飛ぶという離れ業は、
いったいどうして可能なのでしょう？
実は渡り鳥は、人間が羅針盤やGPSを使うのと同じように、
天然のナビゲーションシステムを進化させたのです。

下　ズグロムシクイのうち、ドイツに棲むものは南西方向に向かって西アフリカへ渡り、ハンガリーに棲むものは南東方向に向かって東アフリカへ渡る。子孫もこれにならうが、両者が交配した場合、その子孫はまっすぐ南へと渡りを行う。

高度な機器がなければ、私たちは景色が変わることのない海を9,000キロも移動して目的地にたどり着くことはできないでしょう。そうした機器があったとしても、バッテリーが途中で切れたり、衛星からの信号が受信できなかったりしたら、やはり到着するのは難しいでしょう。1735年にイギリスの時計職人、ジョン・ハリソンが航海用クロノメーターを発明するまでは、月の位置を観測して計算をしなければ長距離の航海は不可能でした。けれども、不安定な船の上では測量にミスはつきものでした。

遺伝子と渡り

鳥が移動するとき——長い距離を移動するときも、伝書バト程度の距離を移動するときも——には、さまざまなメカニズムが働いて目的地にたどり着きます。そのメカニズムは、移動している最中でも段階によって使い分けられています。では、はじめに渡りの衝動に駆られたとき、行く方向を決めているものは何なのでしょう？　驚くことに、それはADCYAP1という遺伝子のコントロール下にあるのです。これに関連した昔の有名な研究報告に、ズグロムシクイの渡りについて調べたものがあります。その調査によれば、北ヨーロッパ（ドイツ）に棲むグループは南西に飛び、南スペインで冬を過ごしてから赤道アフリカまで渡りました。一方、東ヨーロッパ（ハンガリー）に棲むグループは、南東に向かってトルコへ行き、東アフリカへたどり着きました。そしてグループ間で交配したとき、その両方の遺伝子を持った子孫はどうしたかというと、なんと2つの間をとって真南へと向かったのです。

目印と帰巣

鳥の渡りについてはわからないことがまだ多いのですが、ハトが帰巣するメカニズムについてはかなり判明しています。そこでまずは、そのメカニズムについて確認しておきましょう。

下　ハトは方向を認識するのに太陽の位置や地磁気［訳注：地球が持つ磁気、磁場のこと］をたよりにしているだけでなく、地上にあるものも目印として使っている。その際、山並みや木立といった非常に大きなものから、道や川、建物といった比較的小さなものまで移動距離によって使い分けている。

放たれたハトはまず、周辺の景色をもとに脳内地図を作ります。帰ってくるときも、その地図をたよりにしています。地図は山並みや木立、あるいは建物や道路といった目につきやすいもの（食べ物や水のありかも含めて）をもとに作られ、海馬に保存されます（52、53ページ参照）。そして巣が見えない距離まで来ると、長距離移動用にモードが切り替わり、生理的に方角を感知するシステムが作動するのです。渡りをする鳥でも、何千キロというルートにあるすべての目印をきちんと覚えておくのは不可能でしょうから、太陽などの天体、地磁気など、その時々の状況によって使い分けながら方角を定めているものと思われます。

太陽コンパス

事実、渡り鳥は太陽をたよりに方角を定めています。といっても、太陽は常に動いているので、その位置を見定めるだけでは不十分です。そこで併せて活用しているのが、体内時計です。鳥は24時間周期の体内時計を3カ所――網膜、松果体［訳注：脳の中央にある小さな内分泌器官。光はスポンジ状の頭蓋を通して松果体を刺激し、この器官が柱時計の振り子の役割を果たす］、視床下部――に持っているのですが、これらの部位が明るさをもとに時間を判断しているのです。感知できる光の量から、太陽の位置がわかるわけです。

渡りにおける太陽の役割を確かめるために、鳥の体内時計を狂わせる実験がかつて行われました。まず、外から光が入らない部屋に何日間か鳥を閉じ込め、本来の日照時間と違う時間に人工の光を当てます。外が夜の間ずっと部屋を明るくしておく、などという具合です。それから鳥を放ち、ちゃんと巣に帰れるかどうか追跡します。すると体内時計を狂わされた鳥は、ずれた時間の分だけずれた方向に進みました。つまり、体内時計を実際の時間と6時間狂わされると、巣の方向と90度ずれた方向へ飛んだのです。

星コンパス

渡り鳥がみな日中に移動するとは限りません。昼も夜も飛び続けるものもいます。では、そうした鳥たちは夜間にどうやって方向を知るのでしょうか。

実は、夜行性の鳥は天体（星）の位置をたよりに移動しています。明るい星を一定数記憶しておいて、それが天の極に対してどこにあるかを見定めているのです。これに関連して、渡り鳥をプラネタリウムのなかで飛ばせた実験があります。まず、春の北半球の星空を見せると、鳥は北へ向かいました。次に、秋の北半球の星空を見せると南へ向かいました。そうして今度は南半球の星空を見せたところ、それぞれの季節で逆のことが起こったのです。北極星を目印にすれば確実な気もしますが、あまりそれはしていないようです。これはきっと、季節によって見えないことがあるからでしょう。

磁気コンパス

鳥が移動する際、太陽や星といった天体はわかりやすい目印ではありますが、いつも同じところにないのが難点で、体内時計など別のメカニズムを併せて用いなければなりません。しかし、いつも一定で、確実に方向を教えてくれるものがあります。地磁気です。鳥が正しく長距離を移動できるカギは、どうやらこの地磁気にあるようなのです。実は、渡り鳥が地磁気を利用しているのではないかという説は昔からずっとあったのですが、証拠がありませんでした。しかし1970年代になって、それがようやく実証されました。曇った日にハトに磁石を取りつけて放したところ、帰巣が難しくなったのです。磁石でない単なる金属棒では、何の影響もありませんでした。

では、鳥は体のどこで地磁気を感知しているのでしょうか。その可能性は2つ考えられます。1つは視覚系で、鳥の網膜（主に右目）にクリプトクロームという磁気感知器官があることがわかっています。これは磁気の変化を感知する化学コンパスで、ここからの情報はクラスターNと呼ばれる部位（高外套の背側［前方］、ウルストの隣にある）に送られます。実際、この部位のニューロンには磁気に対する活性化が見られます。そのためクラスターNを損傷すると、鳥は磁気で方向を定めることができなくなります（ただし、天体を使った定位は阻害されません）。

もう1つは嗅覚系で、上くちばしの皮膚内および鼻腔内に、磁性を持つマグネタイトという酸化鉄が見つかっています。これが地磁気に反応することで方角を見定めているのではないかとも言われており、実験でメジロに強い磁気を当てたところ、方向を90度変えたという報告もあります。このマグネタイトが見られる部位は、三叉神経［訳注：最も太い脳神経で、眼神経、上顎神経、下顎神経の三枝に分かれている］の枝の1つである眼神経とつながっていますが、感知した磁気が脳内でどのように処理されるのかは、残念ながらまだはっきりとしていません。

ハトの磁気感覚

ハトの帰巣を可能にするのは、自然界のさまざまな情報（太陽、星、地磁気）と、それを処理するするさまざまな器官（海馬、受容器、マグネタイト）である。

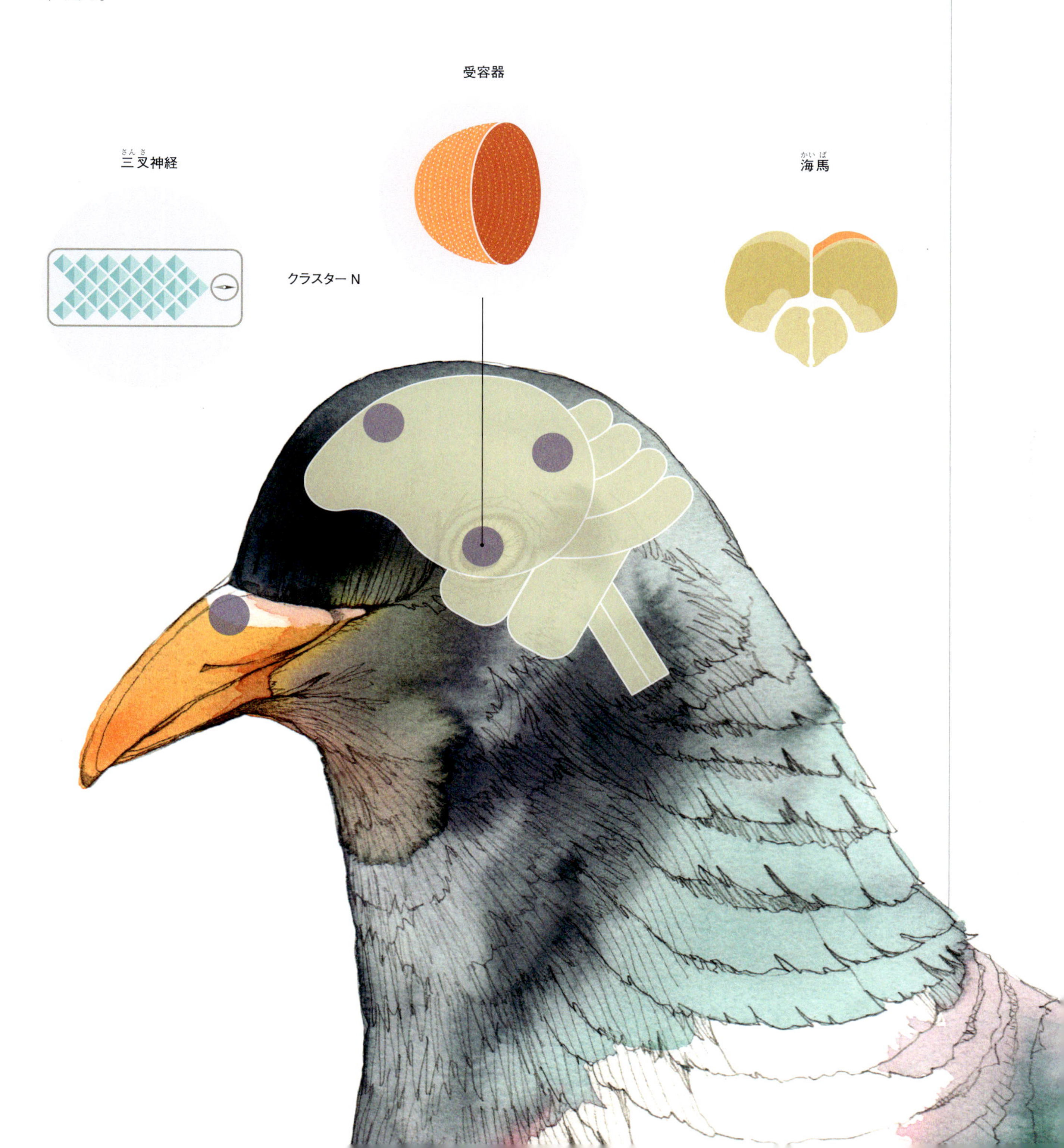

覚えておいて、たどり着く

**渡りをしない鳥の移動範囲は限られていますが、空間のことを何も考えていないわけではありません。
あちこち餌を探してから巣に帰る、隠しておいた食べ物を取りにいく――。
こうした生活に必要なのは、場所をきちんと覚えておく記憶力です。
渡り鳥とはまた違った能力が必要なのです。**

ガチョウの経路統合

動物はいろいろなものを目印にして空間を認識しますが、目印がなかったとしても動く動物はすべて（無脊椎動物も含めて）、外出先から自分の場所へ帰ってくることができます。知らない街で車をどこにとめたのかわからなくなったことがありませんか？ そのときは建物が全部同じように見えてしまい、さぞ困り果てたことでしょう。それでも、なんとか車のところに戻ることができたはずです。これは、車のあるだいたいの方向を推測できたためです。

砂漠に棲むアリも食べ物を探してあちこち動き回りますが、どこに行っても直線的に巣に帰ることができます。目印がなくても、移動した方向と距離にしたがって始点の方向を定めることができるのです。これを経路統合と言います。ベクトルの計算のようですが、ほとんどは無意識に行っています。これに関連して、ガチョウをトラックで運んだ実験があります。幌のないトラックでＡという地点まで運んだら、今度はトラックに幌をつけてＢという地点までさらに運び、ガチョウを放すというものです。すると歩きだしたのは、Ａ地点から棲みかに帰る場合の方向でした。つまり、Ａまでのルートはしっかり目で確認して覚えていたけれど、そこから先は目隠しで運ばれたため考慮に入れられなかったのです。このことから、鳥は視覚情報にもとづいて経路統合をしていると言えるでしょう。

何を目印にするか

新たな環境を目の前にしたとき、多くの動物がするのは、まずポイントとなるものを探し、その位置関係を記憶することです。こうして動物たちは頭のなかに地図を作成するのです。ポイントとなるものには２種類あります。１つはビーコンと言って、目的地に近いところにある目立つものです。もう１つはランドマークと言う、目的地から遠いところにある大きな物体で、目的地の相対的な位置を示します。たとえば雛鳥の鳴き声は、獲物を探す捕食者にとっても、餌を持ち帰る親鳥にとってもビーコンとして働きます。貯食（ちょしょく）行動に関する観察では、あるカケスが大きなモミノキと巨岩、それに生垣をランドマークとして使い、３地点からの距離の等しくなる地点に食べ物を隠すことがわかりました。こうした目印を使うことで、鳥たちは同じ場所にまた戻ってくることができるわけです。

ただし、ランドマークは１つでは不十分です。それでは目的地との距離がわかるだけで、方向がわからないからです。しかし２つ以上のランドマークがあれば、その位置関係から目的地を特定することができます。問題は、動物がランドマークをどのように使っているかですが、これには２つの説があります。

１つはベクトル加算モデルというもので、２つのランドマークから目的地への方向と距離をそれぞれ覚えておいて、交互に確認することで目的地を割り出す（その中間点が目的地となります）というものです。これを調べるために、２つのランドマークを用いて餌を探す訓練がハトに行われました。餌はそれぞれのランドマークからの距離が等しくなるところに隠しておき、そのあと片方のランドマークの位置を動かします。するとハトは、新しい配置にもとづいて２つのランドマークの中間点を割り出し、そこをつついたのです。これは経路統合に似ていますが、目印を使っているところが違います。

もう１つの説は複合的方位モデルで、複数のランドマークから目的地への方向を覚えておいて、その交点を見つけるという、より複雑なものです。この場合、景色の全体像を見てから動けばよいので、２つのランドマークからのベクトルを交互に確認する必要はありません。ただし、このやり方ではランドマークは２つとは限りません。多いほうが目的地の特定がより正確になるからです。この方法は、ハイイロホシガラスの貯食行動において用いられていることが確認されています。

右　ハイイロホシガラス。気候の厳しい高地に棲むため、食料の少ない冬に備えて種子などを大量に貯蔵しておく。

小さな体が秘める驚異

ハチドリは花の蜜を餌にしていますが、1つの花から採れる量はわずかです。
それも、新しい蜜が補充されるまでに一定の時間を必要とします。
そのためにハチドリは、いろいろな知恵を働かせて生活しているのです。

なぜ蜜を吸うのか

野原に同じ色の花が何千と咲いていても、そのなかからハチドリはどの場所にあるどの花の蜜を吸ったのかを覚えておいて、再び蜜がたまった頃に戻ってきます。ハチドリは小さな鳥です。体重はわずか3.2グラムで、脳は米粒ほどの大きさしかありません。そんな小さな体で常に動き回っているので、代謝速度は人間のバレリーナの100倍にもなります。そうした体を維持するためには、高カロリーの食事をこまめに摂取しなければなりません。そのためにハチドリは、鳥のなかでも随一の記憶力を持つようになったのです。

人工の花を使った実験

アカフトオハチドリはおとなしい鳥ですが、縄張り意識は非常に強く、特定の餌場を持っています。オスはこまめに周囲を確認して、侵入者を警戒しつつメスを探しています。その活発な生活を支えるために、彼らは10～15分おきに食事をします。そうしたハチドリの食事方法は、砂糖水を入れた人工の花で調べることができます。

まず、木製の茎の先にコルクと小さな筒を取りつけ、それから色紙で作った花びらをつけます（右ページの図参照）。これを8セット作って並べ、ハチドリに見せます。そのいずれにも砂糖水が入っていますが、最初はたいていそのうちの4つにしか行きません。そして5分～1時間後にハチドリは2回目の食事にやってきます。このとき砂糖水の入った花は4つしか残っていません。ほかの4つは1回目に吸ってしまったからです。するとハチドリは、かなりの確率で新しい花のほうに行くのです。このことからもハチドリは、花の場所を覚えていることがわかります。

下　常に動き回っているハチドリは代謝率が非常に高く、こまめに栄養を補給しなければならない。そのため、蜜を吸った花の場所と、蜜が再補充されるタイミングを覚えている。

色か場所か

では、ハチドリはどんな手がかりを使って花を覚えているのでしょうか。彼らは赤い花が多いところに棲んでいるので、やはり色がカギなのでしょうか。それを調べるために、色の違う4つの人工の花を使って行われた実験があります。それらの花は長方形に並べ、1つにだけ砂糖水を入れますが、一度では飲みきれないくらいの量を入れておきます。そしてハチドリがお腹いっぱいになって帰ったら、その花を空にして、別の花と位置を入れ替えます。そうして再び食事に現れたハチドリが向かった先はと言うと、先ほど訪れた花があった場所、つまり別の色の花だったのです。このことから、ハチドリは色ではなく場所を覚えていることがわかります。考えてみれば、縄張りのなかには同じ花がたくさん咲いているわけですから、花の色を覚えておくことにあまり意味はなさそうです。それよりもやはり、位置のほうが大事な情報と言えるでしょう。

時間も覚えている？

蜜がなくなると、花は再生産に入ります。蜜を吸いにくる生き物が花粉をまいてくれるので、花のほうもせっせと蜜を補充し、虫や鳥をおびきよせるのに余念がないのです。では、どれくらい待てばまた蜜が吸えるのか、ハチドリは知っているのでしょうか。知っていれば、栄養補給の効率はずっと高くなります。そこでまた、8つの人工の花を使って実験してみます。前の実験と同様、どの花にも砂糖水を入れますが、今度は花によって砂糖水がなくなってから補充するまでの時間を変えてみます。4つについては10分後、別の4つは20分後です。するとハチドリは、補充に20分かかる花のほうは後回しにして、先に10分の花のほうに行くようになりました。こうして、花が蜜を再補充する時間についてもハチドリが記憶していることが明らかになったのです。

ハチドリの空間認識

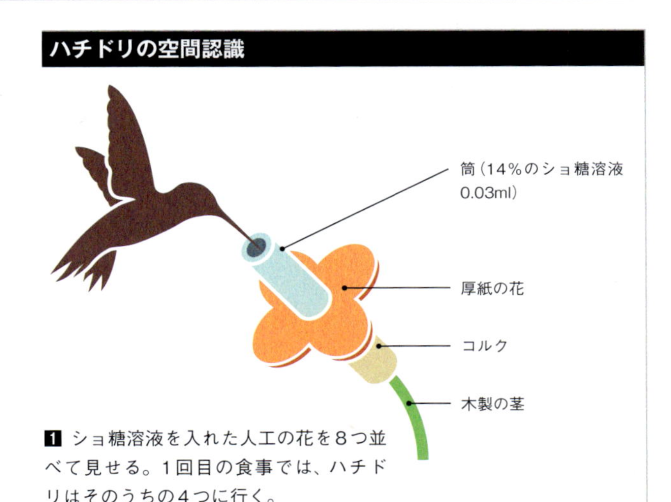

1 ショ糖溶液を入れた人工の花を8つ並べて見せる。1回目の食事では、ハチドリはそのうちの4つに行く。

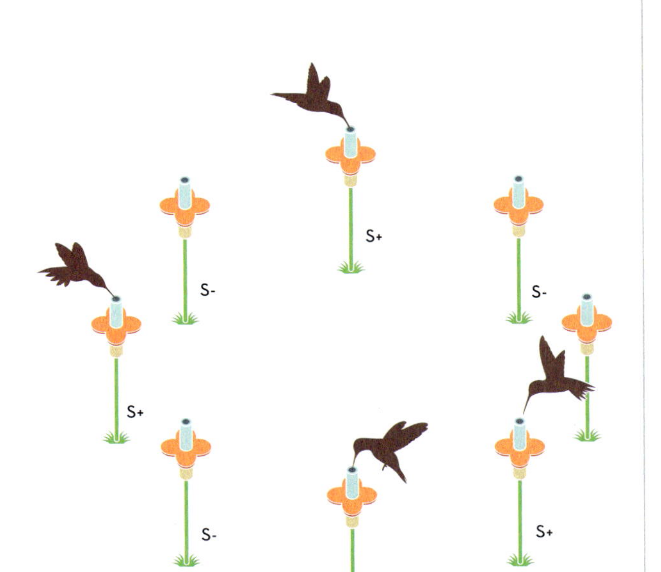

2 2回目の食事では、1回目で吸ってしまった花（S-）ではなく、まだショ糖溶液が入っている花（S+）のところに行く。ハチドリは花の場所を覚えている。

3 ハチドリは花の色ではなく、位置関係を記憶している。

場所を覚えておく倉庫

進化の歴史において海馬の起源は古く、魚類、爬虫類、鳥類、哺乳類それぞれに相同器官［訳注：形態や機能は違うが、発生的には同一起源の器官］が見られます。この器官は、どの動物にとっても空間認識に非常に重要な役割を果たしています。

海馬の構造

鳥類の海馬は、海馬本体と海馬傍部の２つの部分からなり、脳の左右両半球の背内側部（後方）、つまり高外套のやや後ろ側にあります。形態は哺乳類の海馬とはずいぶん違いますが、連絡を受ける器官、および送る器官はよく似ています。右ページの図はかなり複雑に見えますが、鳥の脳の働きを理解するには、海馬がどの部位とつながっているか、受信した情報をどう処理するのか、空間認識にどう関わっているのかを押さえておけば十分です。この海馬は、鳥の行動に影響をおよぼす一次的部位と言えます。つまり、感覚器官からじかに情報を得て、感情的反応や意思決定を引き出すのに重要な部位につながり、そして行動を起こしたり、ホルモンを分泌したりする部位に出力をしているのです。

ナビ本体

では、空間記憶に海馬はどう関わっているのでしょうか。実験で明確にわかっているのはほぼハトのことに限られていますが、海馬を損傷するとハトの空間把握能力が損なわれました。迷路のなかに隠された食べ物を見つけたり、飛びながら脳内地図を作って帰巣したりといったことができなくなったのです。つまり海馬は、ハトにおいては空間記憶をつかさどるよう進化したということです。一方で、ほかのことに関する記憶に海馬がどう関係しているのかは、別の鳥を調べてみなければわかりません。

それでも最近の神経化学の研究により、海馬は場所や方向に関わるあらゆることを担っていることがわかっています。それに関連して、近い親戚の鳥どうしでも、渡りをする鳥のほうが、しない鳥よりも海馬が大きいことも明らかになっています。海馬は長距離飛行に直接関係はしませんが、ランドマークを覚えておく大切な役割を果たしているのです。出発のときに覚えておいて、戻ってくるときに目印として使うわけです。ハトの場合も、ランドマークをもとに周辺の地理を脳内地図にし、海馬が記憶していると考えられます。出かけたあときちんと戻ってこられるのは、おそらくそのためです。

また、カッコウやコウウチョウといった托卵をする鳥にとっても海馬は重要です。自分の卵を托すのに適した別の鳥の巣を記憶しておくことが、そうした鳥たちにとっては何より大切だからです。彼らはまず、卵が産めそうな巣をいくつか下調べして覚えておきます。そして産卵の準備ができると、候補地のなかから自分の卵と同じ時期に孵りそうな卵がある巣を選んで産みつけるのです。そのため、これを行うメスの海馬はオスよりも明らかに大きく発達しています。ちなみに、脳全体に占める海馬の割合が最も大きな鳥は何かと言うと、前の項目で触れたハチドリです。この小さな体をした鳥は、脳のサイズも小さいものの、その大きさに比して非常に大きな海馬を持っているのです。

新しい記憶は新しいニューロンに？

海馬は、成長した脳のなかで最も可塑性［訳注：脳や神経が外界の刺激などによって機能的、構造的な変化を起こすこと］の高い部位で、そこでは神経新生、つまり新しいニューロンの発生が起きています。神経新生は一般的に、新しいことを記憶したり、古い記憶を更新したりするのに役立っていると考えられていますが、異論もあります。特に哺乳類の成体については、詳しいことはわかっていません。この点に関していろいろな研究が行われてきましたが、新しいことを記憶すれば新しいニューロンが発生するのか、あるいは学習や記憶タスクといった外的刺激が神経新生を促しているのか、はっきりしないのです。また、運動も要因の１つではないかと言われており（記憶タスクも、大量のエネルギー消費を必要とする点では同じです）、鳥において渡り鳥のほうがより活発な神経新生が見られるのは、記憶というより運動が促したものではないかとも考えられています。

海馬とその回路

（右上）鳥類の海馬の右半球を前から見た図。紫の矢印は海馬の外との接続を、赤の矢印は海馬内部の接続を示す。（中央／左下）海馬と情報経路。灰色は知覚、茶色は行動と情動、緑は意思決定をそれぞれつかさどる。

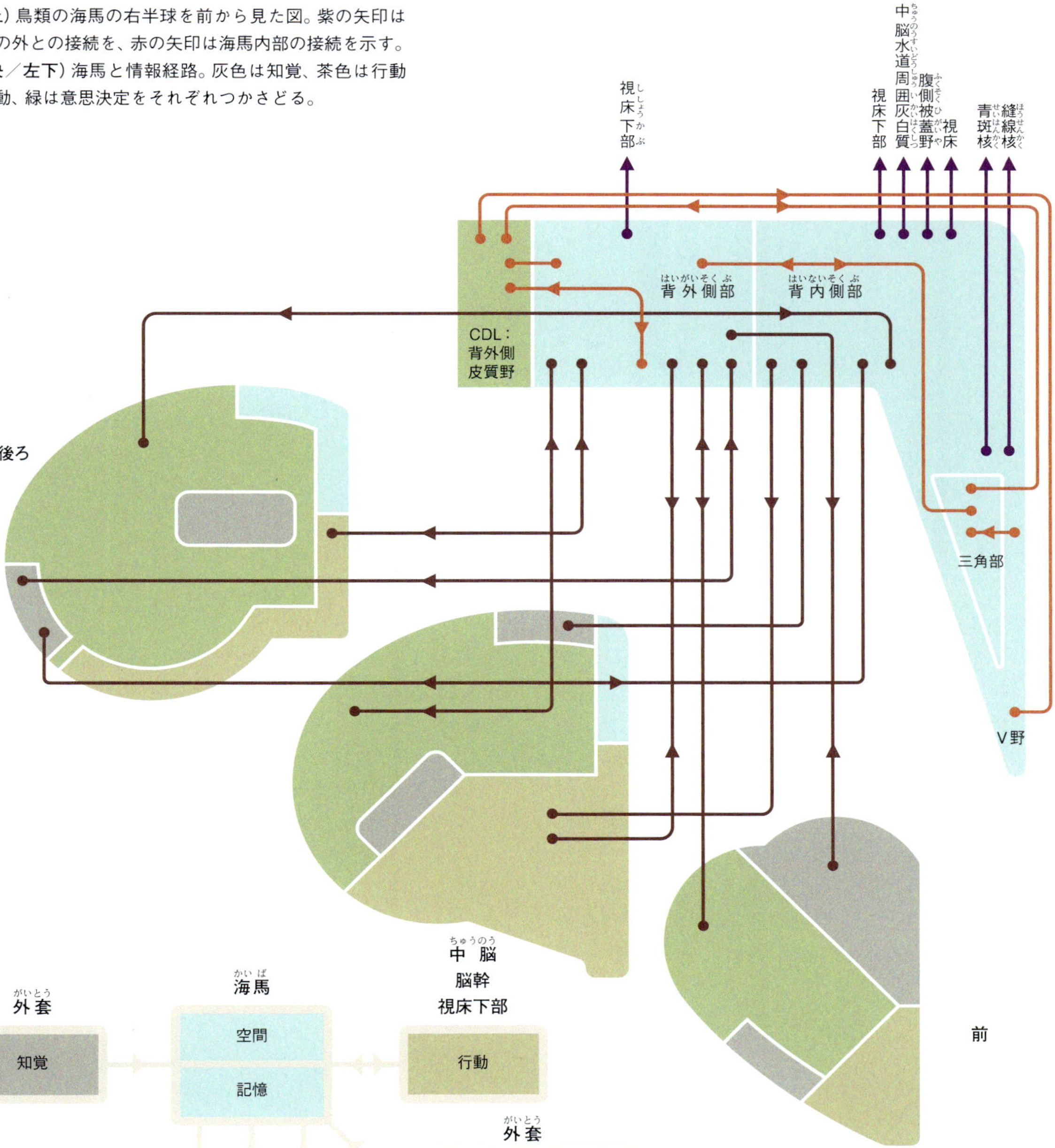

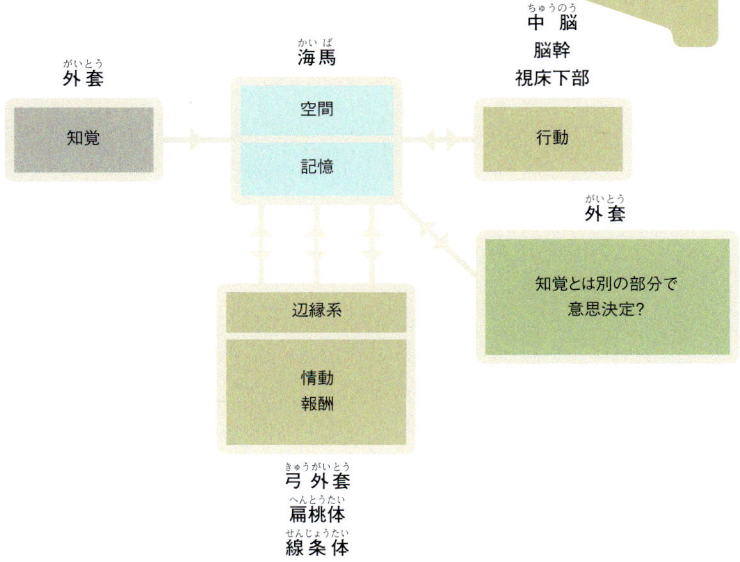

視床下部
視床下部
中脳水道周囲灰白質
腹側被蓋野
視床
青斑核
縫線核
CDL：背外側皮質野
背外側部
背内側部
三角部
V野
後ろ
前

外套
知覚
海馬
空間
記憶
中脳
脳幹
視床下部
行動
外套
知覚とは別の部分で意思決定?
辺縁系
情動
報酬
弓外套
扁桃体
線条体

貯食をする鳥

**鳥のなかには、今の腹を満たすだけでなく、
食べ物が少なくなる時期に備えて貯食(ちょしょく)をするものがいます。
そのような鳥にとって問題なのは、食べ物が見つかるか否かではなく、
集めたものをどうするかということです。**

冬じたく

アメリカコガラは、カリフォルニア州のシエラネバダ山脈に棲んでいます。冬は厳しく、食べ物もほとんどなくなってしまうため、この地に棲む哺乳類のなかには食いだめをして冬眠をするものもいます。しかし鳥の場合、そうはいきません。何カ月分もの脂肪を貯め込めるような体にできていないのです。その代わり、コガラの属するシジュウカラ科のように、厳しい環境に棲む鳥のなかには食べ物を貯めておいたり、隠しておいたりするものもいます。

倉庫は必要か

鳥の貯食には2つのタイプがあります。1カ所にまとめるものと、あちこちに分散させるものです。前者のタイプには、ドングリキツツキがいます。1本の木に小さな穴をたくさん開けて、そこに食べ物を入れておくのです。このように1カ所に集中させておくほうが、分散させるよりも食べ物を守りやすいはずですが、実際にはそうした鳥はごく少数です。その理由は、ほとんどの鳥が昼行性であることにあります。つまり、食べ物を盗む動物はほとんどが夜行性なので、どうしても被害に遭うのは避けられず、そうなると食べ物を広範囲に分散させ、泥棒から見えないように隠しておくほうが、被害を最小限にとどめるという意味で理にかなっているわけです。

貯蔵の天才

泥棒に見つからないように餌を分散して隠すのは合理的なやり方とはいえ、隠した場所を覚えていなければ意味がありません。そこで必要になるのが空間記憶力で、場所を覚えてさえいれば、いつでも貯蔵した食べ物を取りに戻ることができます。とはいっても、これは容易なことではありません。たとえばハイイロホシガラスのように、秋の間に最大で3万3,000個の松の種を、最大で3,000カ所に隠すような鳥もいます。しかもそれを、特に寒さが厳しい冬の高地であれば、最長で9カ月間も覚えておかなくてはならないのです。貯蔵してから取りにいくまでに環境が変わってしまうと、回収はさらに困難になります。雪が降って目印が見えなくなってしまうこともあるでしょう。そこで、こうした鳥たちは大木のような高いものをランドマークとして使います。小さな岩や低木では、雪で隠れてしまうことがあるからです。

見つける手がかり

では、実際に隠した食べ物を彼らはどうやって見つけるのでしょうか。研究が最も進んでいるシジュウカラ科とカラス科の鳥においては、食べ物のにおいは手がかりとはなっていないようです。そもそも鳥類のほとんどは嗅覚が非常に鈍く、それに鳥でもわかるようなにおいであれば、嗅覚の鋭い哺乳類にすぐに見つかってしまうでしょう。また、地中に隠した場合、埋め戻した形跡を目印にしている様子もありません。ほとんどの場合、地面をきちんとならして、何事もなかったように装っているのです。一方で、食べ物を適当に隠し、あとでやみくもに探すといった様子も見られません。それでは仮に餌を探し出して食べても、その食べ物より多くのエネルギーを消費してしまうでしょう。

では貯食をする鳥はどうしているのかと言うと、すぐれた空間記憶力をたよりにしているのです。これにより、必要なときに間違いなく餌の貯蔵場所に行くことができるわけです。彼らの空間記憶力については、次の項目で詳しく述べていきたいと思います。

右　モズは一風変わった貯食をする。餌である虫などは殺してしまうと腐るので、生かしたまま木の棘に串刺しにするのである。こうすると獲物は逃げられないし、当分の間食べられる。さらに、その間に別の食料を集めることもできる。

貯食、空間記憶、海馬

冬の間、ハイイロホシガラスは貯食した餌だけで過ごします。
食べるのは松の種だけで、そのくちばしも種をつまみ出すことと、
硬い地面を掘り起こすことに特化しています。
ロッキー山脈の厳しい冬を生きのびるには、
何カ月も前に隠しておいたものを確実に見つけ出す記憶力と、
それを確実に食べられる特別な器官が必要なのです。

貯食量と記憶力

マツカケスは、ハイイロホシガラスと同じく、北アメリカの高地に棲むカラス科の鳥です。しかしその生活は、ハイイロホシガラスほどは厳しくありません。年間２万2,000個の種を貯蔵しますが、ホシガラスのように松の種に限ってはおらず、ほかにもいろいろなものを貯蔵し、食べています。それら２種よりもっと海抜の低いカリフォルニアに生息するアメリカカケスの場合、その生活にはさらに余裕があり、低木地や公園で餌をあさっています。貯食もしますが、ホシガラスやマツカケスほどではなく、松の種を年に6,000個集める程度です。

これらの鳥の行動を研究室で調べた実験があります。そこでは貯食と回収についての観察だけでなく、空間記憶のテストも行われました。するとやはり、ハイイロホシガラスとマツカケスがアメリカカケスを圧倒する結果となりました。食べ物を探し出す確実性だけでなく、隠してから長い時間が経っても場所をきちんと覚えておける記憶力もすぐれていたのです。一方、アメリカカケスはあまり貯食をしないので、空間記憶力もそこまで発達していませんでした。

事実はもっと複雑

気候による貯食の程度と空間記憶力との関係はわかりやすく、環境への適応が認知能力の発達を促す好例として長く取り上げられてきました。しかし、事はそんなに単純ではありません。そもそも、鳥による貯食の量とその期間は研究室での実験から導き出された数字で、実際のところはよくわっていないのです。それに、貯蔵する松の種だけを基準に考えるわけにもいきません。ハイイロホシガラスは松の種だけを食べますが、マツカケスはほかの種も口にします。アメリカカケスはさらに雑食性で、木の実や虫も食べています。

また、アメリカカケスのほうが低い土地に棲んでいるからといって、その生活が楽だとは一概には言えません。私もカリフォルニアに住んでいたことがあるのでわかるのですが、セントラルバレー［訳注：カリフォルニア州の中央部を占める広く平らな谷］の気温は46度に上ることもあり、しかも水が少ないため、小さな鳥が生活するのは容易なことではありません。さらに、アメリカカケスの好物は日持ちが悪く、暑いところではすぐに腐ってしまいますし、ライバルも多いため放っておいたらすぐに盗まれてしまいます。こうした点を踏まえて言えることは、要するにハイイロホシガラスのような鳥は大量に餌を貯食するので空間記憶力を必要とするが、アメリカカケスのような鳥はそれだけでなく、いつ、どんなものを、どこに隠したか、そしてそれを誰が見ていたかということまで覚えておかなければならない、ということです。

貯食をするのはカラス科の鳥に限りません。数種のキツツキのほか、ニュージーランドコマヒタキ（ロビン）やモズなども貯食をしますが、なかでもよくするのがシジュウカラ科の鳥た

左　アメリカコガラは高地の厳しい環境に棲む。冬に取れる食料はほとんどないため、秋の間に貯食をしておき、それで数カ月しのぐ。

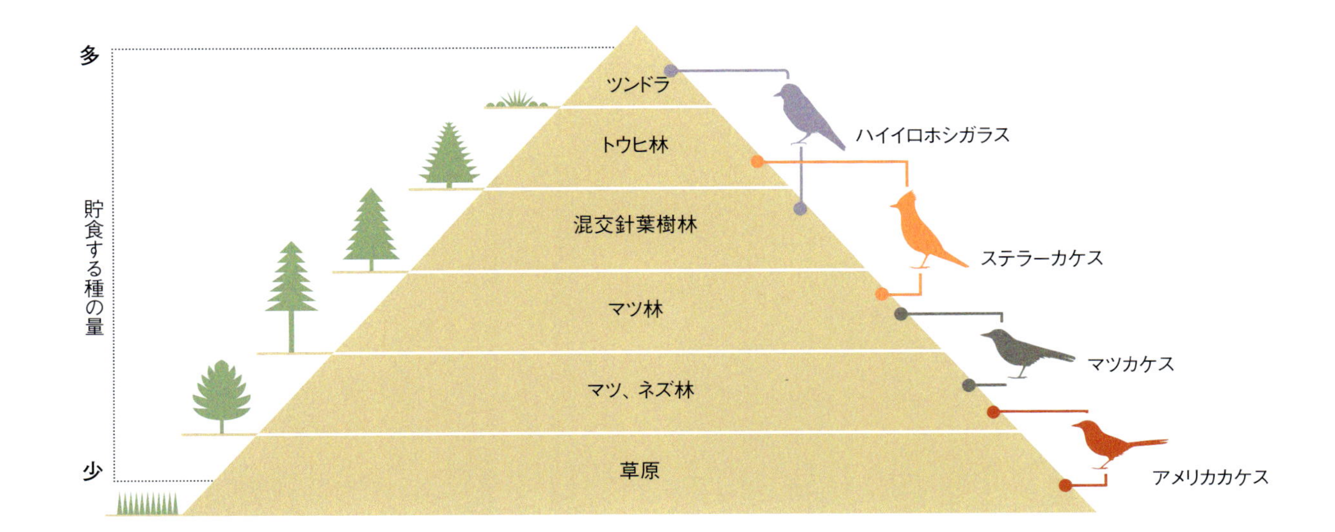

下　アメリカに棲むカラス科の鳥は、生息地の標高と環境により貯食への依存度が異なり、高いところに棲むもののほうが貯食する種の量が多い。

ちです。ただし、貯蔵から回収までの期間はカラス科ほど長くはありません。体が小さいので、こまめに食べないと寒さに耐えられないからです。カラス科の鳥と同じく、シジュウカラ科の鳥のなかでも、貯食をするものとしないものとでは空間記憶力のテストで差が出ます。貯食をする組（ヒガラ、コガラ、ハシブトガラ）は、貯食をしない組（アオガラ、シジュウカラ）より成績がよく、食べ物を見た場所を覚えておいたり、色ではなく位置を手がかりに隠した餌を見つけたりすることができるのです。

貯食場所のランドマーク

ハイイロホシガラスやアメリカコガラは隠した食べ物を何カ月も経ってから探し出しますが、そのために彼らはどういう方法を使っているのでしょうか。最も一般的な説は、雪が積もっていても見える高木や巨岩などをランドマークとして使っているというものです。その数が多ければ、場所の特定はさらに正確になるでしょう。そうしたランドマークには、遠くからでもわかるものと、近くに来てから使うものとがあります。ハトが帰巣するときと同じく、山や木の並びなどの大きなランドマークを見て方向を定め、それから特定の木などの小さなランドマークを確認して餌のありかを突き止めるのです。

これを立証するために、長方形の空間に砂を敷きつめ、岩をその左右に配置して、ホシガラスに貯食した餌を探させる実験が行われました（下図参照）。まずはホシガラスに餌を与えます。するとホシガラスは、さまざまな岩のそばに餌を隠しました。そのあとこっそり、右側の岩をそれぞれ20センチ右に移動させます。そうして餌を回収しにきたホシガラスがどこに向かったかと言うと、実際の貯食場所ではなく、岩の新しい配置にもとづいた場所でした。それに対し、配置を変えていない左側では、ほぼ正確に餌の貯食場所を特定することができたのです。

仲間どうしで海馬（かいば）の大きさ比べ

貯食をする鳥は、しない鳥に比べて空間記憶力に頼って生活しています。空間記憶には、海馬の働きが欠かせません。では、貯食行動と海馬にも関わりがあるのでしょうか。これは長く議論の的になっていますが、貯食行動の有無と海馬の大きさとに相関関係があるのは事実です。同じシジュウカラ科でも、体の大きさに対する海馬の大きさを比べると、貯食をするもののほうが、しないものより明らかに大きいのです。たとえば貯食をするハシブトガラの海馬は、それをしないシジュウカラの約1.3倍の大きさがあります。それと同じく、貯食をするアメリカコガラと、それをしないごく近い種（メキシココガラやシロガオエボシガラ）とでは、やはりアメリカコガラのほうが大きな海馬を持っています。

また、カラス科の鳥では、ヨーロッパに棲んでいるもののほうがアメリカにいるものより大きな海馬を持っているという報告もあります。実に興味深いデータですが、残念ながら理由はまだよくわかっていません（単に測定方法の違いによる可能性もあります）。

ホシガラスが使うランドマーク

長方形の空間に砂を敷きつめ、図のように岩を配置し、ホシガラスに貯食した餌を探させる実験。ホシガラスが餌を隠したら、左側の岩は動かさず、右側の岩だけをそれぞれ20センチ右に移動させる。すると餌の回収にきたホシガラスはどこを探しただろうか。青い点が貯食をした場所。オレンジの点が餌を回収しようとした場所。このことから、貯食の際にホシガラスが岩を目印に使っていたことがわかる。

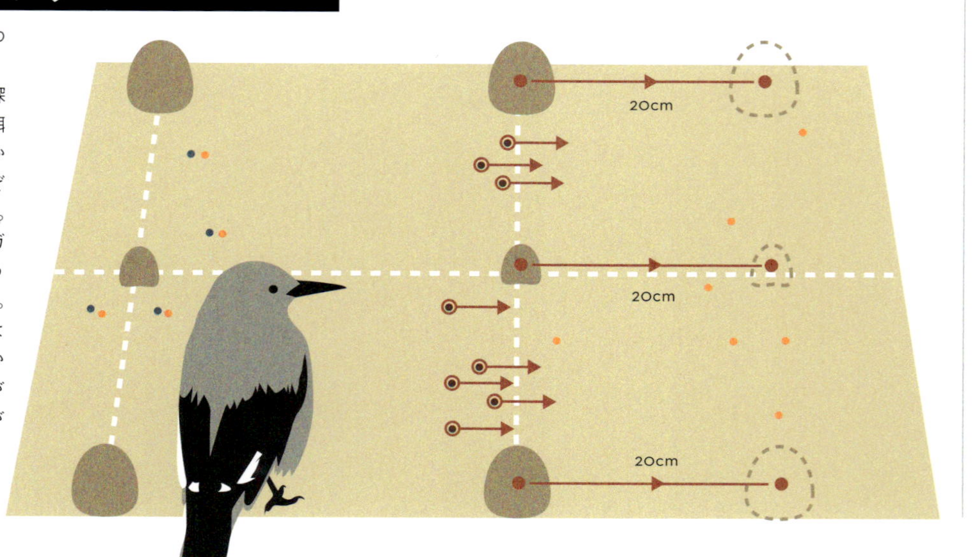

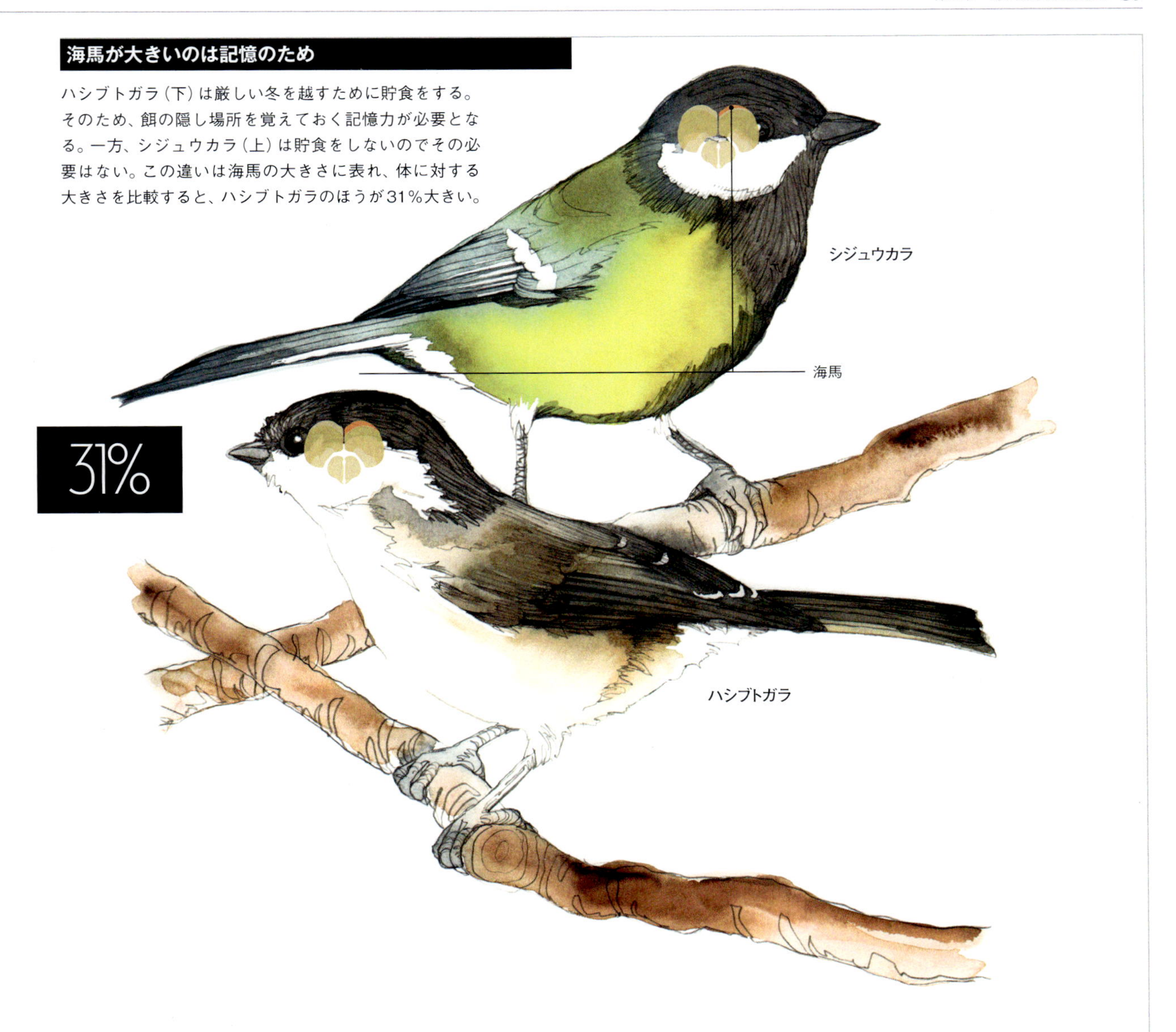

海馬が大きいのは記憶のため

ハシブトガラ（下）は厳しい冬を越すために貯食をする。そのため、餌の隠し場所を覚えておく記憶力が必要となる。一方、シジュウカラ（上）は貯食をしないのでその必要はない。この違いは海馬の大きさに表れ、体に対する大きさを比較すると、ハシブトガラのほうが31％大きい。

使わないとなくなる

海馬は使えば大きくなるし、使わなければ小さくなります（神経新生の話を思い出してください）。これには季節も大きく関係しています。たとえばコガラの海馬が最も大きくなる（神経新生が最も活発になる）のは10月、つまり食料の貯蔵が最も忙しいときです。そして当然ながら、生活上の必要性も海馬の大きさに関係しています。同じコガラでも標高の高いところに棲むグループが、気候の穏やかな場所に棲むグループより大きな海馬をしているのは、貯食をして場所を覚える必要があるからです。また、貯食をする鳥でも若いものほど海馬が小さいのですが、これはまだ貯蔵と回収の経験が少ないからだと思われます。つまり、実際の行動が海馬の成長を促し、ニューロンの発生を活発にするのです。実際、貯食ができないようにすると、鳥の海馬はたった1カ月で小さくなってしまいます。こうしたことから、海馬の大きさが変化するのは、やはりその時々で空間記憶力をどれくらい必要としているかに関係していると言えるでしょう。それゆえ、貯食をしない時期には海馬が小さくなるのです。

エピソード記憶

食料を隠した鳥がその場所を覚えていて、しばらく経ってから取りにくることは確認しました。
では、場所の記憶には時間もともなっているのでしょうか。
つまり、貯食（ちょしょく）という過去の自分の行為を覚えているものなのでしょうか。
そうでなければ、鳥はただ漠然と隠したものと場所を覚えているだけになります。
果たしてどうなのでしょう？

２人の思い出

過去の１回限りの出来事について、それが起きたとき（いつ）、その場所（どこで）、その中身（何を）を覚えていることは、エピソード記憶の核心をなすものです。エピソード記憶に対して意味記憶というものがありますが、これは何かについて覚えて知ってはいるけれど、その知識が個人的な意味をともなわない場合に言います。

たとえば、私はローマがイタリアの首都であることは知っていますが、それをいつどこで知ったかまではわかりません。ただ知っているだけ――これが意味記憶です。一方、2001年7月に妻との新婚旅行で訪れたローマ、素敵なホテルのテラスで食べた素敵な夕食――これは私だけの個人的な記憶、つまりエピソード記憶です。妻も同じ日に同じところで食事をしたわけですが、彼女の記憶と私の記憶は別物です。感じたもの、味わったものも違えば、座った場所が異なるので見たものも違います。同じ経験は共有しても、２人は違うエピソード記憶を持っているわけです。

思い出し、意識する

「何が」「いつ」「どこで」起きたのかはエピソード記憶の根幹をなす重要な要素ではありますが、実は、この３つを覚えていることとエピソード記憶とは少し違います。エピソード記憶は個人が過去に主観的に体験したことの記憶であって、「何が」「いつ」「どこで」だけでは、そうした個人的な要素が抜けているからです。想起的意識と言って、ある出来事は思い出し、意識することによってエピソード記憶となるのです。しかしヒト以外の動物の場合、意識的な記憶をしているという証拠はないため、エピソード記憶に関する研究は非常に困難です。それでは、仮に鳥たち動物が過去の出来事をただ覚えているだけではないとしても、どのようにそれを体験したのか、どうすれば教えてくれるのでしょうか。

行動からのアプローチ

人間以外の動物にエピソード記憶があるのかどうかは、議論の絶えないテーマです。厄介なのはやはり想起的意識で、これを重視すると、エピソード記憶は人間に特有のものとせざるをえないからです。ただ幸いなことに、実験方法の進歩により、いろいろな生き物の記憶について、いろいろなことがわかるようになってきています。どうやらネズミやサル、さらにイカまでもが、どんな出来事が、いつ、どこで起きたのかを記憶できるようなのです。たとえば、迷路のなかのどの場所に、どのときに、どんな食べ物があったかといったことです。

ただし、このような実験では、動物の意識についてはほとんど何もわかりません。それでも、画期的な発見もありました。貯食行動に関する研究で、アメリカカケスが過去の１回限りの出来事を記憶する能力を持つだけでなく、この記憶を現在時における意思決定に活用し、役立てることまでしていることがわかったのです。

右　アメリカカケスは1年を寒暖差の大きいアメリカ西部で過ごす。貯蔵した果実や虫を腐る前に回収できるよう、非常にすぐれた記憶力を持つ。

エピソード様記憶

アメリカカケスはいろいろな食べ物を貯蔵しますが、その種類によって賞味期限はまちまちです。さらに、好物とそうでないものもあります。

腐らないうちに食べる

アメリカカケスは時間の流れをたどることができます。この点ではハチドリと同じなのですが、アメリカカケスの場合、隠したものがまだ食べられるうちに回収することが目的です。そのためには、隠した食べ物の種類と場所、そして時間を覚えておかなければなりません。そこでケンブリッジ大学の心理学者であるN・クレイトンとT・ディキンソンは、アメリカカケスが、「何が」「いつ」「どこで」起きたかという情報を、過去の出来事という概念、つまり人間のエピソード記憶に近いものにまとめあげることができるのかどうかを確かめました。鳥がその記憶を意識できるのかどうかということが問題になるのを避けるため、2人はそのことをエピソード記憶ではなく、「エピソード様記憶」と名づけました。

有名な実験

その実験では、アメリカカケスを人間の手で育て、それから2つのグループに分けました。食べ物が腐ることを教えるグループと、教えないグループです。前者には隠してから124時間経つと虫は腐ると学習させ、後者には常に新しい餌に取り替えてやったのです。どちらのグループのアメリカカケスも砂を入れた製氷皿に貯食(ちょしょく)をするよう育てられ、その場所の目印として皿のそばにはレゴブロックが置かれました。そうしてまず、前者のグループにピーナツを与え、製氷皿の一方の側に貯蔵させました（もう一方の側は覆いでふさいでおきます）。そして120時間経ったら虫を与え、今度は先ほどの覆いを外したところに貯蔵させます。餌を回収させるは、その4時間後です。するとカケスはピーナツより虫が好きなので、やはり虫を選んで食べました。

同じグループで行われた別の実験では、餌の順序を変えて先に虫を与え、120時間後にピーナツを与えました。その4時間後に回収に来たカケスはどちらを選ぶこともできますが、前回と違って、虫のほうは貯蔵から124時間経ち、腐っています。こちらのグループは虫が腐ることを教えられたカケスたちです。結果、彼らが選んだのは食べられるほう、つまりピーナツでした。

しかしこれだけでは、カケスは単にあとで貯蔵したほうを回収したに過ぎず、貯食行動について覚えていたわけではないとも考えられます。そこで、今度は2つのグループの比較実験が行われました。まず、両方のグループに虫とピーナツを同時に与えて、それぞれを貯蔵させます。そうして4時間後に回収させると、どちらも虫を選びました（4時間しか経っていないので、どちらの虫もまだ腐っていません）。

次に、回収を124時間後にさせると、腐ることを学習したグループはピーナツのほうを選び、そうでないグループは虫を食べました。つまり後者のグループは、虫はいつでも食べられるものだと思っているのに対し、前者のグループは、2種類の餌

左　アメリカカケスの生息地は、カリフォルニアのシアラネバダ山脈の高山から、高級リゾート地として有名なサンタバーバラの裏庭まで幅広い。

について貯蔵してからの時間をそれぞれ正しく把握し、それにもとづいて食べられれば食べる、腐っていれば手をつけないという選択ができたのです。今度の実験ではどちらの餌も同時に与えられたのですから、貯蔵の順序は関係ありません。これにより、カケスが「何を」「いつ」「どこに」貯蔵したのか記憶していることがはっきりしました。まさに「エピソード様記憶」であり、この実験結果は今でも、人間以外でそれが見られる最適な例として知られています。

カケスのエピソード様記憶の実験

カケスを２つのグループに分けて実験を行う

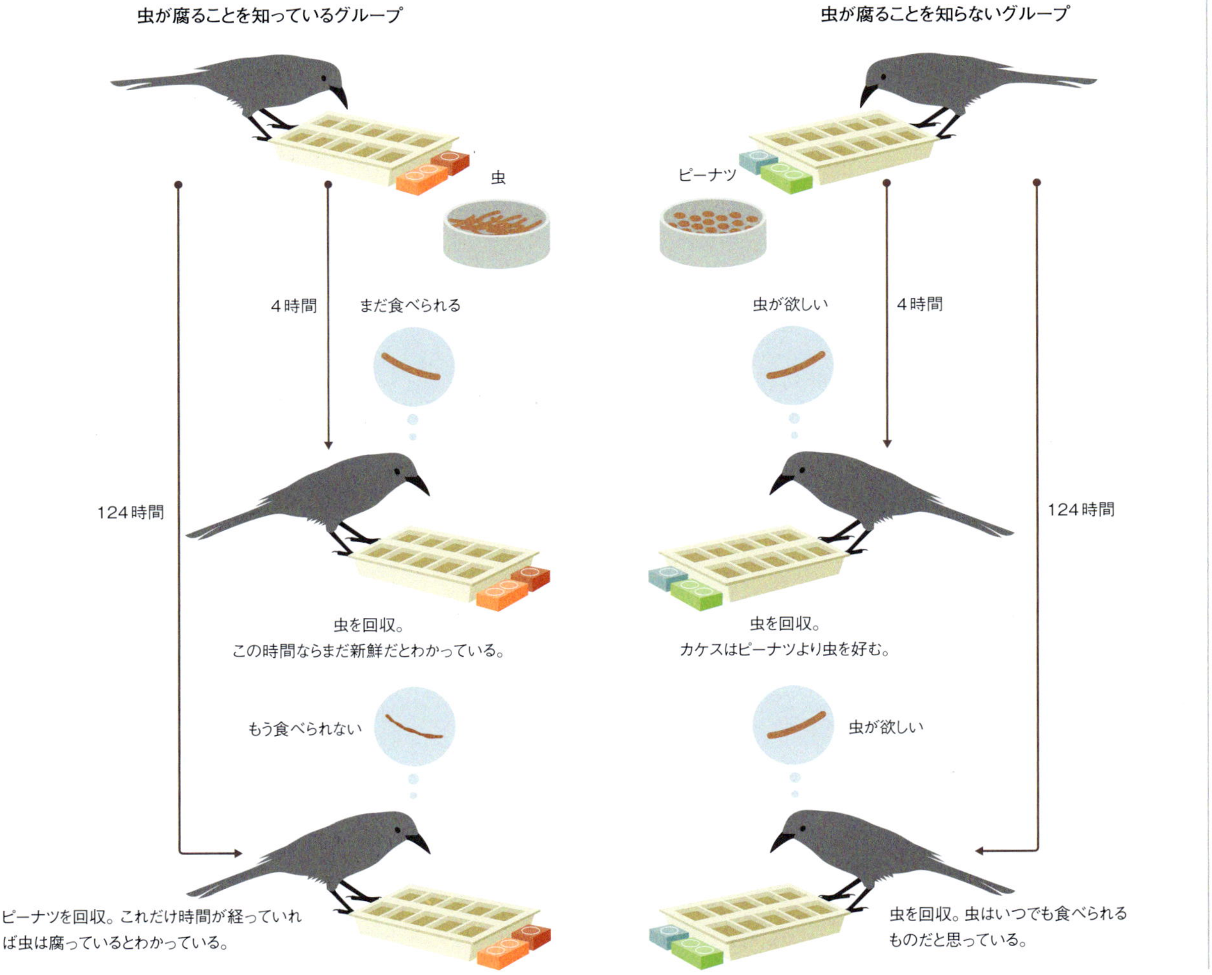

虫が腐ることを知っているグループ

虫が腐ることを知らないグループ

虫

ピーナツ

４時間

まだ食べられる

虫が欲しい

４時間

124時間

124時間

虫を回収。
この時間ならまだ新鮮だとわかっている。

虫を回収。
カケスはピーナツより虫を好む。

もう食べられない

虫が欲しい

ピーナツを回収。これだけ時間が経っていれば虫は腐っているとわかっている。

虫を回収。虫はいつでも食べられるものだと思っている。

3 伝える能力

コミュニケーションをする知性

コミュニケーションとは、送り手から受け手へ情報を送ることです。そして、伝えたい情報を相手の脳で解読できる形にまとめたものがメッセージです。

伝える、伝わる

情報の伝達方法は、シンプルなものから複雑なものまでさまざまです。そして同じ種の個体どうしだけでなく、違う種の生き物どうしでも情報伝達は行われます。たとえば警戒色［訳注：周囲の色より目立つ色彩や模様をした体色］もその方法の１つで、これをまとった生き物は敵に対して「近寄るな」と伝えているのです。また、ほかの種が発した警戒声で敵の存在を知ることもあります。さらに、種が違ってもメッセージが同じような形態をとることもあり、たとえば街に棲む鳥の警戒声は、どれも周波数が7キロヘルツです。

生き物はいろいろなもの（空気、水、光の明暗など）を通して、いろいろな形で情報を伝達します。その届く距離もいろいろで、周囲のノイズや、そのときにしていた行動に影響されることもあります。いずれにしても大事なのは、相手に「気づき」を与えることです。そのために送り手は、外界から知覚した刺激を１つの情報としてまとめあげ、記号化して伝えるのです。

具体的に伝える

一口にコミュニケーションと言っても、複雑なものになると認知能力を必要とします。たとえばメッセージに、ある特定の物事についての情報を込めて相手に知らせることがありますが、その場合、受け取る側はそれが何であるのか正しく理解しなくてはなりません。警戒声であれば、音のパターンの違いが敵の種類を表すことがあります。見えたものがワシなら、ワシを意味するパターンの声を発し、ネコならそれとは違うパターンの音を使って味方に伝えるのです。また、人間で言う名前のように、特定の音のパターンが特定の個体を指していることもあります。こうしたことが成立するには、音と意味との関係性を理解することが必要で、これを突きつめれば人間の言語に至ります。動物に言葉を教えるときもまず、ここから始めます。再帰や統語［訳注：単語と単語をつなぐ規則］など、言語の別の要素については動物ではあまり見られませんが、研究自体は盛んに行われています。

コミュニケーションには五感を使いますが、その複数を使うことで情報伝達の効率が格段に高まります。たとえば、警戒声は敵の存在を知らせはしますが、それだけではどこにいるのかまでは伝わりません。敵のほうをじっと見るのも、その先に何か重要なものがあるということは伝わりますが、それが何であるのかまではわかりません。そこで、敵の存在と居場所の両方をすぐに伝えるには、敵のほうを目で示すと同時に声を発すればよいのです。

意図の有無

では、情報が伝わったからといって、そのコミュニケーションは意図されたものだったと考えてよいのでしょうか。情報を送った側に相手の行動を変える意図があったのか否かは、判断が非常に難しい問題です。たとえばオスのコマドリが別のオスに向かって鳴きたてるとき、相手を縄張りから出ていかせようとしているのでしょうか。それとも攻撃の合図なのでしょうか。また、鳥が警戒声を発するのは、「ワシだぞ、おい、逃げろ！」と仲間に伝えているのでしょうか。あるいは、「うわっ、ワシだ！」と感情的に反応しているだけなのでしょうか。ワシがいないのに警戒声を発したならば、それは木々がざわざわしたのを敵だと勘違いしたためでしょうか。もしかしたら、餌を盗むために相手の注意をそらしたということもありえます。いずれも、行動は同じでも頭のなかで考えていることは違うという例です。送り手に意図があるのかないのかを判断するのは、かように難しいのです。

左　鳥類有数の歌の美しさを誇るナイチンゲール（サヨナキドリ）。その声は昼にも夜にも聞かれるが、夜に聞こえるのはメスを求めるオスの鳴き声である。メスは闇のなか、オスたちの歌をじっと聴き比べている。

感覚器官と脳

鳥の脳は実に精巧にできており、外界からの情報を処理して、
その解釈にもとづいて行動を決めます。
コミュニケーションをとるときも同じで、
目や耳を使って送りあった信号を脳のなかで解釈し、
その結果として何かしらの行動に出るのです。

知覚の回路

五感のすべてにおいて、外界からの刺激はまず感覚器官が捉え、脳に送られます。目や耳が光や音といった波を信号化し、感覚神経を通して脳に伝えるのです。そして脳は受け取った信号を解釈し、その解釈にもとづいて行動を決定します。

人間よりも色彩豊かな世界

鳥類の目は、哺乳類より複雑な構造をしています。飛ぶという特性上、処理する視覚情報が多いためです。鳥の目には光受容器（錐体細胞(すいたい)）が４つあり、哺乳類には見えない波長の光まで知覚することができます。一方、哺乳類は人間を含むサルの数種を例外として、錐体細胞は２つです。２色型色覚という、いわゆる色盲の状態で、赤と緑を区別できません。これは、哺乳類の多くが夜行性であり、暗いなかで食料探しをするのに色を識別する必要はないからです。それに対し、人間を含む霊長類のほとんどは錐体細胞を３つ持つ３色型色覚で、赤と緑を認識できます。これにより、果物が熟れているのか、まだ青いのか、メスの発情状態はどうかといった判断ができるのです。では、錐体細胞がさらに１つ多い４色型色覚の鳥の場合は具体的にどんな色が認識できるかと言うと、人間の可視波長域の色（赤、緑、青）に加え、私たちだと器具を使わないと見ることができない非可視波長域の色（紫外線）も見ることができます。鳥の視覚がこのように発達していることには、大切な理由がいろいろあるのです。

鳥に耳たぶはない

鳥には外耳(がいじ)（耳介(じかい)）がありませんが、フクロウなどの頭には耳のように見える１対の羽（耳羽(じう)）があり、獲物が立てる音を感知するのに大きな役割を果たしています。フクロウの耳自体は目の横のあたりについているのですが、その位置は左右で少し違い、片方がやや高いところについています。これにより左右の耳に入る音にずれが生じ、獲物の位置と動きを正確に割り出すことができるのです。

光や音の通り道

前述したように、光や音はまず感覚器官（それぞれ目と耳）が捉え、そこで電気信号に変換されて感覚神経に伝えられます。感覚神経は、これを情報として脳に送ります。その情報は、視床(ししょう)、視蓋(しがい)を経て知覚皮質または外套(がいとう)へと伝わり、ここで視覚刺激、聴覚刺激として認識されます。こうしてはじめて、たとえば鳥ならオスが呼んでいるなとか、求愛のポーズをとっているなということがわかるのです。

左　フクロウは鳥類有数のハンターである。ほとんどが夜行性で、鋭い聴覚をたよりに、獲物の立てる小さな音からその位置を割り出して捕らえる。また、首が回る範囲が広く、耳と併せて狩りの役に立っている。こうしてフクロウは、飛んでいても正確に獲物を見つけることができるのである。

鳥の感覚器官

鳥は、視覚と聴覚を主に使って情報を知覚している。
（左）鳥類の網膜中のさまざまな細胞
（中）鳥類の目の構造
（右）鳥類の耳の構造

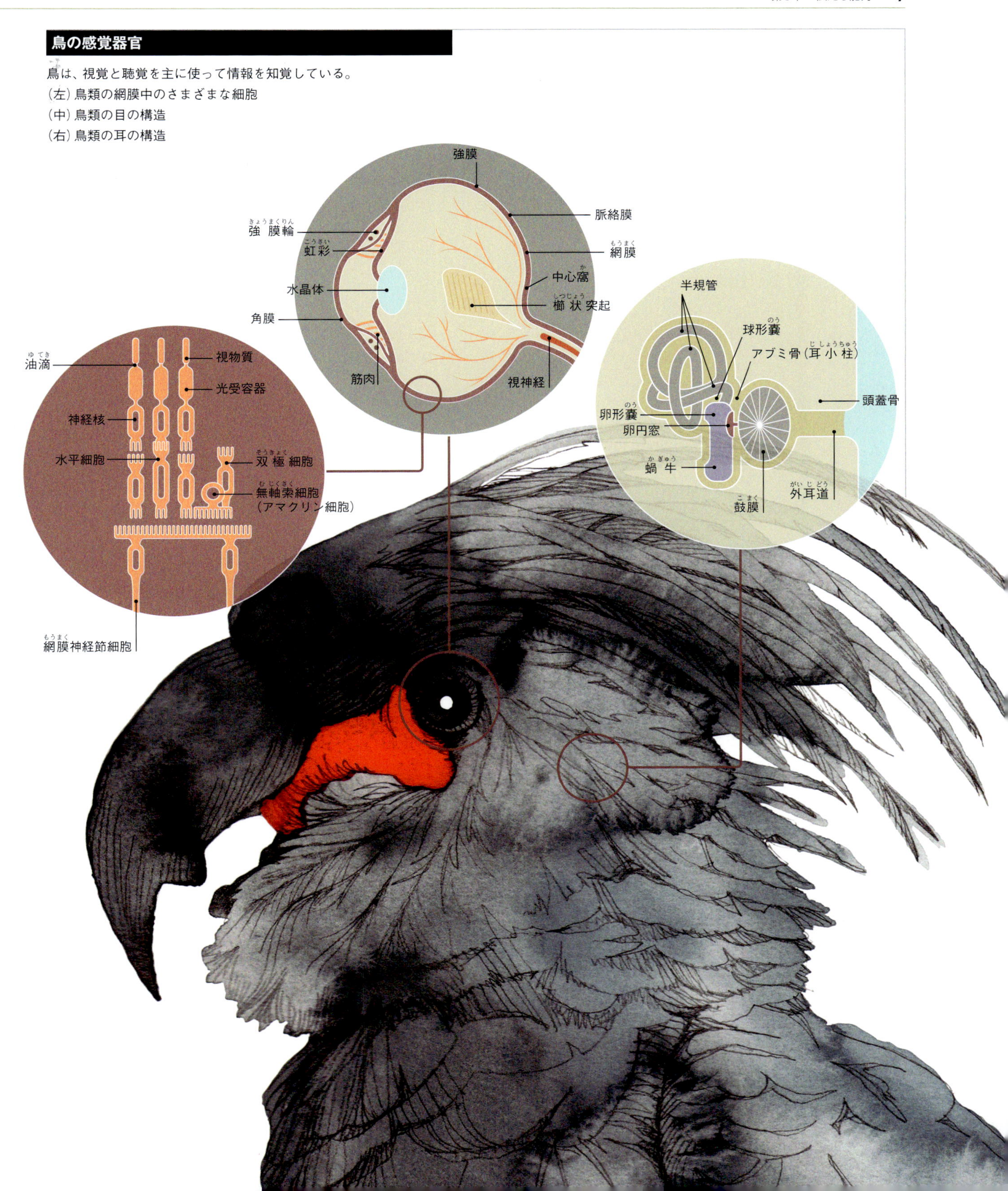

コミュニケーションの目的と方法

鳥は群れで生活するので、コミュニケーションを必要とします。そのコミュニケーションというのは、信号を送りあうことです。鳥たちが使っている信号には、視覚を使うもの（体の色、ポーズ、ダンスなど）と、聴覚を使うもの（鳴き声、さえずり）とがあり、実にさまざまです。

何を使って、誰に伝えるのか

状況に応じて適切な手段で信号を送り、それを正しく理解する——これが上手なコミュニケーションです。鳥類は一般的に、視覚と聴覚を使って情報の伝達をしています。ただし、夜行性の鳥は視覚信号をあまり使いません。これはもちろん、暗いなかでは見えにくいからです。また、渡りをする海鳥のなかには、においをもとに方角を認識するものもいますが、これは例外で、基本的に嗅覚はあまり発達していません。

鳥が情報を伝達するのは（あえて伝達しない場合もあります）、自分と相手のどちらか、あるいは両方に利益があるからです。しかし鳥が何を考えて信号を発しているのか、また意図していない相手にも伝わる可能性を想定しているのかは不明です。たとえば、敵が来たときに信号を出すのは利他的な行為なのでしょうか。仮にそうだとして、それを知らせたいのは周りにいる全員でしょうか。あるいは、ごく近い家族にだけ知らせたつもりが、ほかのメンバーにも結果的に伝わっているだけなのでしょうか。はたまた、伝達の意図など端からなく、敵に驚いてつい声を上げてしまっただけという可能性も考えられます。

伝わるために必要なこと

鳥が使う視覚的・聴覚的信号は、進化によって遺伝子に組み込まれており、決まったパターン以外の状況で柔軟に用いられるものではありません。たとえばクジャクのオスは美しい羽を父親から受け継いでいますが、これは父親がその羽を使って求愛に成功し、その遺伝子を息子に伝えたからです。息子は色や大きさ、目玉模様の数などは選べません。自分で決められるのは、それを、いつ、誰に対して使うかということだけです。

鳥が使う信号には、4つの特徴があります。まず、定型化されていること。つまり、いつも同じ予測が可能な方法で出されることです。次に、繰り返されること。こうすることでメッセージが強調されます。3つ目は、簡略化されること。これにより、含まれる要素は最小限に抑えられます。最後は誇張されることで、周囲の環境で見えにくかったり、聞こえにくかったりしても、相手に伝わりやすいようにするのです。

セックス＆バイオレンス

鳥がコミュニケーションをとって情報を伝達する状況は、メスへのアピールや敵への警告など、いろいろとあります。求愛の場合、さまざまな歌声を駆使して相手の耳に訴えかけるだけでなく、視覚的にアピールをするものもいます。たとえば、色とりどりの羽や派手な飾りを見せたり、木の葉や枝であずまやのような建造物（バワー）を作って見せたりといったことです。そうして晴れてつがいになった鳥はお近づきの歌を歌い、互いの絆を確かめあうだけでなく、2羽の関係を周囲に示します。また、何かの存在や位置を伝えるための信号もあります。食べ物を見つけたときや、敵の存在に気づいたときなどに声を発するのです。

それから、単純なシグナルが上下関係を決めていることもあります。地位の高いものは、羽毛をふくらませて伸びあがることで自分を大きく見せ、逆に地位の低いものの羽毛はぺたんとして、身をかがめるようにしているのです。威嚇と服従では正反対の姿勢になるというダーウィンの説（「反対の原理」）の一例と言えるでしょう。そのほか、さえずりの機能の1つとして、縄張りの主張があります。縄張りの境界線に沿って動きながら鳴き、ほかのオスに対して、ここは自分の場所だと宣言するのです。それを聞いたメスは、縄張りがいちばん広いのは誰かを判断して、繁殖相手を選びます。相手が強いオスであるということは、それだけ強い遺伝子を子孫に残せるということだからです。

右　アオフウチョウ。ゴクラクチョウとも呼ばれるフウチョウ科の鳥のオスは、凝った意匠と鮮やかな色彩の羽毛を持っている。これがメスに対する自分の健康状態、遺伝子の優秀さのアピールとなる。

視覚によるコミュニケーション

鮮やかな色をした鳥につい見とれてしまう人は、パプアニューギニアに行くとよいでしょう。
そこは数々のゴクラクチョウが目を楽しませてくれる、世界でも珍しい美の楽園です。
でも、1つ疑問があります。それほどまでに目立つ外見をしていたら、
敵にすぐに見つかってしまうと思うのですが、ではなぜそんな羽毛を持つようになったのでしょう？

着飾る男

当然ながら、美しい羽で引き寄せたいのは敵ではなく、異性です。つまり目立つ色をした羽毛は、よい繁殖相手を見つけるための視覚的アピールなのです。オスのほうがメスより美しく、愛の歌を歌うのもオスのほうというのは、人間の男性観からすると少しずれているかもしれません。しかし鳥の世界では、着飾るのは常にオスで、メスはたいてい地味で目立たないのです。とはいっても、やはりオスは選ばれる立場、最終的な選択権を持つのはメスのほうです。メスは言い寄ってきたオスを受け入れるのも拒むのも自由です。さらにメスは人間の場合と違って、その理由を伝えたりする必要もありません。

男ばかりのダンスチーム

視覚的アピールをする鳥は、ゴクラクチョウや熱帯に棲むキジの仲間のように色鮮やかな羽毛をまとうものばかりではありません。クジャクなどには大げさな飾りがついています。これは、人間で言えばタトゥーやピアスみたいなものでしょうか。場合によっては、長すぎる尾や頭飾りが飛ぶときのじゃまになることもあるほどです。

これらとは違って、見た目ではなく行動でアピールする鳥もいます。たとえばマイコドリのオスは、ダンスチームに入って7年以上も踊りの修業をします。そしてオス全員でいろいろなダンスを披露するのですが、結局メスを得るのはリーダーだけで、弟子たちが繁殖できるのはリーダーの引退後、自分のチームを持つようになってからです。そのほか、キジオライチョウやクロライチョウも「レック」と呼ばれる求愛会場にオスが集結し、メスに踊りを披露します。クロライチョウの場合は、ちょこちょこ走り回りながら踊ると真っ赤なトサカがパタパタと音を立てるのですが、その音と踊りを最もうまく組み合わせたものがメスに選ばれるのです。

危険を冒すのが男

このように鮮やかな色や踊りは、メスにアピールするのに大いに役立っていますが、一方で1つ問題もあります。敵の目を引くことにもなるのです。ではなぜ、わざわざそんな格好や行動をするのでしょうか。実は、危険を冒しても生き残る能力そのものが、オスとして優秀かどうかを示す尺度となるのです。それをもとにメスは、優秀な遺伝子を持った健康なオスを選ぶわけです。踊りがうまいのは健康な証拠です。それに、父親もきっと踊りがうまかったのでしょう。長い尾にしても、敵から逃げるのに不利ではありますが、メスからするとそれは減点対象ではありません。長い尾でこれまで生きのびてきたのは優秀なオスの証であり、子孫によい遺伝子を残せるだろうと判断されるのです。

右　シロアホウドリは夫婦の結束が強いが、一緒に過ごす時間は短い。ふだんは別々に外洋を巡回しており、繁殖の時期にだけ同じ場所に戻ってくる。そして再会した夫婦は、一緒に踊りあって絆を再確認する。

下　キガタヒメマイコドリ。色が鮮やかなのがオス［訳注：左右の翼を1秒間に107回打ち当てて、求愛の音を奏でる］。求愛の踊りは、メスに見せられるレベルになるのに何年もかかる。それでも認めてもらえず、メスにそっぽを向かれることもある。

自分を見つめる他者の目

2つの目があるのは、すべての脊椎動物に共通しています。ほとんどの鳥では、目は頭部の側面に1つずつありますが、少数ながら両目が正面についているものもいます。また、捕食者と被食者の違いが目の位置に表れることもあります。

目の位置が意味すること

被食者である鳥は特に、広い視野を必要とします。後ろから来る敵にも警戒しなければなりません。ニワトリなどは、自分の周りに目があるか、ある場合はいくつなのかといったことをすぐに感じ取ります。目は、敵の存在を示す印としてわかりやすいのです。また、その目が自分を見ているのかどうかも重要です。こちらを見ているのであれば、すぐに逃げなければなりません。そうでなければ、その場を動かず、敵が去るまで息をひそめておくのが得策です。

一方、捕食者の鳥の場合は、目の前にいる獲物に全神経を集中させます。そのため、目が正面についています。このような鳥は目の周りの筋肉があまり発達しておらず、頭と別方向に目を動かすことはできません。つまり、頭の向いている方向が見ている方向なので、被食者は敵の視線よりも頭の向きに気をつければよいわけです。これに関連して、スズメが人間の頭の向きによって違う反応をしたという実験結果があります。頭を動かさずに目だけを動かしたときには、スズメは何の反応も示さなかったのです。

心の窓

私たちにとって目は、複雑な信号の役割をしています。たとえば相手が自分を見ているのかどうか、相手が何を見ているのか、さらには興味の対象が自分と同じなのかといったことが、相手の目を見ればすぐにわかります。では鳥は、目の意味することをどれくらいわかっているのでしょうか。それを調べるために、ムクドリとコクマルガラスを使った実験が行われました。まず、餌を鳥にわかるように置いてやります。そして実験者は、自分の視線によって鳥がどんな反応をするか観察します。顔も目も餌のほうに向ける、顔はそのままで目だけを餌からそらす、顔も目も向けない、顔はそむけて目だけで餌を見る、などと場合分けをして観察するのです。

その際、安心して餌を食べられるのはどういう場合なのかを鳥が理解しているのか、さらには見るという行為に目が関係していることを鳥が知っているのか調べるため、実験者が見ていない状況では餌を取っても罰は与えないようにします。頭だけ向けて目をそむけている場合、両目をつぶっている場合、背中を向けている場合などが、それに含まれます。逆に、実験者が見ているときに餌を取ったら罰を与えます。実験者が片目だけで見ていても、頭は違う方向を向いていても、とにかく見ていればアウトです。

結果はどうだったかと言うと、ムクドリもコクマルガラスも、人間が前を向いているときとそうでないとき、目があるときとないとき、そして目がある場合には閉じているのか餌のほうを見ているのか、そのいずれも区別することができました。コクマルガラスはさらに一枚上手(うわて)で、片目だけでも開いていれば見えているという点では両目と同じ、両目をつぶっているのとは違うという判断もできました。また、見慣れない人間、つまり危害を加える可能性がある人間の視線にだけ反応したのも興味深い事実です。というのも、自分を育ててくれて、毎日餌もくれる人間が見つめていても、何ら気にするそぶりを見せなかったのです。要するに、他者の目の存在によって鳥は、何かしたいことがあっても捕まらないためにそれを我慢するという判断ができるということです。しかし相手の目を見る意味は、これだけではありません。目を見れば、相手が何に興味があるのか、何をしようとしているのかもわかりますし、あそこに食べ物があるんだなと知ることだってできるのです。

右　食性や習慣の違い、さらには視覚（特に色）によるコミュニケーションへの重要度を反映して、鳥の目の色や形は種によって実にさまざまである。

他者の視線の先にあるもの

**他者の目を見てわかるのは、自分を見ているか、自分に何をしようとしているかだけではありません。
相手が見ているものを見ることで、
何かの存在に気づいたり、周囲で起きていることを理解したりもできるのです。**

なぜ見るか

何かを見るのは、それに興味があって、何らかの働きかけをしたいからです。私がケーキをじっと見つめるのは、それが好物だからで、手に取って食べたいからです。逆に気に入らないものからは、すぐにそっぽを向きます。ケーキのくずだけ残った空っぽの皿など見たくもありません。

目による合図がわかるか

他者が何に興味を持っているのか、その視線を見ればわかるわけですが、実は、この能力を持つ動物はごくわずかです。どの動物も厳しい競争の世界に生きていることを思えば、意外な事実と言えるでしょう。動物がこの能力を持つのかどうか調べるには、対象選択タスクをさせてみるのが一般的なやり方です。動物は目を開けている限り常に何かを見ていて、その目の方向にはさまざまな物体があるのですから、そのなかから相手の興味対象を見つけ出すのはなかなか大変なことです。しかし、その手がかりとなることが1つあります。それは、見つめる時間の長さです。何かをほかのものより長く見つめていれば、それだけ興味があることになります。

対象選択タスクの実験では、動物にまず、不透明な箱のなかには餌があるかもしれないということを教えます。そのために箱を2つ用意して、1つにだけ餌を入れておきます。そうして、実験対象と同じ種の動物、または人間が餌の入った箱のほうをじっと見つめるのです。その際、指をさしたり、頭と目を

下　人間が他者の視線を読むことができるのは、白目と黒目があるからだと言われている。コクマルガラスにこの能力が見られるのは、その目の特徴（瞳孔と、それを囲む虹彩との色がはっきりと分かれている）と関係があるのかもしれない。

その箱のほうに向けて動かしたり、頭は動かさずに目だけで示したりといった合図も送ってみます。そして、いよいよ餌探しです。動物はどちらの箱に行くでしょうか。実は、ほとんどの動物は正しいほうを選べません。選んだとしても、統計的に偶然でしかない割合です。視線追従ができるチンパンジーやワタリガラスといった動物でも同じです。視線だけをたよりに正しい箱を選べるのは、人間と一緒に育った類人猿、飼い犬、そして人間に育てられたコクマルガラスだけなのです。

わかりあえるのは君とだけ

他者の視線からその意図を読み取ることができるのは、高度な社会性を持つものや、人間と一緒に、あるいは人間によって育てられたもの、または何千年という長きにわたって人間に飼いならされたものに限られます。ほかの種でも、人間で言う指さしのような合図が認められることもありますが、この場合でも、その手のすぐそばにあるものでなければ目を向けることはありません。動物には合図をすること自体が難しいという事情もあり、同種間で社会的な合図を送りあっている例はほんのわずかしか見られないのです。それも、強い社会的なつながりを持つものだけです。たとえば、コクマルガラスの夫婦は生涯連れ添います。ちょっとしたしぐさで相手の行動を予測することができるようになるには、これくらいの強いつながりが必要なのでしょう。

人間に育てられたコクマルガラスの実験

1 実験者が、餌が入っている箱を見つめたり、指さしをしたりする。するとカラスは、合図を理解して餌を手に入れる。

2 次の実験では、1羽を閉じ込めて箱のなかにある餌を見せる。そのカラスはそちらを向くが、近寄ることはできない。もう1羽には、箱のなかは見せず、その様子だけを見せる。するとそのカラスは、相手の視線をもとに正しい箱を選択して餌を手に入れる。

鳥の美的感覚

鳥のオスは、手間も暇もかけて自分を魅力的に演出します。それが子孫の繁栄に関わるからです。ではその演出に、美的感覚は必要でしょうか。そもそも鳥は、美というものを理解するのでしょうか。

美を理解する心

鳥が美的感覚を持っているとするならば、それはオスにとっては自分の魅力をアピールしてメスに選んでもらうため、メスにとってはそんなオスたちを品定めし、そのなかから一番を選ぶためです。

鳥類最高の芸術家はおそらく、ニワシドリでしょう。オスは、バワー（あずまや）という建造物を作ります。草や木の枝をよりあわせて作る複雑なもので、巣にも似ています。しかもそれを自然物、人工物を問わず、色とりどりのがらくたを拾ってきてオブジェとして飾りたてるのです。オスはライバルをじゃまするのに手段は選びません。なにせ、相手の気をそらしておいて、その間に相手のバワーを破壊するというようなことも平気でやってのけるのです。

ニワシドリのオスの頭のなかには、もともとバワーの設計図とオブジェの配置図が入っていて、それにもとづいて建設や収集をしているものと思われます。というのも、きちんと配置したはずのオブジェの位置が少しでも動かされていたり、なくなっていたりする（ライバルの仕業です）と、すぐに気づくのです。一方、メスはオブジェの収集具合や飾り方を見てバワーを品定めするだけでなく、オスの歌の上手さまでチェックして、求愛を受け入れるのか、あるいはほかのオスをあたるのかを決めます。ニワシドリのメスは、動物界で最も好みのうるさい女かもしれません。

このことから、ニワシドリにはオスにもメスにも何らかの美的感覚が備わっていると言えるでしょう。その感覚を通じてオスはどうすればメスが喜んでくれるかを考えてバワーを作るわけですし、メスのほうはいろいろなバワーを見て一番を選ぶわけです。オスとメスのどちらにも、進化の過程で遺伝子に組み込まれた判断基準があるに違いありません。

錯覚が愛を生む

ニワシドリ科のなかでも特筆すべき美的感覚の持ち主が、オーストラリアとニューギニアに生息するオオニワシドリです。そのバワーに入るとまず、通路があります。これは草ぶきのトンネルのようなものです。その先には中庭が２つあ

上　ニワシドリ科のアオアズマヤドリのメスがオスを選ぶ基準は、バワーを作る技術である。バワーは建造物として立派なだけでなく、オブジェを用いて内外装の装飾にも凝っていなければならない。メスの気を引くため、あえて単色にするものもいれば、色とりどりに飾りたてるものもいる［訳注：バワーは巣ではなく、巣はメスがこの近くで枯れ草などを集め、お椀のような形に作る。その巣でメスはオスの手伝いなしで子育てをする］。また、オブジェの配置にも細心の注意を払っている。

り、そこにはさまざまオブジェが敷きつめられています。オブジェのうち白っぽいものは、大きなものほど奥に配置されています。これは、トンネルから出てきたメスの遠近感を狂わせる効果があります。オブジェの大きさと中庭の広さが実際と違って均一に見えるのです。言うなれば、強化遠近法を用いた錯視です。ディーキン大学（オーストラリア）の生物学者J・エンドラーは、美術の定義を「他者の行動に変化をもたらす視覚的意匠を作り出すことであり、そのための専門的技術が作り出すもの」であるとしました。この定義にしたがえば、オオニワシドリのオスは立派なアーティストです。

かたやメスは、そのバワーを品定めするわけですから、アーティストというより美術評論家に近いと言えるかもしれません。評論家に必要なのは、ある作品の価値が美的にほかより高いか低いかといったことを判断・区別する能力です。鳥類のメスは、種によってさまざまな基準でオスを選んでいます。身体的特徴（羽毛の鮮やかさ、尾の長さや形など）、身体能力（踊りがうまい、ケンカが強いなど）、身体能力の表象（バワーや巣）といったことです。ではオオニワシドリの場合、メスは実際に何を基準にしているのでしょう？　オスを選ぶ際に、メスは美的な判断というものをしているのでしょうか。

オオニワシドリのオスは、バワー作りを通して「選択」というメスの行動を操作します。遠近感を強調するのもそのためであり、これは美的感覚の表れとも言えます。メスのほうはそのバワーを見比べて選ぶのですから、オスよりさらに鋭い美的感覚を持っていると言ってよいでしょう。とはいえ、メスがどうやってそれを判断しているのかはわかっていません。何が選択の基準になっているのか、また、その選択がよりよい子孫を生み出すことにつながっているのか、いまだ不明なのです。ただ、遠近法を用いたバワーのほうをメスが好むのは確かなので、やはり錯視を起こしているものと思われます。

しかし一方で、オスはそこまで考えてやっているわけではないと主張する研究者たちもいます。本来持つ何らかの感覚によって、たまたまそのようにオブジェが配置されているだけだと言うのです。だとすると、オスにはメスをだます意思など端からないということになりますが、真偽のほどはまだ定かではありません。

上　オオニワシドリのバワー。オスは木の枝をよりあわせて、入り口からトンネルのような通路を作る。通路を出たところには、さまざまな自然物や人工物をオブジェとして敷きつめている。オブジェは奥に行くほど大きなものが配置されているため、通路からは大きさが均一に見える。

音を使ったコミュニケーション

**声を使うと、メッセージを広く届けることができます。
暗いところでもコミュニケーションがとれ、視覚情報を使う場合より目立たないようにすることも可能になります。さらに、飛んでいるときにも簡単に使える手段です。**

地鳴きとさえずり

鳥の声は、地鳴きとさえずりに分けられます。地鳴きはすべての鳥が発するものですが、さえずりはそうではありません。さえずりをするのは、鳥類の最大勢力である鳴禽類、すなわちスズメ目の仲間で、それもほぼオスに限られます。これは、さえずりが求愛するためのものだからです。これを雛は、お手本をまねて覚えます。ただ、ややこしいことに同じスズメ目の鳴禽亜類（ヒタキ、ヒロハシ、マイコドリなど）の場合、さえずりを本格的に学ぶ必要はなく、生まれつき簡単な節回しができるようになっています。しかもこれは、メスも同じなのです。

さらに話を複雑にしているのは、スズメ目以外の鳥でも2種、単なる地鳴きではない発声ができるものがいることです。その1つがハチドリで、鳴禽類と同じようなさえずりをします。もう1つはオウムで、さえずりはしませんが、「おしゃべり」をします。これは、パートナーが近づいてきたときに発する声（名前を呼んでいると言われています）を覚えるためだと考えられています。そうして互いのまねをしているうちに、2羽の間に共通の鳴き方ができあがり、それが自他ともに夫婦であることを確認する役割を果たしていると言います。オウムはこの能力を使って人間の言語も一部習得することができるのですが、それについては本書の最後で考察します。

鳥の歌

鳴禽類のオスは、父親または近くにいるオスからさえずりを学びます。彼らは大きな声で、長く複雑な歌を歌います。さまざまな音が音節をなし、それがつながってフレーズとなり、個体によってはトリルが入ったりもするのです。このようにいろいろな音が含まれること、長いこと、レパートリーが広いことが歌のレベルの高さにつながり、ひいてはメスを惹きつける要素となるわけです。この求愛の歌が聞かれる季節が種ごとに違うのは、繁殖時期が異なるためです。なお、お手本を正確にまねる能力に始まる歌の生成能力、そしてそれを聞き取る受容能

左　スミレコンゴウインコ。オウムの仲間は、聞いた音をまねることができる。ときには人間の言葉をまねることもある。

力には、脳の外套や線条体にある神経核の複雑な機能が関わっています。

また、さえずりにはほかのオスを追い出す役割もあります。さえずりながら縄張りを回ることで、流れ者の侵入を防ぐことができるのです。こうして自分の縄張りをしっかり守ることは、結局はメスに対するアピールにもなるのです。

野生の呼び声

地鳴きは学習するものではなく、オスもメスも発し、基本的に短く単純です。時期や季節に関係なく発せられ、目的もさまざまです。たとえば食べ物を見つけたり、ねだったりするとき、敵を見つけたとき、威嚇するとき、パートナーに近寄るとき、飛び立つときなどに発せられます。敵に気づいたときに恐怖でつい声が出てしまうように、ほとんどは感情的反応によるものですが、ときに複雑なものもあり、含む情報の量や種類もさまざまです。

地鳴きには、伝えたい内容によって柔軟に使い分けられているものもあります。これは警戒信号を出すときに多く見られ、たとえばクロオウチュウはシロクロヤブチメドリの警戒声をまねて、シロクロヤブチメドリが逃げた隙に食べ物を奪います。アメリカコガラの場合は、敵の危険度に応じて鳴く回数を増やします。一方、アラビアヤブチメドリは敵が近づくにつれて鳴き声の間隔を短くしていきます。

また、サイチョウはダイアナザルがワシを見たときに発する声を認識して逃げます。しかし、ヒョウに対する警戒声には反応しません。サイチョウにとってヒョウは敵でも何でもないからです。そのほかニワトリは、空の敵と陸の敵とによって鳴き方を使い分けています。それを聞いた仲間は、警戒声が陸の敵に対するものであれば地面のほうを調べ、空からの敵を示していれば空を見上げて調べるのです。

構造と機能の関係

鳴き声に含まれる要素は、その目的と関係しています。たとえばクロウタドリの場合は、敵を威嚇するときの声は短いのですが、周波数の範囲は広くなっています。これは、声がした場所を特定しやすくするためで、それを聞いた味方はすぐに現場に駆けつけることができます。逆に、敵を見たときの警戒声は長いものの、周波数は7キロヘルツあたりにとどまっています。こうすることで味方にはよく伝わるけれども、敵からは場所が特定しにくいようにしているのです。実際、この周波数の音は捕食動物には聞こえません。そのため多くの鳥の警戒声は、7キロヘルツ周辺にとどまっています。

動物による可聴域の違い

鳥の地鳴きやさえずりは人間の可聴域内にあるが、多くの昆虫やコウモリ、さらにクジラの仲間は人間の聞こえない音でコミュニケーションをとっている。

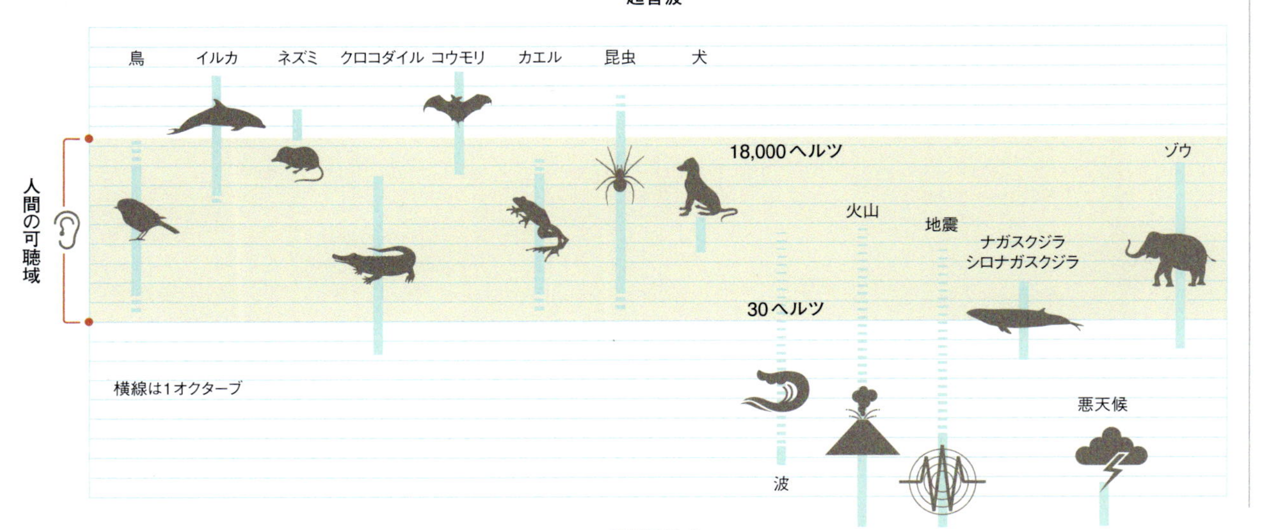

歌い継がれる歌

さえずりとは異なり、地鳴きは学習によるものではありません。ニワトリを孵化後すぐに隔離し、耳を聞こえなくしても、成鳥になるとやはり「コケコッコー」と鳴きます。
前の項目で触れたように、鳴禽亜類（めいきんあるい）のさえずりも同じです。
ほかの個体の声を聞かないようにして育てても、大人になるとやはりちゃんと鳴くのです。

敏感期とは

発達段階において、特定の能力を獲得するために重要な時期を敏感期と言います。この時期に鳴禽類の鳥やハチドリを歌のお手本を聞かせないようにして育てると、さえずることができなくなります。敏感期はかつては臨界学習期と呼ばれており、それを過ぎると学習はほぼ不可能になると考えられていました。しかし現在では、種によっては、さえずり学習の時期は以前思われていたほど限定的でないことがわかっています。カナリアなどは敏感期がなく、生涯を通じて新しい歌を習得することができるのです。

父が教えてくれた歌

さえずり学習には、感覚学習期と感覚運動期という2つの時期があります。感覚学習期では、主に父親が発するお手本を聞きます。このあとに沈黙期が来て、お手本の歌の型や構造を記憶するのですが、自分ではまだ声を発しません。その一方で子供は生まれつき歌の雛型を持っていて、種に特有の鳴き方の基本的要素は備わっています。その後、男性ホルモンの一種であるテストステロンの分泌が活発になると感覚運動期に至り、実際に声を出して歌の練習を始めます。この時期の不完全なさえずりを「ぐぜり」と言いますが、雛型から声を取り出して発したそのぐぜりを自分の耳で聞き、覚えた歌とのすりあわせをしていくわけです。そうして合っている要素は保持し、そうでないものは捨て、を繰り返して、ようやく学習した歌と同じものが歌えるようになります。これを「さえずりの結晶化」と言います。

さえずり学習

若いオスが段階ごとに歌を学習し、
メスに聞かせられるようになるまで

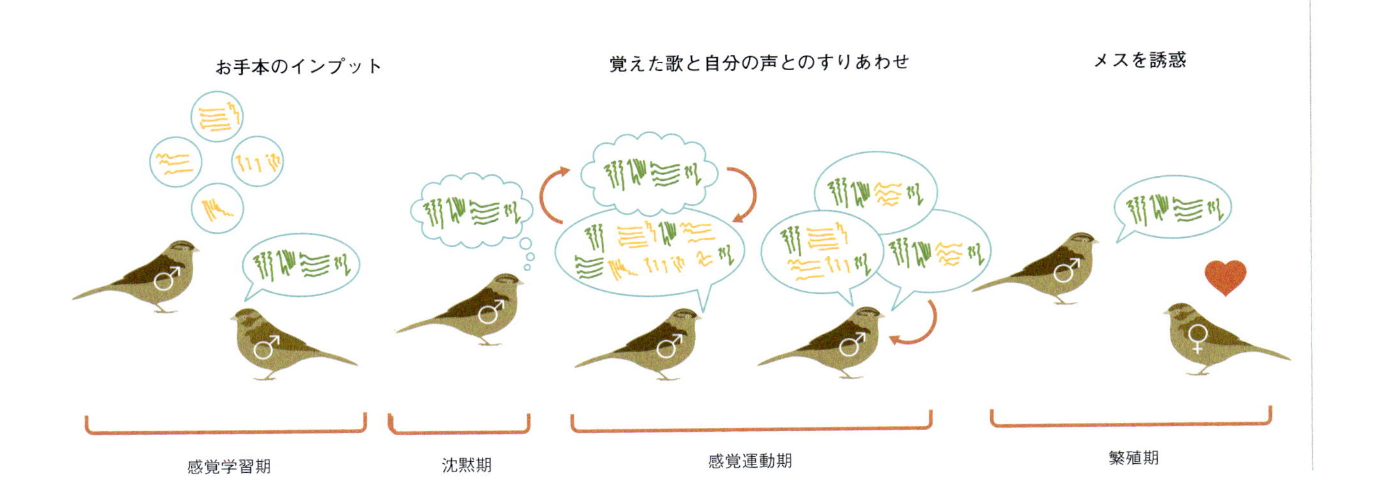

学習にかかる期間は種によってまちまちです。学習期間が限られている種であれば、敏感期の間にしか歌を覚えられません。たとえば、ミヤマシトドの学習期間は孵化後10～50日の間に限られていますが、ズアオアトリの場合は孵化後10～12カ月の頃から、最初の繁殖期に至る頃まで学習が可能です。敏感期に歌を聞き覚えることができなかった鳥も一応さえずりはするのですが、歌としては複雑さに欠け、音の数も少なく、周波数の変化もあまりないので、メスにとってあまり魅力的な歌ではありません。一方、コトドリやマネシツグミのように敏感期がない鳥は、生涯学習ができます。彼らは種の違う鳥の鳴き声や、人工物の立てる音なども取り入れて自分のレパートリーにしてしまうのです。

鳥にも方言がある

鳥のさえずりは、同じ種の間でも棲む場所によって異なります。集団どうしが地理的に隔てられていて交配が起こりにくい場合は、特にそうです。さえずりは身内や近い知り合いの歌をまねることで覚えるので、集団が固定化していると、さえずりも画一化されていきます。これが各集団内で起こることで、集団ごとに少しずつ歌が違っていくわけです。人間の言語に方言があるのと同じことです。鳥の場合、歌の構造自体が異なることもありますし、歌い方だけが異なる（同じ歌でもテンポが違うなど）こともあります。

鳥における方言の例として有名なのは、イギリスの生物学者P・マーラーの行ったサンフランシスコ湾一帯のミヤマシトドのさえずりの研究です。これにより、鳥の方言は縄張りを守るのに役立っていることがわかりました。聞きなれない歌い方をするオスに対しては、近所のオスよりも激しく攻撃を加えていたのです。こうしてミヤマシトドの若いオスたちは、現役のベテランの歌をまねることで方言を受け継ぐとともに、自分たちの伝統も守っていたのです。

さえずりの仕方は、文化として父から子へと伝えられる（垂直伝播）だけでなく、同じ世代間で伝わることもあります（水平伝播）。人間の歌でも、基本構造はそのままでも、誰かが少し歌い方を変えたりすると、同世代間でそれが流行ることがあるのと同じです。

左　歌う鳥と言えばカナリアであろう。17世紀にヨーロッパの貴族たちに珍重され、まもなく一般の人々の間でもペットとして飼われるようになった。さえずり研究の脳神経学からのアプローチも、主にカナリアの研究から始まった。

さえずりを制御するシステム

歌を聞く。記憶して模倣する。そして実際に声に出してみる——。
さえずり学習に関わるすべてをつかさどる回路が、脳内にあります。

発声と脳

さえずりを制御する脳内の回路は、外套内の神経核から線条体につながっています。鳴禽類もオウムもハチドリも、さえずりをする鳥はみなこの回路を持っており、聴覚器官からのインプットにもとづいて、鳴管（人間の喉頭に相当する器官）を通じてアウトプットにつなげたものが歌なのです。種によって脳の構造は異なりますが、さえずり学習に関わる部位の機能は同じです。

一方、ニワトリのように歌を学習しない鳥では、このような部位は見られず、ごく単純な回路で地鳴きが生成されています。右ページの図を見ると、インドハッカ（鳴禽類）、アマゾンスズメインコ、ハチドリの脳に共通した特徴があるのがわかるでしょう。この図では、さえずりや発声に関わる共通部位を同じ色で示しています。

さえずり回路

さえずりの知覚、記憶、模倣、生成には３つの神経回路が関わっています。さえずりをするのは繁殖期のオスなので、その回路の相対的大きさには性別や季節によって違いがあると推測できます。実際、オスのほうがメスよりはるかに大きな回路を持っており、高次歌中枢（HVC［訳注：略語ではなく、正式な学名］）の大きさがカナリアでは３倍、キンカチョウでは８倍にもなります。また、夏の終わりより春のほうが回路が大きいこともわかっています。春には新しいニューロンが発生し、繁殖期の間、絶えず古いものと入れ替わっているからです。カナリアの場合も、毎年新しい歌い方を覚えるので、HVC内で毎年新しいニューロンが生まれています。さえずり回路は海馬と同じく、可塑性の高い部分なのです。

さえずりの感覚学習期では、耳から聞いた歌の情報は脳幹、視床から二次聴覚野（NCM：巣外套尾内側部とCMM：中外套尾内側部）を経て、一次聴覚野（L野：L_1・L_2・L_3）に至ります。この部位でさえずりは歌として認識されます。お手本のさえずりを周囲の雑音やほかの鳥の声と区別して、正しくインプットするのです。なお二次聴覚野は、さえずり回路の一部とはみなされていません。さえずりに特化した部位ではないからです。それでも二次聴覚野は鳴禽類もオウムもハチドリも共通して持っている部位で（これは共通祖先の頃から受け継がれてきたものです）、お手本の歌はここに保存されます。そのため聞き覚えのある歌に対して、この二次聴覚野は活発に反応し、さえずり学習の間は精力的に働いています。そこで、ここの受容体をブロックしてみると、お手本の歌の保存が阻害され、正常なさえずりをすることが不可能になってしまいます。

その後、感覚運動期に入ると歌の練習が始まります。人間の乳児が「バブバブ」と喃語を発するのと一緒です。この段階では、さえずりの運動回路が活性化します。この回路にあるHVCが、生まれつき備わっている雛型にある音を、記憶に保存されている歌に当てはめていくのです。そしてHVCからRA（Robust Nucleus of the Arcopallium：弓外套頑健核）という部位に投射が行われると、鳴管の動きや呼吸をつかさどっている運動回路が動きだします。こうして音を生み出し、自分で聞き、お手本と照合し、間違いを修正していくという練習が始まるわけです。

最後に重要なのは、迂回投射系と呼ばれる回路です。これは、生成した歌をお手本と同じものにしていく作業に欠かせないもので、HVCからX野（大脳基底核）、LMAN（Lateral Magnocellular Nucleus of the Anterior Nidopallium：巣外套前部外側大細胞核）からRAという部位へと迂回する回路を経て、自分が発したぐぜりを、記憶した歌と比べて直していく作業が行われます。なかでもLMANからRAへの経路は重要です。LMANを損傷すると、ぐぜりが正しい歌へ結晶化する前に固定化してしまうのです。これをされた鳥は、さえずりが未成熟のまま固まるので、支離滅裂な歌しか歌えなくなります。一方、さえずりが正しく結晶化すると、お手本通り、それぞれの種に特有の歌い方ができるようになります。

鳥の脳内のさえずり回路

鳴禽類のさえずりをつかさどる脳内回路。青い矢印は、歌を聞くことに関わる二次聴覚野の経路。赤い矢印で示したのが迂回投射系で、歌の模倣に関わっている。緑の矢印は、さえずりをするときの運動機構に関わる経路。

下　音声学習をする鳥（インドハッカ、アマゾンスズメインコ、ハチドリ）の脳と、しない鳥（ニワトリ）の脳。赤は迂回投射系、緑は運動系、青は二次聴覚野にそれぞれ属する部位。ニワトリの発声には運動系の部位しか関わっていないことがわかる。

＊訳注
DLM ：視床背外側内側部
OV ：卵形核
DM ：背内側丘間核
MLd ：外側中脳核背側部
LLD ：外側毛帯核背側部
LLV ：外側毛帯核腹側部
nXIIts：舌下神経気管鳴管運動核
RAm ：後疑核

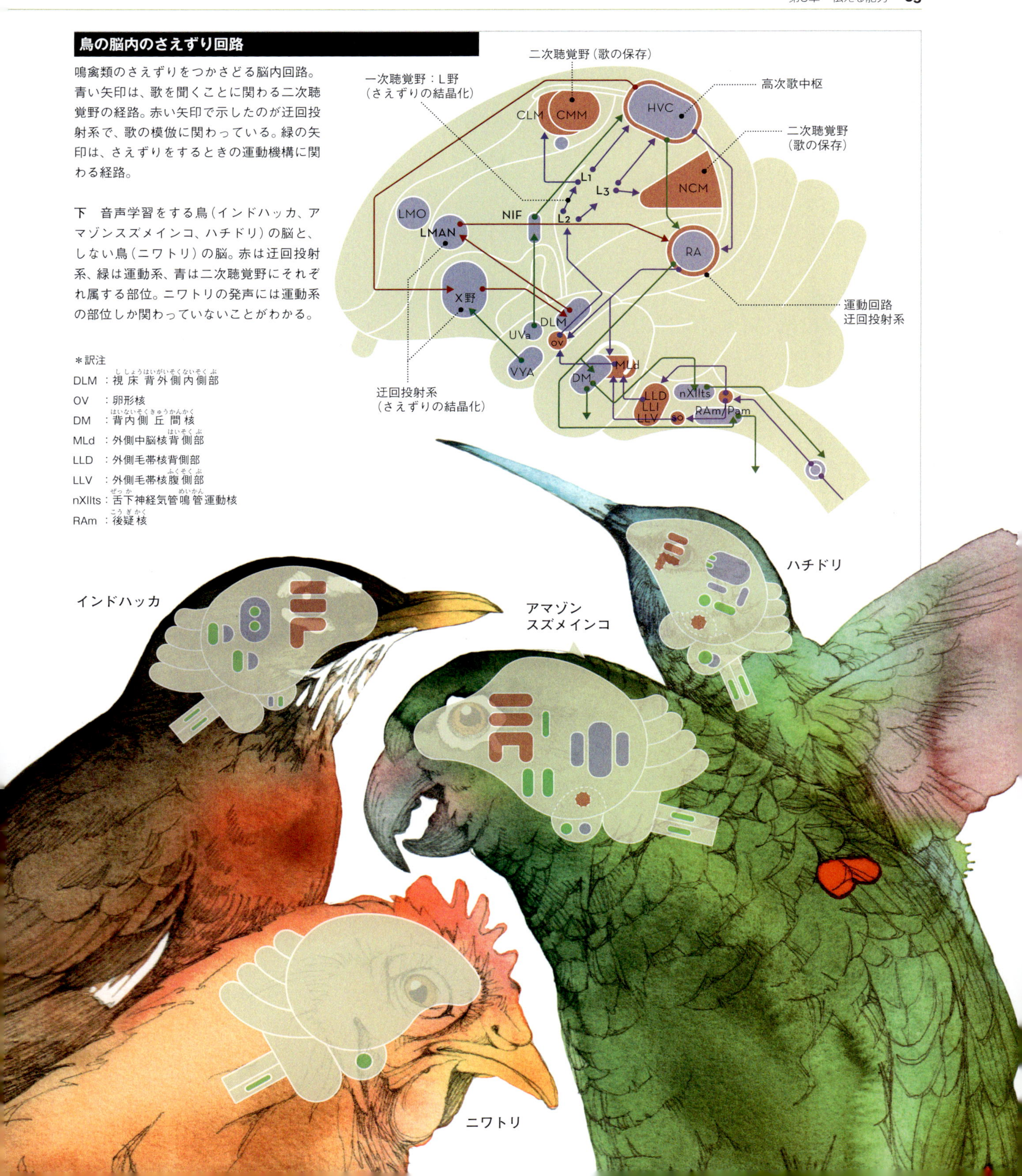

声まねをする鳥

鳴禽類の2割は、いつでも新しいさえずりの仕方を学習することができます。
年によってレパートリーをそっくり変えてしまう鳥もいるほどです。
新しく学ぶという点では、声まねをする鳥も同じです。
マネシツグミ、ムクドリ、インドハッカ、コトドリといった鳥たちは、歌まねをするだけでなく、
ほかの動物の鳴き声や機械音までコピーしてしまいます。

怪電話と異国の歌

鳥の音まねは本物そっくりで、人間でさえだまされることがあります。私の友人は、キバシカササギが電話のベルをあまりにもうまくまねるので、いつも走らされていました。ものまねをする鳥たちは、際限なく新しい音を覚えられるようです。たとえばマネシツグミのレパートリーは150種類、それも年とともに増えていき、鳥だけでなくカエルや虫の鳴き声も含みます。また、渡りをするものになれば異国の音も覚えて帰ります。たとえばロシアやヨーロッパにいるヌマヨシキリは、76種類の動物の声まねをすることが確認されていますが、そのうち7割は彼らの子育て場所であるアフリカの動物のものです。ものまねをする鳥のなかでも特に有名なのはオウムでしょう。彼らは人間の言葉をまねるので、ペットとして飼われるようになりました。ペットの代表格は犬ですが、もし犬にオウムのような能力があったら、犬と人間の関係は今とは違うものになっていたことでしょう。

なぜまねをするのか

あらゆる音を正確に模倣するという驚異的な能力には、きっと進化上の重要な理由があるに違いありません。1つ考えられるのは、いろいろな音を覚えて正確に披露できるオスは、そうでないものに比べてメスにとって魅力的だということです。アオアズマヤドリのオスが、手に入りにくいものも含めて青いものをたくさん拾ってきてメスに見せるのと同じことかもしれません。しかも彼らはものまねもでき、レパートリーが多いオスほど繁殖率が高い、つまりメスから見て魅力的なのです。

また、捕食動物の声まねをしてライバルの気をそらすという場合もあります。そうやって餌を奪うものもいますし、ニワシドリであれば、その隙にライバルのバワーを破壊し、メス探しの競争率を下げるのです。オウムの場合は、夫婦の絆を強めるという社会的な側面が理由のようです。互いに近づくときにそれぞれが発する音を模倣しあい、それが結果として夫婦特有の1つの呼び声につながっていくわけです。飼っているオウムに言葉を教えたければ、このことを利用すればよいでしょう。オウムとの絆を強めれば強めるほど、覚えがよくなるはずです。

リズムに乗る

ものまねができる鳥には、もう1つ別にできることがあります。ノリのいい曲を流してやると、すぐにリズムに乗り、音楽に合わせて動くのです。2008年に、スノーボールという名のキバタンの動画がインターネットで話題になったことがあります。この大型のオウムは、バックストリート・ボーイズの曲にきちんと合わせて頭を上下させ、足を交互に上げ、テンポの変化にもちゃんと対応していました。数々の鳥を調べた結果、声まねをする鳥のほうが、しない鳥よりリズムに合わせられる可能性が高いようです。その理由など詳細はよくわかっていませんが、それが解明されれば、人間の音楽や踊りの起源をたどるヒントになるかもしれません。

上　マネシツグミはものまねをする鳥として有名。ほかの鳥の声やさえずり、車のクラクションなど自然物、人工物を問わずあらゆる音を模倣する。

右　コトドリの模倣能力は自然界でも有数である。これまで、カメラのシャッター音、チェーンソー、車のクラクション、ワライカワセミをはじめとするほかの鳥の鳴き声などを正確に再現したことが確認されている。

オウムに言語を教える

**オウムの脳の音声学習回路は、鳴禽類と似ています。
これが人間の言葉をまねする能力、
いわゆる「オウム返し」を可能にするのです。**

「オウム返し」ではない！

オウムを飼っている人ならば、彼らがいろいろな言葉を覚えることにさぞ驚くことでしょう。それだけでなく、ときに状況に応じた会話ができることもあります。単なるオウム返し以上のことができるオウムの研究で有名なのが、アメリカの心理学者であるI・ペッパーバーグがアレックスという名のヨウムに30年にわたって行った言語トレーニングです。アレックスは2007年に死んでしまいましたが、この研究は鳥の脳と認知に関して今なお最先端を行くものです。

言葉を覚えた鳥、アレックス

アレックスは特別に選ばれたのではなく、シカゴのペットショップにいたなかから適当に連れてこられました。ペッパーバーグはオウムに言葉を教えられるのか興味を持ってはいましたが、本来の目的は、言語をただ手段として用いて鳥が数やカテゴリー、ものの特徴といった概念がわかるかどうかを調べることにありました。人間を対象に実験を行う際に、いろいろ装置を考えるよりも、質問をしたほうが早いのと同じです。

その実験は2人で行われました。1人は先生役、もう1人は見本役であると同時に、アレックスのライバル役でもあります。まず、先生役が手にものを持って「これは何？」「何色？」などと、見本役に尋ねます。見本役は、正しく答えられたら褒められ、遊び道具としてそのものがもらえます。しかし間違えたら叱られ、おもちゃはもらえません。こうした様子を見せることで、アレックスに人間の言葉とその意味を教えていき、質問に対して正解に近い答えを出せたときにも褒美を与えました。そうして同じことを繰り返していくうちに、アレックスの答えは正確さを増していき、ついには言葉を正しく使えるようになったのです。

アレックスができるようになったこと

このトレーニングを続けた結果、アレックスは50の物体、7つの色、5つの形（何角形か）、8つまでの数、物体の持つ3つの特徴（色、形、材質）、簡単な文（「ダメ」「おいで」「Xへ行きたい」「Yが欲しい」）について、言葉の意味に正しく反応できるようになりました。2つの物体について、外見以外の特徴にもとづいて、それが同じものか異なるものかを尋ねた場合でも正しい反応を示すようになりました。それらの大きさは同じか、数は同じか、という問いについても同様です。さらに言葉を組み合わせることで、より細かく特定のもののことを言ったり、要求したり、拒んだりすることもできるようになったのです。

自分の言っていることがわかっていたのか

アレックスの目の前には、さまざまな色や形や素材の物体が置かれ、それらについての質問がなされましたが、いずれにも正確に答えるようになりました。それも、「青いのは何？」といった単純な質問だけでなく、「青くて四角いものは何？」「青いものはいくつ？」など、複数のものについてカテゴリー化して考えることが必要な質問にも正しく答えられるようになったのです。同じ形でも色などの特徴が違っているものもあれば、特徴が違っても形は同じ、ということもあります。そのなかから、青いものの数を足す（青い丸と青い四角で2つ）とか、

左上／上　アレックスは、ものの識別だけでなく、その属性にもとづく判断が必要なタスクにも成功した。左上の写真は、同じ色のものを選ぶよう言われたところ。上は、青い四角は何でできているかを問われたところ。アレックスはどちらにも正しく答えることができた。右の写真はゴシキセガイインコ。

四角いものの数を足す（青い四角と赤い四角で２つ）といったことには、ものを属性にしたがって分類したうえで足すという能力が必要です。つまり、ものには属性が複数あることを理解し、あれとこれでは別の属性では同じであっても、今は違うものであるという考え方ができなければなりません。このことから、アレックスは自分の発話を理解していたと考えられます。なにせ質問に適切に答えただけでなく、言葉を学んだときとは別の状況下で自発的に使うこともできたのですから。

とはいっても、これは私たち人間が使う言語と同じものなのでしょうか。たしかにアレックスはものの名前、概念、関係性や、自分の行動について言葉を理解しました。この点において、記号によるコミュニケーションという、言語の根幹をなす要素をアレックスは身につけたと言えます。ただし、人間の言語は単なる記号のやりとりに収まりません。文法や統語法を用いて、語や文をつなぎ合わせて意味を作り出すという側面があります。このレベルでの言語理解が確認されているのは現在のところ、言語訓練を受けたボノボとイルカだけです。

4 敵と味方と

どうして群れで暮らすのか

**ほとんどの鳥は群れで暮らしますが、これには良し悪しがあります。
大勢のほうが敵から身を守りやすいという利点がある一方、
群れが大きいと今度は敵に見つかりやすくなってしまうのです。
襲う側からすれば、たくさんの選択肢のなかから捕まえやすそうなものを選ぶこともできます。
敵から捕まらないためには何よりもまず、隣にいる仲間よりも強くなければなりません。**

みんなでいれば怖くない

同じ群れにいるのでも、端っこにいると敵に捕まりやすくなるので、どうせなら真ん中のほうにいたいものです。ですから当然、その位置を確保するのは地位の高いものたちになります。子育てのときも雛を集団で囲ってやるほうが安全ですが、やはり敵に見つかりやすくなるデメリットもあります。それでも、群れのみんなで互いに敵の存在を知らせあうメリットには大きなものがあります。警戒する目が多いほうが敵を見つけやすくなりますし、襲われそうになってもすぐさま声を上げれば、仲間が助けてくれるかもしれないからです。集団の力をもっと攻撃的に使う鳥もいます。大勢で敵を威嚇して追い払うのです。そのために、異なる種が混在して群れをなしている場合まであります。

餌と異性

群れが学習の場になっていることもあります。仲間から餌のありかを学んだり、硬い殻から中身を取り出す方法を共有したりしているのです。しかし大勢でいると、敵を引きつけてしまうのはどうしても避けられません。また、ケンカが起こりやすいという側面もあります。短い期間に特定の場所にしかないものを、みんなで食べようとするのですからそれも当然です。

繁殖相手を見つけるのにも、群れのほうが有利です。複数と交尾をする種に限らず、シロアホウドリのような一雌一雄制（いっしいちゆうせい）の鳥でもやはり群れを作っています。さらに南極のような厳しい環境では、群れることが命を守ることにもなります。たとえばコウテイペンギンは、体を寄せあって温めあうことでよく知られています。

左　コウテイペンギンの群れは巨大で、100万羽を数えることもある。彼らは魚の豊富な餌場に集結し、体を寄せあい暖を取る。凍てつくような寒さに見舞われる環境下では子を守り育てるのも厳しく、つがい1組につき雛は1羽である。

鳥に社会的知性はあるか

群れで暮らすデメリットとして、食べ物を奪いあったり、敵に見つかりやすくなったりするリスクが高まることについては先に述べた通りですが、それに加えて、感染症が蔓延するリスクもあります。何らかの病原体に感染したものがいると、それが群れ全体にどんどん広がってしまう恐れがあるのです。こうしたことを抜きにしても、社会に暮らすというのはやはり面倒なものですが、それでもほとんどの鳥が単独行動をせずに集団で生活しています。鳥という生き物はどうも、社会生活上のやっかいごとをあまり苦にはしていないようで、問題が起きても社会的地位をわきまえて対処しています。予測不能な社会で生きるには複雑な認知能力を必要としそうなものですが、そうでなくても互いにうまくやっているのです。しかし少数ながら、かつては霊長類にしか見られないと思われていた、社会で生きていくために必要な知的能力、すなわち社会的知性を持ったものもいるのではないかと言われています。

人間は社会的な問題解決を通じて認知能力を進化させてきた、というのが科学者たちの共通認識です。物理的な問題解決というのもありますが、ものを扱うのに失敗してもさほど痛い目にはあいません。しかし社会で対する相手は、性格も好みも違えば、抱えている事情もそれぞれです。さらに、その時々でやろうとしていることも違います。そのため、健全な社会生活を営むには高等な能力を必要とするのです。

1960年代までは、こうした複雑な社会的スキルを持つのは人間だけだと思われていましたが、その後、イギリスの動物学者であるJ・グドールとD・フォッシーが、類人猿のなかでも人間にごく近いものに洗練された社会性があるとする研究報告を発表しました。さらに現在では、その範囲は他の脊椎動物にもおよぶことがわかっています。これには鳥類も含まれています。そこで本章では、鳥類の社会性について考察していきたいと思います。そのなかでは哺乳類と共通した能力だけでなく、鳥類にしか見られない特徴についても扱います。

よい子には聞かせられない話

**ほとんどの生き物にとって、群れる目的は健康な子孫を残すことです。
敵から身を守ったり、餌にありつく機会を増やしたり、
新しいことを学んだりといった側面は二次的なものに過ぎません。**

鳥は何夫何妻制か

群れの規模が大きければ大きいほど、よいパートナーが得られる可能性が高まります。ということは、成鳥になる子供を生みだす可能性も大きくなるということです。この点では、乱交雑が理にかなっています。オスとメスのどちらかが、できるだけ多くの相手と交尾をするのです。

たとえば一夫多妻制であれば、繁殖期の間、オスはできるだけ多くのメスと交尾をします。こうすることで、理論上はできるだけ多くの子孫を残せることになります。この場合、交尾がすむとオスはすぐに立ち去り、子育てには関わりません。ただし、このような一夫多妻制の鳥は少数です。逆に、メスができるだけ多くのオスと交尾をする一妻多夫制の鳥もいますが、やはりこちらもごくわずかです。この場合は、卵を産んだメスはすぐにいなくなるのでオスが子育てをします。

実は、ほとんどの鳥は一夫一妻制で、オスは１回の繁殖期に１羽のメスとだけ交尾をし、雛が孵（かえ）ったら子育てにも関わります。なかには生涯を添い遂げる鳥もいます。若い時期にパートナーを見つけ、死ぬまで一緒にいるのです。

男女の利害

ヨーロッパカヤクグリのように、婚姻システムをころころ変える鳥もいます。たいていは一夫一妻制ですが、必要に応じて一夫多妻、あるいは一妻多夫になるのです。しかし、いずれにしてもオスとメスの利害は一致せず、そこには葛藤が生じます。メスにとっては、夫が子育てを手伝ってくれればありがたいことです。体の負担が減るだけでなく、子供の安全確保にも役立ちます。それゆえ一夫一妻制はメスには好都合なのですが、オスにとってはそうとも言えません。むしろ、一夫多妻制のほうがオスにとってはよいのです。なにせ親としての役割は、多くのメスと交尾をしたら終わるのですから。その場合、オスが子育てを手伝わないので死んでしまう子供も多くいるはずですが、子供の総数が多ければ生き残るものもそれだけ多いことになります。加えて、労力対効果も抜群です。これが一夫一妻制なら、自分のすべてを捧げて子育てをしても、巣が襲われればすべてを失うことになるのです。

だます女、だまされる男

ヨーロッパカヤクグリは、オスとメスが互いの利益の最大化を図り、激しい駆け引きをします。メスのほうはだましのテクニックを使うことさえあります。それは、地位の高いオスと交尾をしたあと、そのオスがいない隙に地位の低いオスがやってきて、メスに果敢にアプローチを試みてきたときに見られます。

人間からすると信じがたいことですが、そうしたときにメスはたいていそれを受け入れ、交尾をします。その時間はきわめて短く、互いの総排出腔（そうはいしゅつこう）を合わせる（オスにペニスはありません）と、すぐに精子が出されます。そして間男（まおとこ）が現場から去り、元のオスが戻ってくると、メスはそのオスに向かって尾を揺らして見せます。つまり、浮気をしたことをアピールするのです。するとオスは憤然として間男の精子をくちばしで掻き出し、もう一度交尾をします。こうしてメスは２羽のオスと交尾をするわけですが、生まれてくるのは地位の高いオスの子だけです。しかし子育てには、どちらのオスも協力します。それだけ子供の安全が確保されるのでメスにとっては幸いですが、つまるところ地位の低いオスはだまされているわけです。自分の遺伝子を受け継いでいない雛に、時間も労力も捧げているのですから……。

ヨーロッパカヤクグリのメスはかなり複雑なだましをやってのけているように見えますが、これが社会的な知能を必要とするようなことなのかと言うと、疑問符がつきます。というのも、これは何百万年という長きにわたる進化を経て培われたもので、メスが個々にいろいろ考えてやっているというよりは、状況しだいでどの個体にも見られる行動だからです。もしかしたら、そこに柔軟性や知性というものがいくらか関わっているのかもしれませんが、残念ながら現在のところはそれを測る術はありません。

鳥社会のシステム

1 図上段の鳥は、いずれも大きな集団やコロニー（集団繁殖地）を形成する。主に捕食者からの防衛のためである。
（左上）ワタリガラス。鳥としては標準的な社会システム。つがい（P：濃い円）たちは近接して棲むが、縄張り（薄い円）は重なっていない。縄張りのなかには繁殖も手伝いもしない他の個体（NH：ノンヘルパー）もいる。

2（上中）アオカケス。原始的なコロニーを形成する。つがい（P）たちが同じ縄張り内に棲んでおり、繁殖しない個体（NH）も近くにいる。

3（右上）コクマルガラス。集団営巣を行う。多くのつがいが同じ縄張りのなかに棲む（縄張りの重なりが複雑で、境界がわからなくなっている）。

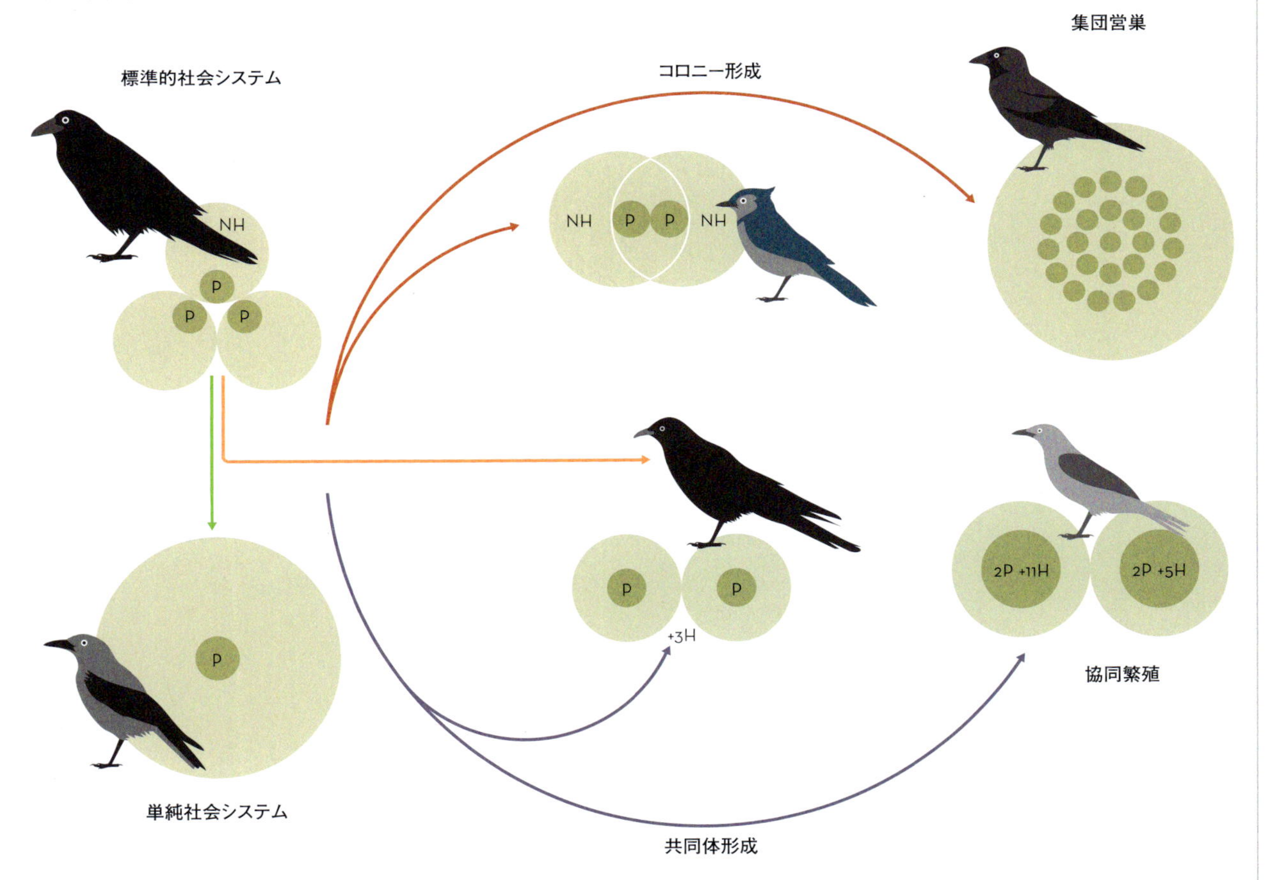

4 下段の鳥は、いずれも小さな集団で暮らしており、縄張りもはっきりしている。
（左下）ハイイロホシガラス。大きな縄張りのなかに、つがい（P）が1組だけ棲む。ただし、繁殖期を過ぎると単独行動をとる。下段の分類のなかで最も単純な形態。

5（下中）キバシガラス。基本的につがい（P）だけで暮らすが、環境によっては繁殖しないヘルパー（H）がいる単純な群れをなすことがある。

6（右下）メキシコカケス。共同体による協働繁殖の好例。複数のつがい（P）が一緒に暮らし、前年までに生まれた若い個体がヘルパー（H）として子育ての手伝いをする。若い鳥たちが自ら繁殖行動をできるかどうかは環境による。よってヘルパーの数は年によって変化する。

鳥の社会脳

鳥の生活も、いろいろと大変です。食、住という生きる基本にまつわることだけでなく、地位争いや繁殖といった社会的なこともしなければなりません。では、そのようなことに関わっている神経回路は、いったいどのようなものなのでしょうか。

脊椎動物の脳はみな、目の前の環境についての情報を処理することで適切な意思決定を可能にします。ときには生存に関わるような決定もあります。どの果物を食べるべきか、どのメスに求愛すべきか、敵に捕まらないためにはどうしたらよいかといったことです。群れで暮らす動物にとっては、意思決定は特に難しい問題です。他者にどう対応するか決めるにしても、相手も同時に意思決定をしようとしているからです。

2つの回路

社会脳の大まかな仕組みは、脊椎動物ではみな共通です。まず、社会的刺激（他者の外見やにおい、立てる音など）は感覚器官によって捉えられ、感覚神経を通して脳に入ります。どの感覚を主に使うかは種によって異なり、鳥類や霊長類なら視覚や聴覚、齧歯目なら嗅覚です。そうした情報が分析されると、顔や呼び声、フェロモンとして認識されます。

しかしそれは、誰の顔で、誰のフェロモンで、誰の呼び声なのでしょうか。自分との関係や相手の社会的地位はどうなのでしょう？　社会性を持った動物ならば、ただ相手を認識するだけでは不十分で、自分にとって感情的、社会的にどのような意味を持つ相手なのかを測り、適切な行動をとらなければなりません。たとえば、誰かが怖い顔でにらんできたとします。自分より格上の相手ならば、攻撃されないように服従のポーズをとるなど、何らかの行動に出なければなりません。逆に格下の相手なら、にらみ返すとか、こちらから攻撃するというのが適切な反応でしょう。

このような何らかの社会的刺激の意味や重みを判断する回路は、2つあります。社会行動系と中脳辺縁報酬系です。社会行動系の回路には、視床下部腹内側核（VMH）、扁桃体内側核（mAm）、中脳水道周囲灰白質（PAG）などがあり（右ページの図の青色の部位）、社会的刺激から情動を起こし、それにどう対応するか判断をします。この回路は特に、性行動やホルモンを通じた反応に関わっています。たとえばメスがオスを交尾に誘ったならば、オスのこの回路がメスのディスプレイ［訳注：求愛や威嚇などで、声や動作などを誇示する行為］を解釈し、交尾という行動をとらせるわけです。

一方、中脳辺縁報酬系は海馬（Hip）、線条体（Str）、淡蒼球（VP）、扁桃体の基底外側部（blAm）などからなる、快楽をつかさどる回路です（右ページの図の灰色の部位）。この回路が社会行動において大切なのは、絆の形成に関わるからです。パートナーと長く付き合えるのもそのためです。この回路では神経ペプチドが伝達物質として働いており、なかでも鳥ではバソプレシンとメソトシンが、哺乳類ではオキシトシンが重要です。その分泌量は、他者と社会的なつながりを強く持つ種ほど多くなります。私たち人間の場合でも、何度も関係を持つことで異性との絆が強くなりますが、これは報酬系が働いた結果です。

また、これら2つの回路の両方に関わっている部分もあります。外側中隔（LS）と分界条床核（BNST）という部分（右ページの図の紫の部位）で、これらは両者の仲介をする役割があると考えられています。

高度な社会性に関する回路

社会行動系と中脳辺縁報酬系の2つの回路は、魚類から哺乳類に至るまですべての脊椎動物に見られることから、何百万年も変わらず受け継がれてきたものであることがわかります。これらが他者とつながることを可能にしているのですが、他者との関係を記憶しておくことにはあまり関わっていないようです。したがって、安定的な群れのなかで他者と長く付き合うような動物の場合、ほかにも何らかの神経回路が関わっている可能性があります。それが社会的な刺激を処理・分類し、社会的な記憶として長く保持しているのかもしれません。

そうした回路があるならば、そこに蓄積されるのは他者に関する情報でしょう。誰が誰より上で誰より下なのか。誰が誰と協力関係にあるのか。誰が誰にどんな借りや貸しがあるのか。誰と今までどんなやりとりをしたか――。そういった情報を活用すれば、他者の行動も予測できるはずです。ただし、このような処理を行う回路の存在はまだ仮説の段階で、本格的な研究はこれからですが、現在の調査では、鳥の脳のなかでは内外套、中外套、巣外套といった高等な部分が含まれているのではないかと言われています。

鳥の社会脳

社会性をつかさどる脳内の回路。青い部位は社会行動系で、社会的刺激から情動を起こす。灰色の部位は中脳辺縁報酬系で、刺激から快楽を得る回路である。紫の部位は両方に属しており、両者をつなぐ役割をしていると考えられる。右の表は、社会的な意思決定のプロセス。

＊訳注
VTA：腹側被蓋野
NAcc：側座核
POA：視索前野
AH：前視床下部

社会的知覚
（顔、声、フェロモン）
社会的知識
（地位、関係性）
社会的報酬
情動に対する
判断、意思決定
反応
（行動）
ホルモン的反応
（交尾、絆形成、
ストレス）

Hip
LS
Str
NAcc
VP
blAm
BNST
mAm
POA
AH
VMH
PAG
VTA

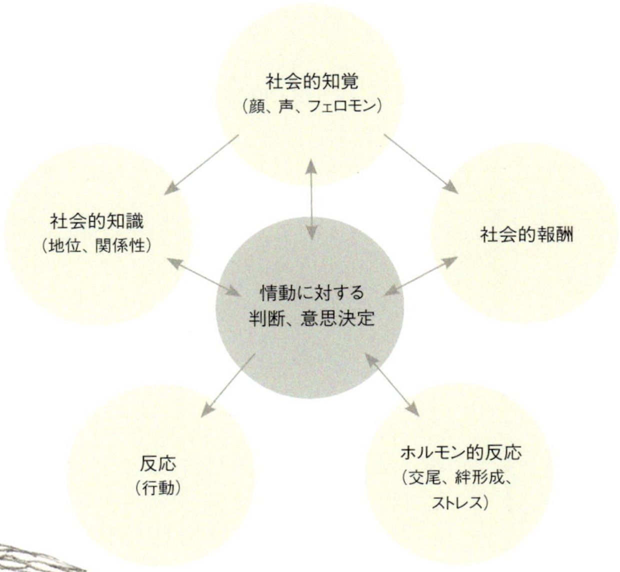

鳥社会の序列

群れのなかでは、誰がどういう順番で何を取るか、どうやって決めているのでしょうか。ケンカも1つの方法ですが、大きさや身体能力には個体差があって、これが上下関係にも影響します。そして当然ながら、地位の高いものが欲しいものを手に入れられます。

己を知る

ノルウェーの動物学者T・シェルデリュプ＝エッベは、ニワトリの群れを観察して、そのなかに上下関係を見出しました。2羽に餌を与えると、それをめぐってケンカになりますが、強いものほど相手をつつく回数が多いことがわかったのです。つまり、暴力で欲しいものを手に入れるわけです。別のペアでも、同じプロセスを経て互いの優劣が確認されました。こうしてできる序列を「つつきの順位」と言います。これがいったん確立されると、以降はつつきあいをする必要はなくなります。強いものが勝つのはわかりきっているからです。要するに、上下関係があることで何かをめぐって互いを傷つける危険を回避することができるのです。

ニワトリの群れでは、最も攻撃的なものを頂点、最も服従的なものを底辺として全員が序列化されています。誰かがつついてきたときも、序列にしたがって反応します。つついてきたのが自分より下のものであれば反撃し、そうでなければ頭を下げるなどして服従の姿勢をとるのです。しかしたいていの場合、強いものはにらみをきかせておくだけ、弱いものは小さくなっているだけで、実際のつつきあいは起こりません。こうして暗黙の上下関係を互いがわきまえることで、ニワトリたちはそれなりに平和に暮らすことができるのです。

ニワトリの序列は、つつきの回数が最も多いものから始まって、A>B>C>D>Eというように直線的な形をとります。各自がそのどこに位置しているのかを互いに知っておけば、直接やりとりをしたことがない相手とでも上下関係を確認することができるはずです。たとえばBはCより上で、CはDよりも上なので、BとDがはじめて対峙した場合でも、Dは服従のポーズをとればBからの攻撃を回避できるわけです。このように、他の個体どうしの関係から自分の位置を間接的に知ることを推移的推論と言います。

動物の上下関係を決めるのは、攻撃性の強弱だけではありません。体の大きさも大切な要素です。たいてい大きいほうが強いので、小さいものよりも上にいます。そのほか鳴き声や威嚇のポーズ、他者との同盟関係などから上下関係が決まる場合もあります。いずれにしても各自が立場をわきまえれば、ケンカは起きません。起きるとすれば地位が近いものどうしであり、下剋上に成功すれば欲しいものが手に入ります。また、前述したように序列はたいていA>B>Cというふうに直線的な形をとりますが、そうでない場合もあり、他者の助けによって地位を得るものもいます。協力関係を結ぶのが大事なこともあるのです。つがいもその一例です。

鳥にも勲章がある

優位を示す「記章」をつけている鳥もいます。もちろんバッジではなく、体の特徴によるもので、強いものほど羽毛やくちばしの色とか模様などに目立った特徴が表れるのです。たとえばミヤマシトドでは、頭頂部の白い羽毛が多いものほど高い地位についています。このような特徴は、地位が変わったらすぐに変化するものでなくてはいけません。これにはホルモンの関係があるほかに、栄養状態の影響も考えられるでしょう。地位の高いものほどよい食べ物を得られ、低いものはその機会が限られているわけですから。そうした違いが、羽毛やくちばしの鮮やかさにも反映するのです。

右　群れを統括する雄鶏。食べ物をめぐってつつきあいをしていくなかで、集団内の序列ができあがる。つつきあいに勝ったものは食べ物を得られ、負けたら食べ残しが回ってくるのを待たなければならない。

ひとのふり見て

成員を識別し、記憶することに加え、集団生活では上下関係に柔軟に対応することも必要です。ほかの群れと遭遇することもあれば、大きな群れのなかに小さなグループが存在していることもあるからです。そのため、他者どうしのやりとりを観察して自分の位置を間接的に把握する鳥もいます。

マツカケスは、別のグループに所属するものどうしで餌を取りあうことがあります。その場合でも、ケンカのリスクを回避して優劣を判断することは可能です。誰と誰がどんな関係で、どちらのほうが強いのかといった社会的記憶を踏まえ、彼らと自分の知らないものとのやりとりを観察することで、その相手に自分がどうふるまうべきか考えればよいのです。前に触れた推移的推論というやつです。XとYと自分との関係はもうわかっている。ではあのAというやつはどうだろう。どうもXよりもYよりも強いらしい。だから、直接会ったことはないが、自分とAとの関係はこうだろうなどと推測するわけです。この推移的推論は、大きい群れに暮らすものほど社会的記憶にすぐれているので、より柔軟に行うことができます。

マツカケスを人為的に3つのグループに分けて行われた実験があります。グループ1は鳥A～Fの6羽、グループ2は鳥1～6の6羽、グループ3は鳥P～Sの4羽です。グループ分けをすると、いずれのグループのなかでもすぐに直線的な序列が形成されました。その後、グループ間の序列を形成させるために、それぞれからメンバーを選抜（最も強いものと最も弱いもの）し、餌の取りあいをさせました。するとやはり、示威（じい）行為を繰り返しつつ、すぐに餌を確保した鳥たちが上位に立ち、

下　マツカケス。数十羽の群れで暮らし、きわめて社会性が強い。つがいの絆は強固で、羽づくろいをしあったり、互いを守りあったりする。このような社会的知性は、かつては霊長類やクジラ目にしか見られないとされていた。

下位に沈んだものは餌を取りにはいかず、頭を下げる服従のしぐさをするばかりで、結果、グループ間の序列はそれを反映したものとなりました。

それでは、グループをまたがった個体間の序列はどうやって決まるのでしょうか。それを確かめるために、同じくらいの地位のものたちに餌をめぐって対戦させ（B対2、A対Bなど）、それを別の鳥（3）に観察させてみました。そうして知らない相手であるAやBと対面させたとき、鳥3は観察で得た情報を使ったのでしょうか。選抜された鳥は、どれも中位ランクのものたちです。どちらが勝ってもおかしくないようにするためです。「あいつはいつも負けるやつだ」とレッテルを貼られるようなものがいたら、それこそ観察させる意味がありません。

鳥3にまず観察させたのは、鳥A対鳥Bというグループ内対戦（設定1）です。この対戦ではBが負けました。次は、鳥2対鳥Bのグループ間対戦です。Bは今度は勝ちました。そうして鳥3を、直接知らない相手であるBと対面させました。所属するグループ内で鳥3は鳥2よりも下位ですが、その2はBに負けています。この関係性がわかっていれば、鳥3はBに対して服従のポーズを見せるはずです。その結果を述べる前に、別の設定で行われた実験も紹介しておきたいと思います。実は鳥3には、自分の所属しないグループ内での対戦だけを観察させてもいます（設定2）。A対Bは、Bの負け。B対Cでは、Bの勝ちです。この2つの対戦を観察させたあとで、鳥3にBと対面させました。鳥3は、自分の所属するグループの誰かとBとの関係を知らないので、どうふるまってよいのか、はじめはわからないはずです。

では、鳥3はそれぞれの設定でどうふるまったかと言うと、グループ間対戦を観察したときは、その結果をもとに、別グループに所属する初対面の相手と自分との上下関係を把握し、適切なポーズを示しました（そのポーズは対面直後にしきりに現れ、その後すぐに見られなくなりました）。一方、自分の所属しないグループ内対戦のみを観察した場合、鳥3は知らない相手に対してどうふるまってよいかわかりませんでした。上下関係の把握には身体的特徴がヒントを与えることもあるでしょうが、マツカケスはそれがなくとも、推移的推論を使ってこれができると考えて間違いありません。

マツカケスによる推論

他者どうしの関係を観察して、自分の社会的地位を推測させる実験。詳細については本文を参照のこと。

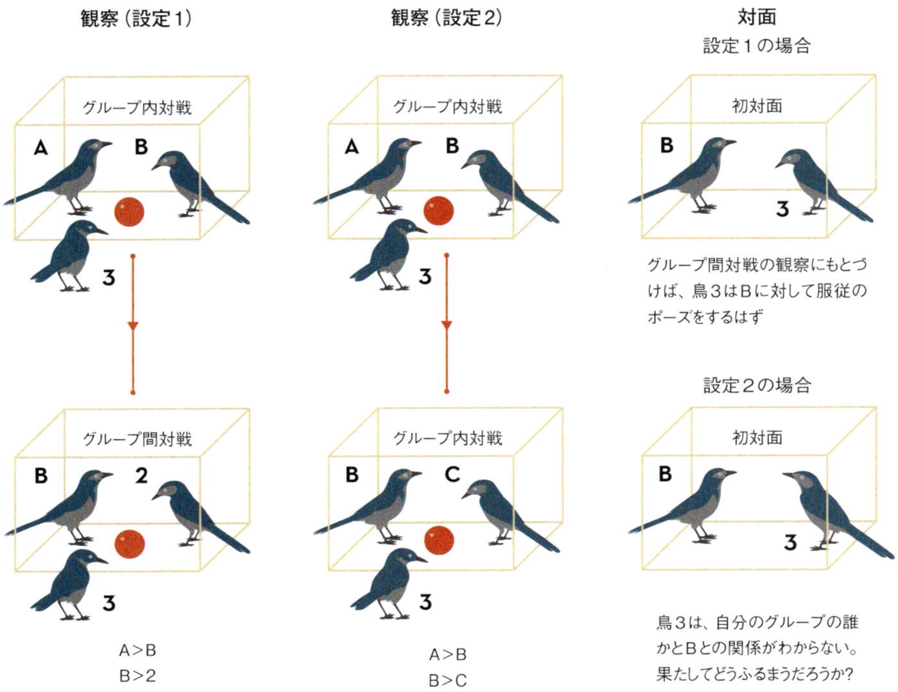

観察（設定1）
グループ内対戦
A　B
3
グループ間対戦
B　2
3
A>B
B>2

観察（設定2）
グループ内対戦
A　B
3
グループ内対戦
B　C
3
A>B
B>C

対面
設定1の場合
初対面
B　3
グループ間対戦の観察にもとづけば、鳥3はBに対して服従のポーズをするはず
設定2の場合
初対面
B　3
鳥3は、自分のグループの誰かとBとの関係がわからない。果たしてどうふるまうだろうか?

顔も声もみんな違う

ペンギンの雛になったつもりで考えてみてください。
100万羽の群れのなかで、親鳥からはぐれてしまいました。
周りはものすごい騒々しさで、親の声はとうてい聞き取れそうもありません……。

100万羽の集団

ペンギンの雛にとって、このようなことは日常茶飯事です。では、そんなときにどうやって親鳥を探すのでしょうか。実は、そうした騒がしいなかでも雛は親の声の特徴を聞き分け、その居場所を突き止めるのです。親の声は、孵化後5週間のうちに覚えてしまいます。しかもその声は、最初から最後まで聞かなくても、最初の0.23秒間の半音節、低周波の倍音3つを聞くだけでわかります。巣があればその場所を探せばよいのでしょうが、営巣しないペンギンたちは卵も雛も持ち歩くため、はぐれた雛が親を探すには声をたよりに個体識別をするしか方法はないのです。

声をヒントに個体を認識する鳥はほかにもいます。たとえばコクマルガラスは、ほかの個体が近づいてくるときの声のちょっとした違いを聞き分けています。同じような声でも、個体によってほんの少しずつパターンが異なるのです。鳥類が音で個体を識別するときには、このように相手の呼び声をたよりにしているケースが多々あります。一方で、食べ物や敵を見つけたときに上げる声の場合、誰がそれを発していようが関係ありません。食べ物がある、敵がいるということがわかりさえすればよいからです。警戒声が聞こえても、それを発したのがXだ

ニワトリは品種によって外見がかなり異なっており、飾り羽やトサカの形、羽毛の色など実にさまざまである。品種は人工的に作られたものだが、ニワトリは自分たちの違いを認識していると思われる。同じ品種のものどうしでも(人間の目には同じように見えるが)、個体認識はできている。

ったら逃げるけれどYだったら逃げない、などということはまずありえません。

顔も覚える

他者と選択的に協力関係を結ぶにせよ、序列を形成するにせよ、社会のなかで生きるには個体を識別し、その特徴を記憶しておかなければなりません。これをどう行うかは、その種が主に何を使ってコミュニケーションをしているかによります。鳥類であれば視覚と聴覚で、顔の特徴（目の位置、くちばしの長さ、色合い、模様などの違い）や体の動かし方、習性、声をたよりにしています。顔や声はいつも同じように見えたり聞こえたりするわけではありませんが、それでもすぐに認識できるように頭にインプットされているのです。顔であれば、どの角度からでもわからなければなりません。これができるなら、3次元でなく、絵や写真でも認識できるはずですが、いずれにしても鳥たちは顔に加え、声や姿勢などの特徴もセットにして覚えているものと思われます。

この点に関連して、複数の知覚を使った個体認識の実験も行われています。鳥にまず、よく知っている鳥の顔の写真を見せ、それから声を聞かせるのですが、その鳥の声を聞かせる場合と、別の鳥の声を聞かせる場合とで反応の違いを観察するのです（順番を変えて、声を聞かせてから2種類の顔を見せる場合もあります）。すると被験者である鳥は、それぞれどんな反応をしたかと言うと、顔と声が一致しているときは特に反応を示しませんでした。鳥にとっては予想通りのことが起きたわけですから、それも当然です。しかし顔と声の持ち主が違っている場合、これはおかしいぞというふうに、その顔を見たり声を上げたりしたのです。ただし、ほとんどの研究はここまで緻密ではなく、顔をまず見せておいて、それから別の顔を見せて同じものかどうかを識別させるといったものです。ここで行われているのは差異の認識、すなわち区別であり、個体認識ではありません（もちろん、個体認識をするためにはまず区別が必要です）。

人の顔がわかる鳥

ハトは訓練によって人間の顔を区別できるようになります。
それだけでなく、性別も表情もわかるようになります。
しかし、訓練で覚えたことを新しい状況で応用することまではできません。

忘れられない顔がある

ハトは顔を見分けることができても、個人として認識しているわけではありません。視覚刺激として顔を知覚したとき、その部分的な特徴にもとづいて情報処理をしているに過ぎないのです。一方、人間の視覚情報処理は全体像を見て行われます。そのため私たちは、複雑な形のものを違う角度から見たりしてもそれとわかるのです。しかしハトは、同じ顔でも訓練で覚えたものとまったく同じでなければ、もうわからなくなってしまいます。部分的に少しでも違うとだめなのです。

鳥のなかには、訓練をしなくても人間の顔を区別できるものもいます。そうした鳥のなかでも研究対象としては、近くにいつも人間がいるような環境に棲む鳥がもってこいです。そこで、街に棲むマネシツグミで実験が行われました。巣で卵を温めるメスを、仮面をつけた人間がおびやかすというものです。この実験では４日間、少しずつ巣に近づく距離を縮めていき、プレッシャーを強めていきました。すると仮面の顔を見つけたメスの警戒声は日ごとに大きくなり、威嚇も激しさを増していきました。そうして５日目に、今度は違う仮面をつけた別の人間が巣に近づきました。その距離は実験初日と同じです。すると卵を守るメスの反応は、初日のレベルに戻りました。つまりマネシツグミは、個体認識とまではいかないものの、少なくとも仮面の顔の違いは区別できるということです。

鳥によっては、何かしらの重要性を持つ人間の顔を長期間記憶しておくことができるものもいます。これに関連して行われた実験もあります。仮面をつけた人間が、自由のきかないところにアメリカガラスを閉じ込め、その反応を調べるというものです。そうするとカラスは、その仮面を見ただけで危険を察知し、敵を威嚇するときと同じ声を上げるようになりました（いったん閉じ込められてしまうと、おとなしくなります）。しかし実験者が仮面をしていないときは、警戒声は発しません。要するに、嫌なことが起きるのはこの顔が見えたとき、ときちんと識別していたのです。しかも閉じ込められた体験をしたカラスは、なんと３年後でも人間がその仮面をつけて近づくと、同じ威嚇の声を出しました。これは自分を閉じ込める嫌なやつだ、とまだ覚えていたのです。

２種類の仮面

このようにカラスは長期にわたって人間の顔を記憶します。ほかの多くの鳥も（同種のものに限りますが）、外見で個体を識別しています。これにどのような神経回路が関わっているのか、詳細はあまりわかっていませんが、脳のなかで顔を知覚する経路には内外套、中外套、巣外套が関わっているのではないかと考えられています。

先ほどの実験には実は続きがあり、アメリカガラスは仮面をつけた人間に閉じ込められたあと、その場所で違う顔の仮面をつけた人間の世話を受けました。そうして４日後に解放したら、今度は３タイプの人間と対面させてみました。「閉じ込め仮面」をつけた人間、「お世話仮面」をつけた人間、何もつけない人間の３つです。そして、それぞれの人間と対面を終えたらカラスに麻酔をかけ、PET（陽電子放射断層撮影法）で脳の状態を観察してみました。撮影前に体験したこと（恐怖／期待／どちらでもない）が脳の活動にどう影響しているか調べるためです。

その結果、顔を知覚するときに活性化する回路が特定できたと同時に、心理状態によってその部位が異なるということも突き止めることができました。具体的に言うと、「閉じ込め仮面」を見たときには巣外套、中外套、弓外套、哺乳類の扁桃核に相当する神経核、背側視床核、脳幹に著しい活性化が見られ、「お世話仮面」を見たときには高外套、中外套、視索前野、内側線条体に活性化が見られました。つまり、恐怖をもたらす顔は社会行動系の回路から否定的感情を引き出し、餌をもらえると期待させる顔のほうは中脳辺縁報酬系の回路を活性化させたのです。このように実験は見事成功を収めました。しかし、その発見は画期的とまでは言えません。というのも、カラスの脳は霊長類と同じように社会的、感情的な情報処理をしているということを、私たちはすでに知っているからです。

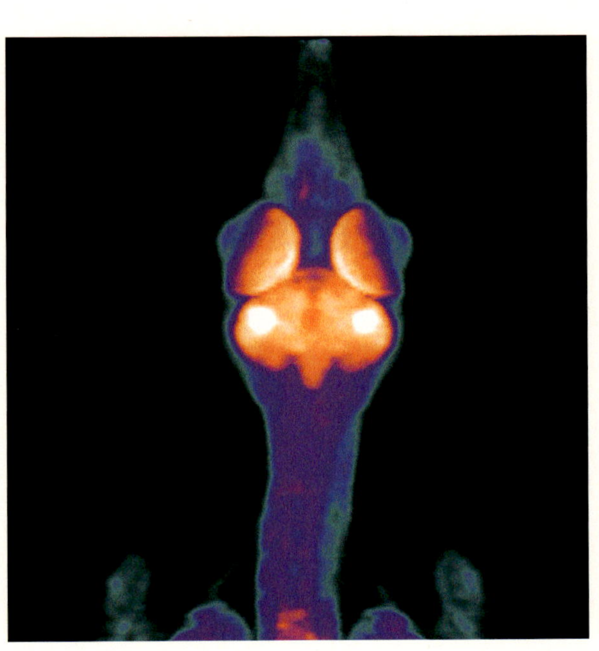

上　PETでスキャンしたアメリカガラスの脳。直前に感じたこと（恐怖、期待など）により、活性化する部位が異なる。

右　アメリカガラス。街なかへと生息域を広げたため、人間に対処する方法を身につけている。さらに人間の顔の表情を読み取ったり、視線がどこに向けられているか認識したりもしている。

鳥は世を渡る

**社会で生きるには、味方をつくると同時に敵を認識し、
その敵を誰が味方しているのかも知らなければなりません。
そのためには、個体認識はもちろん、他者と他者の関係を読み取る能力が必要です。**

敵か味方か

敵と味方を見分けるのは、政治の基本です。やりたいことがあっても自分ひとりの知恵と力ではどうにもならないならば、コネをつくる、じゃま者とのつながりを断つ、といったことをしなければなりません。サルの社会でも、さまざまな心理戦が繰り広げられていることが多数報告されています。人間の権謀術数の進化を探るよいモデルです。

協力、絆、妨害

霊長類に似た社会的知性を示す鳥はいろいろいますが、ここではワタリガラスとハイイロガンに絞って述べたいと思います。両者は遠い親戚でしかありませんが、似た方法で危険な社会を生き抜いているからです。どちらも長期的、かつ選択的につがいを形成しますが、ワタリガラスはそれまでに時間がかかり、ほぼ成熟してもそれから数年、最長で10年も要します。その間は小さな集団で移動していますが、その成員は群れから群れへ渡り歩く流れ者たちです。

特定のパートナーはいなくても、ワタリガラスは他者（たいてい身内どうしですが、そうでないこともあります）と共益的な関係を築きます。とはいってもそれは、つがいにもたらされる実益にはとうていかないません。つがいのほうが群れのなかでの地位が高く、したがって欲しいものも手に入れやすい立場にあるからです。

つがいになった2羽が協調した動きをすると、互いの社会脳が反応し、絆の形成が促進されます。中脳辺縁報酬系（ちゅうのうへんえんほうしゅうけい）からメソトシン、バソプレシンというホルモンが大量に分泌されることで絆が強まるのです。そうして2羽はずっと一緒にいるようになり、互いに羽づくろいをし、食べ物を分けあい、争いがあれば共に戦うようになるわけです。また、ワタリガラスにはライバルがほかの個体とどのような関係を持っているのか認識する能力があります。こいつはあいつより格下だが、誰々と同盟関係にあるぞ、などという具合です。そうした関係に変化が生じ、自分たち夫婦の地位が脅かされそうになると、そのなかに介入していくこともあります。

上下関係には敏感

ワタリガラスは、他者どうしの関係性から序列を認識します。自分の知っている個体と知らない個体どうしの攻撃的なやりとりを見て、自分がその知らない相手とやりあったらどうなるかを推測するのです。さらに、その序列が侵されると何が起きるのかもわかっています。たとえば上位の鳥が示威（じい）する声を聞かせ、そのあとでいつもの序列にしたがって下位の鳥が服従する声を聞かせたら、ワタリガラスは特段何の反応も示しません。しかし、これを逆にし、下位のものの示威のあとに上位のものの服従の声を聞かせると、すぐに気がつき、せわしなく動くストレス反応を示すのです。こうした社会的なことを、ワタリガラスはカラス科のほかの種と同じく、何年にもわたって記憶しています。そして争いが起きた際には、夫婦が助けあうだけでなく、以前助けてくれたものの味方までするのです。

団結するガン

カモ科に属するハイイロガンもつがいを形成しますが、社会集団は家族中心です。彼らも個体認識ができ、他者とどういう関係を持ったかということを1年以上覚えています。さらにカラス科と同様、序列もはっきり認識しています。そんなガンのつがいは強い絆を持つのですが、かつてはそうは思われていませんでした。2羽のつながり方が、カラス科の鳥や霊長類とは異なるからです。カラス科の鳥の場合、そのやりとりには互いに接触する行動が含まれていますが、ガンは絆を確認するのでも、互いに触れあうことはないのです。接触行動とは、たとえば勝利の儀式［訳注：オスが他の個体に攻撃を仕掛けたあと、つがいで勝どきの声を上げ、絆を確認する行為］をしたり、声で呼びあったり、一緒に戦ったり、動きをシンクロさせたり、近いところで一緒に過ごしたりといったことです。

ただし、カラス科のディスプレイ（誇示行為）が霊長類に似ているからといって、ガンよりも社会的なつながりを強く持っ

上　ワタリガラス。カラス科の鳥では、つがいが常時行動を共にしていることが多く、飛んでいるときも一緒にいる。声が1羽1羽違うので、離れても互いを呼ぶ声ですぐにパートナーを見つけることができる。

ているというわけではありません。独身よりもつがいの地位が高く、欲しいものをより多く得られるのはガンも一緒です。争いが起きたとき、つがいが互いに助けあうのも同じです。そうした支援は実際の行動に限りません。戦いに加わらなくとも、一緒にいるだけでプラスに働く——つまりストレスを低減し、生理的安定をもたらし、健康に暮らすことにもなるのです。

右　食事をするハイイロガンの群れ。大きな集団を形成するが、社会システムは家族のつながりを基本とし、つがいとその子供たちで成り立っている。雛は孵化するとすぐに母鳥の顔を覚えてどこにでもついていき、結果として餌場にもたどり着く。

情けはひとのためか

助けあいをする動物はたくさんいますが、これは相手だけでなく、自分にも得があるからです。
つがいが共に巣を作り、餌を運んで子供を育てるというのも、その一例です。

親の子育てを手伝う鳥

一見すると、協力しあうことが互いの利益にはなっていないように思える場合もあります。たとえば、フロリダヤブカケスやアラビアヤブチメドリは大勢で子育てをしますが、交尾・繁殖をするのは最も優位にあるつがいだけです。家族の他のメンバー（前年に生まれた子供たちのことがほとんどです）は自分では繁殖せず、その子育てをひたすら手伝うのです。見張りも彼らの大切な仕事で、近づいた敵をメンバー全員で威嚇して追い払います（アラビアヤブチメドリの場合は、敵の姿が見えるとすぐにみんなで警戒声を発します）。また、フロリダヤブカケスの若者たちは、雛に餌をやるベビーシッターの役割も担っています。こうして彼らは新しいきょうだいを大切に守り育てているのです。

では、鳥たちのこのような行動には、いったいどんな意味が隠されているのでしょうか。自分も早くパートナーを見つけて繁殖したほうがよいのではないでしょうか。実は、これには遺伝子を次の世代に受け継ぐという意味があります。年によっては環境が厳しく、十分な餌が手に入らないこともあります。それではとても大勢の分をまかなうことはできません。そうした場合には、自分も繁殖するのではなく、きょうだいを大切に育てるほうが、共有している遺伝子を残せる可能性が高まります。親子でもきょうだいでも、遺伝子を共有しているのは同じなのですから。

上　ミヤマガラスのつがいは、人間のキスのような行為をして絆を強める。互いのくちばしをくわえたり、こすりつけあったりするのである。そしてつがいは、ほかのカラス科の鳥と同じく死ぬまで添い遂げる。

お返しと知能

助けあいに知能は関係ないように思われるかもしれませんが、認知能力を必要とする協力形態もあります。お返しに関するものがその一例です。相手に何かをしてあげたら、見返りはすぐに欲しいもので、遅れるとうれしくなくなる（経済学で言う「時間割引」）ものですが、いつかそれがもらえるとわかっていて目先の利益をあえて放棄することがあるのです。たとえば羽づくろいをしてあげれば、その分あとで何かしてもらえるでしょう。そのときまでそのことは忘れたことにしておく、というわけです。

利益が交換される際には、両者の等価性を判断する能力も必要です。たとえば仲間のピンチに駆けつける行動は、餌を運んであげるよりも価値があるとみなされますが、これは戦闘に加わることでケガをするリスクが考慮に入れられるためです。さらにもう1つ、長期記憶も大切な能力です。何かをしてあげても、お返しにしてほしいことは現時点では特にないということもあります。ですが、いつか何かが必要になるでしょう。そこで、そのときまで貸しを覚えておくのです。前述した、食べ物のありかや相手の顔を何年も覚えている鳥たちがこれに該当します。

君となら

鳥が野生下で助けあいをしていることはよく知られていますが、実験研究はあまり進んでいません。それでも、霊長類の協力行動を観察するのに使われる方法を流用して、ミヤマガラスに行われた実験があります。ひもを協力して引き、餌を取らせるというもので、1人でできない場合に、協力するなら誰と、いつするかなどといった判断力を試すのです。

実験ではまず、長方形の木の板にフックを2つ取りつけ、それにひもを通します。フックからひもの端までの長さは、どちらも同じになるようにします。板には餌の入った皿を1つまたは2つ置きます。そうしてこのセットをカラスに見せるのですが、餌には直接届かないようにしてあるので、それを得るにはひもの両端を同時に引っ張って引き寄せるしかありません。片方を引くだけでは、ひもはフックから抜けてしまいます。鳥の場合、手が使えないので、1羽で餌を引き寄せようとするならば、くちばしでひもの両端をまず束ねてから引かなければなりません。ひもが短くて束ねられなければ、2羽で一緒にそれぞれの端を引っ張る必要があります。

ミヤマガラスに行ったこの実験の結果はどうだったかと言うと、まず1羽でひもを束ねて引くことはできました。さらに、ひもが短いときは2羽で協力してやることもできました。ただし、誰とでも協力して行えるわけではなく、一緒に作業をできたのは近くにいて食事を共にすることを許容している個体とだけでした。また、パートナーを投入するまでに時間をかけると、カラスはじっと待っていることができませんでした。つまり、カラスはチームとして行動はできるけれども、餌に対する興奮を抑えて協力者の到着を待つということはできないのです。似た研究がヨウムに対しても行われていますが、結果は同じでした。

ミヤマガラスの協力行動

ひもを引っ張ることで餌を得る実験

1 ひもが長いときは、両端を束ねて引く。

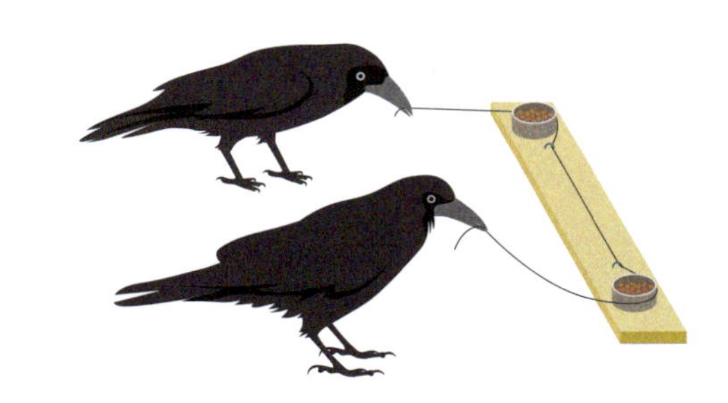

2 ひもが短いと1羽ではできないので、協力して行う。

3 パートナーが来るのが遅いと、待つことはできない。

関係の修復

**他者と共生するには、欲しいものを分けあわなければなりません。
序列があれば、それをめぐる争いは起きにくいとはいえ、完全になくすことはできません。
そうした争いはライバルどうしで起こるように思われがちですが、
味方や家族、パートナーの間でも起きるのです。**

和解

複雑な社会を生き抜くには、味方を増やし、敵を減らすことが重要です。しかし味方を得るには、ものを分けあうことも必要です。それが公平でないと不和が生じますが、それも味方どうしであれば、関係に多少ひびが入っても救いようがありますし、修復も可能です。これを和解と言います。

雨降って……

和解行動が最初に観察されたのは霊長類でした。霊長類では通常、2者間で争いが起きたあとは、両者はできるだけ離れ、できるだけ争いが再燃しないようにします。しかし、そうではない場合もあります。争い後、両者が離れず、逆に同盟を結ぶことがあるのです。このとき、いったい何が起きているのでしょうか。

ボノボやチンパンジーはこれが極端で、かつての敵どうしと唇を合わせたり、交尾までしたりします。ただし、こうした関係修復のための和解行動は、争いのあと必ず見られるわけでも、かつての敵どうしの間で必ず見られるわけでもありません。親戚や同盟関係にあるものどうし、それなりに強い結びつきのある間柄でのみ起きることなのです。こうしたつながりを失って1人で生きていくわけにはいかないからです。和解行動はほかにも、いろいろな哺乳類で確認されています。霊長類だけでなくネコ目（食肉目）、イルカ、クジラ、さらにはヤギやヒツジまでも行っているのです。

では、鳥の場合はどうでしょうか。強く結びついた間柄と言えば、一雌一雄制のつがいがまず頭に浮かびますが、残念なが

らミヤマガラスのように死ぬまで添い遂げる鳥でも、和解行動は確認されていません。夫婦間ではそもそも争いが起きないので、和解も何もないわけです。強い結びつきを持つほかの鳥の例としては、つがいになる前のワタリガラスも挙げられますが、こちらには和解行動が見られます。仲間（主に親戚です）とはケンカをしても、その後はまた協力関係を結ぶことが多いのです。逆に大した関係にないものとケンカをした場合、和解はあまり見られません。また、激しい争いをするほど和解に至る場合が多く、いったん和解したものどうしで再び争いが起きる可能性は、和解をしたことのないものどうしよりはるかに低いこともわかっています。

ケンカのあとと、ケンカが起きていないときとで行動を比較するPC - MC比較法という観察方法があります。これを用いて、ワタリガラスの社会行動の観察が行われました。まず、争いが終結した時点から10分の間（PC期間：post-conflict）に、和解行動がどれくらい見られるのか記録します。そして、両者は日常的にはどれくらいそうした行動をしているのか調べるため、翌日の同じ時間（ケンカは起きていません）にも観察してみます。PCとの対照をなすこの時間帯を、MC期間（mached-control）と言います。PC期間とMC期間を比較したとき、和解行動はPC期間のほうが多く見られるのではないかと思われますが、実際のところはどうなのでしょうか。結果は予想通りでした。争いが終わってすぐのほうが、和解行動が多く見られたのです。

左　羽づくろいをするワタリガラス。寄生虫を取り除くだけでなく、互いの絆を深めあう意味でも重要な行為である。サルが親しいものどうしで毛づくろいをするのと共通している。

ワタリガラスの和解行動

AがBに近づき、攻撃を加える。もともとは仲のよい関係であれば、争いが終わったあと、加害者であるAからBに近づいていき、羽づくろいをすることが多い。

1 AがBに近づく

2 AがBを攻撃

3 AがBに羽づくろい（和解）

他者から学ぶ

生きていくには技術や知識が必要ですが、何でも自分でイチから学ぶのは大変です。かといってすべてを本能に埋め込んでも、融通のきかないやつになってしまいます。他者と一緒に暮らす大きなメリットは、実はここにあります。情報を交換することで、新たなことを学習できるからです。また、他者の失敗を見て自分に生かすこともできます。鳥が社会的に学習しているのは食や繁殖のことばかりではありません。敵から逃れる方法なども、他者から学んでいるのです。

あくびの伝染

社会的学習と一言で言っても、そこには実にさまざまなプロセスが含まれています。その最も単純な例が社会的促進というもので、そのなかの1つに行動の伝播があります。あくびが伝染するのと同様に、他人が笑ったり、泣いたり、咳をしたりしているのを見て、なぜか同じことをしたくなったという経験はないでしょうか。これこそがまさに行動の伝播で、他者の行動に自分の体が自動的に反応してしまうのです。犬が1匹吠えると近所中の犬が吠えだすのも、特に空腹でなくても誰かが食べているのを見るとお腹がすくのも、このためです。かように他者とは、その存在だけで行動に影響をおよぼすものなのです。

動物に食べ物を選択させるタスクを与えると、このことが顕著に表れます。たとえばミヤマガラスにそれまで食べたことのない餌を複数出した場合、どれを食べるかと言うと、ほかの個体が食べているものと同じであることが多いのです。ほかの鳥でも多くの場合、1羽でいるときより他者がいるときのほうが、いろいろなものを食べます。これは、選択が正しいかどうかを判断しているのではありません。間違っていたとしても、それがわかる（気分が悪くなるなど症状が表れる）のは、食後しばらく経ってからです。要するに、ひとが食べているから食べる、食べていないから食べないのです。

強調

社会的学習のうち特に重要なのは、「強調」というものです。これは、他者の注意を何かしらの重要性を持った場所、物体、出来事に向けることを言います。その1つ、局所強調では注意が場所に向けられます。典型的な例は、いい餌がたくさん取れる場所です。ただし、この行為は意図的に行われるのではありません。当の本人は餌のありかを教えてやろうなどとは思っておらず、ただ単に誰かがいるというだけで、周りのものがその場所に注意を向けるのです。畑の一画で鳥の群れが食べ物をついばんでいると、ほかの鳥も集まってきます。食べているものがいるということは、そこに食べ物があるということですから、それにならって行動するのが賢明でしょう。ほかの場所をあたるのは、エネルギーの無駄です。

もう1つの刺激強調では、観察者の注意は物体や出来事に向けられます。場所は関係ありません。これについては、牛乳瓶のフタを開けるアオガラの話が有名です。1940年代のイギリスでは、牛乳はまだ配達されるものでした。たいてい玄関先に瓶が置かれるのですが、その表面にはアオガラの大好きなクリームの成分が浮かんでいます。それを、1羽のアオガラがホイル製のフタを外して飲むようになりました。すると、次々と他の個体も同様の行動をとるようになったのです。アオガラのこの行動は、あっという間にイギリス全土に広まり、文化形成の一例として紹介されるまでになりました。しかし実験によると、アオガラは他者の行動をまねしたのではなく、ただ瓶のてっぺんという物体に引きつけられていただけでした。クリームを得たのは、その後の試行錯誤の結果に過ぎなかったのです。文化などという高等なものではなく、刺激強調の典型的な1つの例です。

怖がることを覚える

ほかには、「観察による条件付け」というものもあります。特に興味のなかったものに対し、他者が反応するのを見ることで、それが好きになったり嫌いになったりするといったことです。私はクモが苦手なのですが、それは母がクモに怯えるのを見たからです。それまではクモのことを何とも思っていませんでした。鳥に対しても、この条件付けを行って、ただの小鳥とか瓶とかを怖がるようにさせることができます。その一例として、クロウタドリにほかの個体が敵を攻撃している様子を見せる実験があります。実際の相手はフクロウなのですが、観察者にはフクロウが見えないようにし、ほかの物体を攻撃しているように見せかけます。すると、何でもないただのその物体を観察者のクロウタドリは敵と認識し、怖がるようになったのです。

上　アオガラ。牛乳瓶のフタを開ける行動がイギリスで急速に広まったことがあるが、模倣によって学習した行動とは考えにくい。

エミュレーション学習とは

これらの例は、他者の行動から学習しているのであって、まねをしているわけではありません。こうした学習のもう１つの例として、「エミュレーション」というものが挙げられます。これは、他者が何かをして何かを得ることを観察し、自分も同じものを得ようとする際、観察した行動をそのまま模倣するのではなく、もっと効率的に行うことを言います。これに関連して、鳥にパズル箱を与えた実験があります。いろいろな仕掛けがあって、それを解いていくと箱が開いて餌にありつけるようになっているのですが、なかにはダミーの仕掛けもあります。

実験ではまず、箱を与えられた鳥がダミーも含めてあれやこれやしながら仕掛けを解き、餌を手に入れる様子を別の鳥に観察させておきます。それから、観察者に同じ箱を与えてみます。すると、観察していた鳥はどうするでしょうか。実は、観察した行動を全部そっくりやる（模倣）ものと、そのうち必要なことだけを行って効率的に餌を得る（エミュレーション）ものとがいるのです。目的は同じですが、それに至る方法が違うわけです。当然ながら、エミュレーションのほうが洗練されたやり方です。一方、模倣のほうは脳の小さな鳥が学習をするのに用いています。これについては、次の項目で扱います。

右　小さな群れで食事をするキバタン（オーストラリア、キャンベラの公園にて）。群れのメンバーの行動から、どこに餌がたくさんあるか学習する。食べてよいものとよくないもの、殻の硬い木の実の食べ方などもそうして学んでいる。

観察と学習

**模倣とは他者の行動をそっくりまねることですが、
相手のしていることの意味が理解できていなくても支障はありません。**

そっくり同じことをする

社会的学習をしたからといって、模倣であるとは限りません。前の項目で述べたように、刺激強調など他の方法で学習をしている場合もあります。その違いを明らかにするために、筒の真ん中に餌を入れ、両端を綿でふさいだものを鳥に与えてみる実験があります。餌にありつくには、片方の綿を取り出すのがいちばん簡単な方法ですが、たいていの鳥にとっては、くちばしで引っ張りだすしか方法はありません。実験ではまず、ある鳥がこれをするのを別の鳥に観察させます。それから観察者に筒を与えるのですが、その鳥が同じ行動をとった場合、どのような類の学習が行われたと言えるのでしょうか。お手本をそっくりまねたのですから、刺激強調ではなく、やはり模倣と考えるべきでしょう。しかしタスクの性質上、綿を取り除く方法がほかにあまり考えられないのも事実です。

方法が2つあるとどうか

そうした問題を避けるために、タスクをもう少し工夫してみましょう。観察者を2つのグループに分け、同じタスクについて、それぞれ別の解決法を観察させるのです。模倣ができる鳥ならば、モデルの行動をそっくりまねるはずです。今度の実験でも、また先ほどと同じ筒を用いて、1つのグループにはモデルがくちばしで綿を取り出す様子を、もう一方のグループにはモデルが筒を振って綿を取り出す様子を観察させます。そうして観察者である鳥に筒を与えたとき、見た通りの行動をしたならば、それは局所強調や刺激強調ではありません。単に筒とい

下　ウズラ。早成性のため、孵化したときにはすでに体ができあがっている。短命で、経験を通してじっくり学ぶ余裕がないため、模倣学習をすることで外界の危険に対処していると思われる。一方、カラスのような晩成性の鳥は模倣をすることができない。

う同じ物体に注意が向かっただけなら強調ですが、目的達成の行動までモデルと同じなら模倣と考えるべきです。また、目的達成のために必要な行動だけをまねした（エミュレーション）とも言えません。こういった模倣の典型的な例は、霊長類よりも早成性（十分発達した状態で孵化するもの）の鳥に見られます。こうした鳥たちは脳が相対的に小さいので、模倣は学習方法として知的な負担が少なく、柔軟な思考力も必要ないからです。

ウズラを使った実験

あるタスクに対して別々の解決法を模倣させた実験の例に、ウズラを使ったものがあります。まず、ウズラを２つのグループに分け、実験箱のなかのペダルを操作して餌を出すことを覚えさせます。ペダルは踏んでも、くちばしでつついても餌が出てくるようになっているので、各グループにそのどちらかをするよう訓練するのです。訓練が終わったら、観察者を隣の箱に入れます。そこには小窓がついていて、モデルの行動を見ることができるようになっています。そうして観察者の半数にはモデルがペダルをつつく様子を、残りの半数には足で踏む様子を観察させます。そのあと、観察者を今度はペダルのある実験箱に入れてみます。ペダルを動かすための方法がモデルと同じなら、刺激強調ではありません。果たして結果はどうなったでしょうか。

実は、つつくのを見たものはほとんどがペダルをつつき、踏むのを見たものはほとんどがペダルを踏んで餌を手に入れる結果となりました。つまり、ウズラは見た方法を模倣し、自分の行動レパートリーに加えたわけです。ウズラのように脳の小さな鳥が行動を学習するのに、模倣は最も適した方法なのです。模倣しなければ、よほど訓練でもしない限り、新たな行動を身につけるのは厳しいでしょう。

ウズラの模倣学習

餌を出す方法を観察したウズラは、同じ方法を使って餌を手に入れる。
左：モデルはペダルをつついて餌を出す。
右：モデルはペダルを踏んで餌を出す。

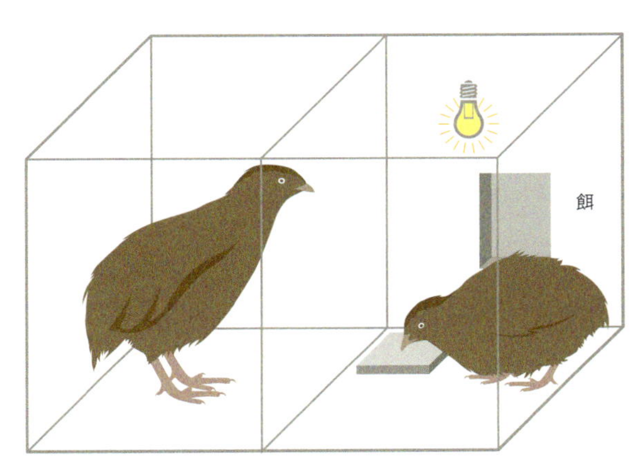

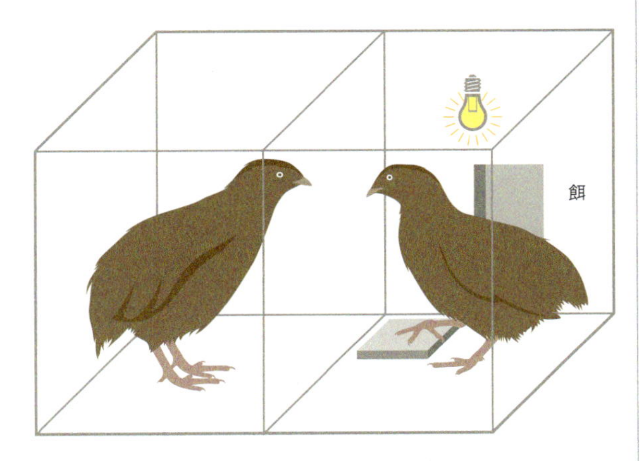

5 道具の使用と作成

体の延長としての道具

かつては、道具を使うのは人間だけだと考えられていましたが、イギリスの霊長類学者J・グドールが、チンパンジーが棒を使ってシロアリを引っ張りだしているのを発見して以来、さまざまな動物の道具使用が報告されています。とはいえ、ほとんどが鳥類と哺乳類で、そのなかでも道具を使うものはごく限られています。道具を作るものとなると、さらに少数です。

道具の使用と作成

道具とは、体の機能を補い効率化する外的物体のことです。それを使って自分の体だけでは達成不可能な目的を成し遂げることが、道具使用です。その意味で、手の届かないところにある果物を棒を使って取るというのは、道具使用の典型例と言えるでしょう。鳥の場合、くちばしが届かなければ、その延長として棒を使うのです。

道具を使う動物のほとんどは、ものを元の形のまま用います。たとえば石は、削ったりしなくても殻を割るのにそのまま使うことができます。しかし動物によっては、ものを道具に変えるため、あるいは道具としての機能を高めるために加工をすることがあります。枝に葉っぱがたくさんついたままでは、小さな穴に突っ込んで虫を捕るにはお粗末なので、葉を取って使いやすくするといったことも、その一例です。こうした道具作成の技術が最も洗練されているのは、もちろん人間です。この世に登場した頃から、石を削って手斧を作っていました。

どんな鳥が道具を使うか

鳥類で道具を使うのは主に、鳴禽類（めいきんるい）の仲間（カラス科を含む）とオウムの仲間です。こうした鳥たちは脳の相対的サイズが鳥類最大級で、霊長類に匹敵する知能を持っています。分類上、別の仲間に属する鳥のなかにも例外的に道具を使うものがいます。タカの仲間のエジプトハゲワシも、その1つです。彼らは死肉をあさる以外にもダチョウの卵などを食料にしていますが、その卵は殻が非常に硬いのが難点です。ツグミがカタツムリでやるように何かにぶつけて割ろうにも、持ち上げるには重すぎます。そこでハゲワシは、上から石を落として卵を割るのです。石をぶつけて殻を割るのは定義上、道具使用に相当します。一方、前述したように高いところから道路などに殻を落として割るのは、道具使用とはみなされません。

左　エジプトハゲワシが石を落としてダチョウの卵を割ろうとしているところ。道具使用のわかりやすい例である。

鳥の道具使用の例としては、サギによる釣りも有名です。くちばしの先に虫をくわえて水面にかざし、それにつられて寄ってきた魚を捕まえるのです。アナホリフクロウも似た行動をします。巣穴の入り口に糞を置いて、カブトムシなどの昆虫をおびきよせて食べるのです。サギの場合は虫、フクロウの場合は糞が道具にあたります。

そのほか、かごに入れられているときにだけ道具使用が見られるものもいます。たとえばフィガロと名づけられたシロビタイムジオウムは、石で遊んでいるうちに、それがかごの外に飛び出してしまったため、竹の棒を使って取ろうと試みました（このときは未遂に終わりました）。そこで今度は、届かないところに餌を置いてみて、道具が使えるかどうか試してみることになりました。するとフィガロは、かごについていた角材の一部を剥ぎ取って木の棒を作り、それを使って餌を引き寄せたのです。シロビタイムジオウムは、野生下では道具を使いません。そもそもくちばしが湾曲しているため、このようにして道具を作るのは容易ではないのです。これと同様に飼育下で新たに道具使用をする例は、アオカケスやハシブトガラ、スミレコンゴウインコ、ミヤマガラスでも観察されています。

また、日本やカリフォルニアの街に棲むカラスにも道具使用とも言える行動が見られます。カラスは木の実を好んで食べますが、硬い殻を割るのは大変です。そこで編み出したのが、木の実を道路に落とし、車に轢（ひ）かせて中身を取り出すという方法です。ただ、そのあとが問題です。木の実を食べようにも、路上にいたら今度は自分が轢かれてしまうかもしれません。しかしカラスは、そこもちゃんと考えていました。なんと、横断歩道に木の実を落としておいて、信号が青のときに回収するのです。カラスのこの行動が本当に道具使用にあたるのか、異論もあります。カリフォルニアの研究者が、車があるときとないときとで、カラスが木の実を道路に落とす頻度に違いが出るのかどうかを調査したところ、両者間で違いが見られなかったからです。つまり、木の実を得るという目的でしているのではない可能性もあるのです。

道具を使う鳥たちの世界地図

アメリカガラス
穴のなかの虫を棒で捕る

アオカケス
届かないものを
棒で取る

アメリカササゴイ
虫を餌に魚を釣る

ハシブトガラ
貯食場所に目印をつける

1万種もいる鳥のうち、道具を使うものはごくわずかです。そのなかでも、人間の飼育下で道具の作成が観察されたものはほんの一部に過ぎません。野生下で日常的に道具を作っているのは2種——キツツキフィンチとカレドニアガラス——だけです。鳥類の世界では、道具の使用と作成はまれなことなのです。

スミレコンゴウインコ
木片をくさびのように使って
木の実を割る

キツツキフィンチ
穴のなかの虫を
棒で捕る

アナホリフクロウ
糞で虫をおびきよせる

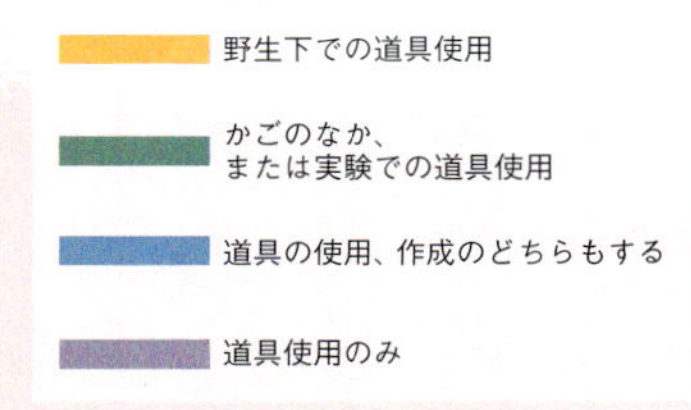

ミヤマガラス
鉤、石、棒を使う

エジプトハゲワシ
石を落として殻を割る

ヨウム
もので体を掻く。
コップで水を飲む

シロビタイムジオウム
穴のなかの虫を棒で捕る

ハシブトガラス
道路に木の実を落として
車に轢かせる

カレドニアガラス
穴のなかの虫を棒で捕る

アオアズマヤドリ
バワー（あずまや）の
飾りに色を塗る

ミヤマオウム
穴のなかの虫を棒で捕る

道具を使う鳥はなぜ少ないか

捕食をする鳥に道具は必要ありません。
体そのものが獲物を捕らえることに特化しているからです。
それに対し、木のなかにいる虫を食べる鳥は、
樹皮をバリバリ剥がせるような爪もあごも持っていないので道具が必要です。
ほかの鳥でも、このように道具が使えればいろいろな面で役立つと思いますが、
あまりいないのはなぜでしょうか。
道具がそんなに便利なものならば、それを使う鳥がもっといてもよさそうなものですが……。

道具を使う＝賢い？

鳥でも哺乳類でも、脳、特に皮質（または巣外套（そうがいとう））が大きいものほど道具を使う可能性が高いことがわかっています。また、道具は使っていなくとも、こうした種は大きな社会集団を形成したり、さまざまな問題解決能力を見せたりもしています。彼らが比較的長命なのもこのためです。知力を総合して幅広い問題に対処しているのですから、それだけで十分賢いと言えます。

では、そのなかでも道具を使うものは、そうでないものよりやはり賢いのでしょうか。同じことをするにも、道具を使うと情報処理の対象物が1つ増えるわけですから、それだけ知能が必要なのは確かでしょう。効率を高めるために、道具の形状についても考えなくてはなりません。棒で餌を取るなら、まっすぐのものよりも鉤状になっているもののほうが便利です。その際、元から自然に曲がっているものを選べればよいのでしょうが、それが手に入らなければ、もう一歩進んで自分で棒の端を曲げるものもいます。こうして道具を作るものは、道具を使用しないものより知力を駆使していそうです。人間以外で道具を作ることができる動物が非常にまれであることからも、そう言ってよいように思われます。それでも、道具を使うほうが賢いという証拠にはなりません。果たして実際のところはどうなのでしょうか。

道具を作る鳥にはキツツキフィンチやカレドニアガラスがいますが、こうした鳥の研究結果からも有為な証拠は見つかっていません。カラスが原因と結果の関係について初歩的な理解を示すのは確かです。さらに彼らは、必要な道具の長さ、幅、しなやかさなどは状況に応じて違うということも理解します。しかし一方で、因果関係の理解はきわめて限定的であるという研究報告もあります。道具使用に成功したカラスに異なるタスクを与えてみると、道具の向きを少し変えればよいだけなのに、それができなかったというのです。

賢いが、道具を使う必要はない

道具を使うものの知能を特別視する考え方を、もっとはっきりと否定する研究者もいます。道具を使う種の近縁でも、たとえばミヤマガラスやコダーウィンフィンチなど、道具を使わないものがいますが、そのような鳥の行動を観察してみると、道具を使うものと同等の知能があると考えられるというのです。これにもとづき、道具使用者に知能上の優位はなく、非使用者

上　カレドニアガラス。鉤状の棒を使って、倒木のなかから虫を引っ張りだしている。

にも物体の特性を理解する能力があるとするならば、もっと多くの種が道具を使っていてもいいように思われます。ではなぜあまりいないかと言えば、実は道具を使うくらいの知能があっても、多くの場合、その試みを必要とするような機会が生息環境にないだけなのです。わざわざ道具を使わなくても、食料は十分に確保できるわけです。チンパンジーにしても、食料の確保や加工に道具を用いてはいますが、道具がなくても必要な栄養を取ることはできます。実際、最もカロリーの高い食料は、道具ではなく協力行動で得ているのです。

時期と場所による

カラス科やオウムの仲間をはじめとして、多くの鳥は新たに生じた問題に対し、新たな解決法を考え出すことができます。このことは、脳の大きさと関係しています。彼らは環境をより棲みやすいように整えますし、ものを使って遊ぶこともします。そうしていくなかで、それが道具使用につながっていっても不思議ではありません。新しいことをする能力があるのですから、その一環として道具を使う場面があってもよいように思われます。では、なぜそうする鳥はあまりいないのでしょうか。それが知能の問題ではないことは確認しました。ここでもカギはやはり、彼らが棲む環境にあるのです。

道具を使う種の生息環境には、共通の特徴があります。まず、餌を取りあう相手がいないこと。それから、捕食者がいないことです。道具を作ることができるのも、それだけ時間に余裕があるからです。実際、日常的に道具を作成するキツツキフィンチやカレドニアガラスが生息するニューカレドニアやガラパゴスには、病気を媒介するような爬虫類や肉食の哺乳類はいません。それに対し、昆虫の幼虫を食べるキツツキやミヤマガラスは、餌をめぐって競争する相手も、天敵もたくさんいます。悠長に道具を作っている暇はないのです。それにミヤマガラスの食料には、植物質のものも地中にいる昆虫も含まれています。つまり道具を使わなくても、細く、まっすぐなくちばしがあればそれで十分なのです。

右　シロビタイムジオウムのフィガロ。くちばしの届かないところにナッツがあるとわかると、鳥かごの角材を剥いで棒切れを作り、それを使ってナッツを引き寄せた。

ダーウィンに見つかっていれば……

ダーウィンがガラパゴス諸島へ渡ったのは1835年でした。ガラパゴスにはいろいろなフィンチがいます。ダーウィンはその行動を観察し、それがのちの自然淘汰説のもとになりました。ダーウィンが発見しそびれたフィンチもいましたが、なんとそのなかには道具を使うものもいたのです。

ガラパゴスにキツツキはいませんが、代わりにキツツキフィンチが生態系上、キツツキの役割を果たしています。樹皮の下にいる幼虫を捕って食べているのです。ただし、その際に彼らはキツツキとは違って、サボテンの棘と木の枝の2種類の道具を使っています。それを穴に突っ込んで、隠れている幼虫を引っ張りだすわけです。キツツキフィンチはまた、道具を作成する数少ない種でもあります。長すぎれば短くし、余計な小枝や葉がついていれば取り除くのです。ガラパゴス諸島には、道具使用が求められる条件が完璧に揃っています。餌の競合相手や捕食動物がいないことに加えて、気候が不安定であることもその要因です。つまり食料が足りなくなったときに、いろいろなものを質量ともに確保する方策として、道具使用が有効だったのです。

左　ガラパゴスに棲むキツツキフィンチ。棘のついた棒を木の幹の割れ目に差し込んで虫を引っ張りだす。

キツツキフィンチによる道具使用の研究は、生息地の環境にずいぶん助けられました。彼らは人間が暮らしているサンタクルス島に棲んでいて、しかもその島のなかには多様な生息環境が存在しています。さらに捕まえるのが簡単なので、実験研究も進みました。ウィーン大学のS・テビッヒの研究グループが行った長期の調査では、島内でどれくらい道具使用が見られるのか、季節や気候帯による違いが研究されました。さらに、若い個体が道具使用を学ぶ過程に社会的学習が関わっているのかどうかも調べられました。自然環境から切り離し、道具使用が自らの知能によるものなのかどうか特定が行われたのです。

乾燥と湿潤

S・テビッヒらの調査の結果、すべてのキツツキフィンチが道具を使っているわけではなく、サンタクルス島の乾燥帯に棲む個体のみ、それも乾期に限られることがわかりました。乾季にのみ道具使用が認められたのは、その時期になると餌の幼虫が樹皮の下にもぐってしまって、道具がなければ届かないからです。逆に雨期には幼虫が表に出てきて、しかもたくさんいるので道具は必要ありません。乾期の乾燥帯では、道具使用は食事にかける時間の50%を占め、捕獲した食料も50%が道具使用によるものでした。また、乾燥帯以外の地域で道具使用がほとんど見られなかったのは、やはりその必要がなかったからです。たとえば、スカレシアというキク科の固有種が密生する森林地帯では1年じゅう雨が降るため、節足類が豊富にいます。そのためこの地域のキツツキフィンチは、道具を使うまでもなく食料にありつくことができていたのです。

道具使用が気候や地理的条件によるものならば、キツツキフィンチはみな、道具使用の能力を生まれつき潜在的に持っているということでしょうか。それとも、厳しい環境を経験したものだけに限られるのでしょうか。テビッヒの研究グループは、この問題にも取り組みました。まず、2つの巣から孵化したばかりのキツツキフィンチを集め、それを2グループに分けます。次に、一方のグループにだけ成鳥が道具を使うのを見せます。そうして道具使用が求められる環境に両グループの鳥を置いて、それぞれの反応を観察するのです。すると結果はどうなったかと言うと、実はどちらのグループの鳥も、同等に道具使用ができるようになりました。道具を作り使用する能力は生まれつき、ということです。実際、キツツキフィンチはあまり社会的な鳥ではありません。成長するまで親のもとで過ごすわずかな時間を除き、学習をする機会はほとんどないのです。そんな短い期間で、道具使用のような複雑な技術を他者から学ぶことはできません。このことからも、キツツキフィンチのこの能力（あるいは少なくとも素因）は持って生まれたものと言ってよいでしょう。

特別賢いわけではない？

キツツキフィンチは、物理的な理解能力はさほど高くないことも研究でわかっています。たとえば、透明な筒に入った餌をつついて出すなどのタスクを与えられると、ちょうどいい長さの道具を選ぶことはできます。H字形やS字形をしたものを使える形に変えることもできるにはできるのですが、これは元の形のまま使って失敗したときだけでした。

また、逆転学習［訳注：学習中、または学習後に、正反応と誤反応の関係性を逆転させて引き続き作業を行わせるようにするもの。状況に応じた柔軟性が試される］の実験でも、道具を使わない種であるコダーウィンフィンチとの差は見られませんでした。シーソータスク（正しいレバーの上に乗れば餌が出て、間違ったレバーに乗れば餌が届かないところに落ちる）でも同じ結果でした。キツツキフィンチのほうがすぐれていたのは、はじめて見る透明な箱のフタを開けさせるタスクだけでした。これは、自然環境下での餌の確保の仕方に関係がある――つまり、得意のつつきを繰り返した結果、箱を開ける方法がわかったのだと思われます。

右　枝を使って餌を探すキツツキフィンチ。乾期になると虫が樹皮の下にもぐってしまうため、道具がなければ捕獲するのが難しい。

道具作りの匠

キツツキフィンチは道具を作りますが、材料を少し加工する程度です。
たとえばサボテンの棘ならば、そのままの形で虫を捕る道具として使えるので、
あとは必要に応じて長さをちょっと調節するくらいです。
これに対して、太平洋に浮かぶニューカレドニア島に棲むカラスは、
そのままでは道具にならないものから使えるものを2種類も作り出すことができます。
さらに、完成したものでも必要に応じて作り替えることもあります。

木の葉から道具を作る

カレドニアガラスが作る道具の1つ目は、パンダナスという木の葉を利用したものです。ニューカレドニアのいたるところに生えているパンダナスの葉は丈夫かつしなやかで、道具を作るのに最適です。カレドニアガラスはまず葉をくわえ、一部を器用に裂いて切り離します（下図参照）。この切り離した部分が道具になるのですが、先はとがり、一辺には棘々がついています。ただし、その形にはいろいろあって、幅広タイプ、細長タイプ、そして一辺が段々にカットされたタイプなどがあります。それぞれ長所と短所があり、また形の違いには地域差もあります。

そのうち最も一般的なのが段々タイプで、幅の広いほうの端は丈夫で、もう一方の端はしなやかなので、虫のいる木の隙間などに差し込みやすいという利点があります。それに対し、幅広タイプは硬くて丈夫だが細い隙間には差し込みにくい、細長タイプはしなかやがだが弱いのが特徴です（それぞれのタイプの形状についても下図参照）。

葉から作られる道具

カレドニアガラスは、パンダナスの葉から4種類の道具を作る（A～D）。まず、葉の一辺をくわえて、少しだけ裂く。それからタイプに応じた切れ込みを入れていき、最後に葉本体から切り取る。作る道具の形は、はじめからイメージできているのである。

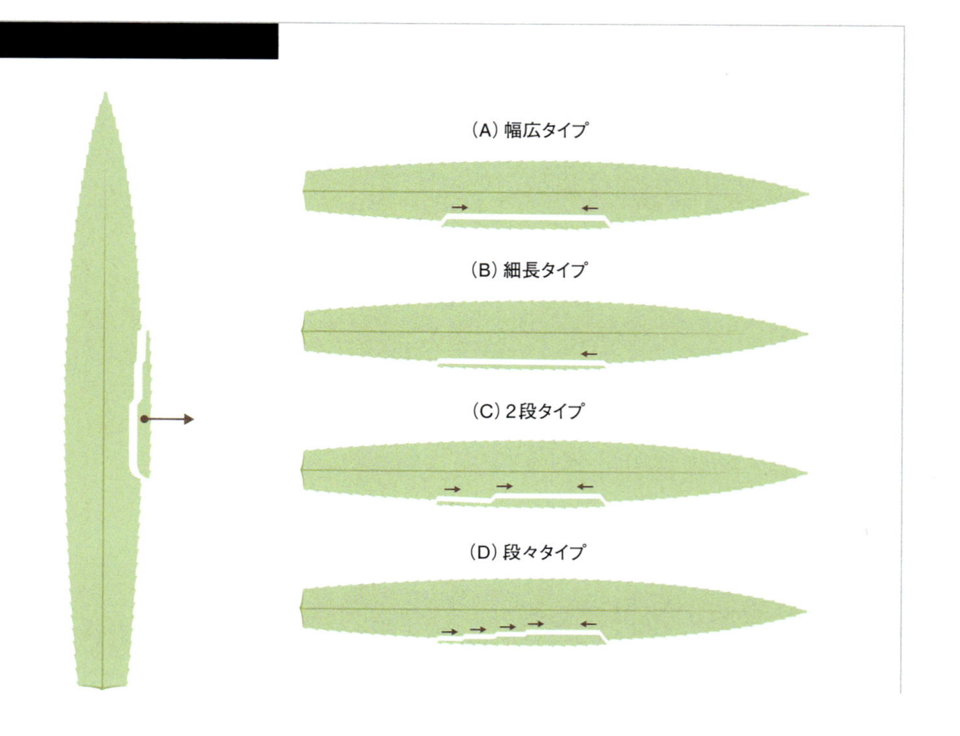

累積的文化

カレドニアガラスの作る道具を地域別に分類した地図。道具の形が地域によって異なることがわかる。この地域差は、文化が伝承・蓄積されて生まれたものではないかと言われるが、証拠はない。

ニューカレドニア

道具の違いは文化か

カレドニアガラスが道具を作ると、パンダナスの葉には道具の形がそのまま痕跡として残ります。それをもとに、ニューカレドニア島全域にわたる調査が行われ、地域による道具の形の違いが明らかになりました。幅広タイプは島の南東端に限られ、そこから少し北へ行った地域では細長タイプだけが見られたのです。全体で最も多かった段のついたタイプにも、段の数の違いが見られました。この発見をしたオークランド大学のG・ハントとR・グレイは、これを累積的文化進化の一例ではないかと推察しました。ある者が同じ作品をずっと作っていると、地理的に少しずつそれが進化しながら広がっていくというものです。

これをもう少し詳しく説明すると、まず最も単純な形のものが作られます（ここでは、南東端の幅広タイプの道具がそれにあたります）。次に、誰かがより機能的な新しい形（細長タイプ）を考え出します。機能的とは、使いやすさもありますが、作る材料や手間が少ないという面もあります。やがて、その個体は別の地域（南東地域）へ移動します。すると、そこにいる他の個体がその新しい形を自分たちのレパートリーに加えます。そして、こちらのほうが使いやすいことがわかると、そればかり作るようになり、古い形が廃れていきます。累積的文化進化とは、こうした形で文化が広がることを言うのですが、つまるところ、この説は社会的学習（第４章参照）が起きていることを想定しているわけです。ただし、この場合にはそこにさらなる改良が加わります。誰かの知恵か偶然の幸運が、また新たな形（段々タイプ）を生み出すことになったのです。

この考え方は実に興味深いものですが、残念ながら証拠はありません。カラス科の鳥が大きく複雑な社会集団を形成すると

左　カレドニアガラス。枝の分岐を利用して作った鉤状の道具を木の穴に差し込んでいる。そうしてなかにいる虫がいらだって絡みついたところを引っかけて取り出す。

はいえ、社会的学習を通じてものの細かい特徴を学び、文化を形成するまでになっているという例はないのです。また、この調査はパンダナスの葉に残った痕跡のみをたよりに行われもので、カレドニアガラスが実際に道具を作っているところを観察したのではありません。それに、カレドニアガラスは特に社会的な鳥というわけでもありません。そうしたことを踏まえると、カラスは葉に残った形から逆に考えて、自分でもこの形を作ってみようと思ってやったのかもしれません。あるいは、アーミーナイフのように用途に応じて使い分けている可能性も考えられます。ニューカレドニア島の南東部に限っても、それぞれの地域によって細いもの、または太いもののほうが役に立つ理由が何かあるのかもしれません。

枝から作る道具

カレドニアガラスが作るもう1つの道具は鉤状の棒で、低木の枝を折って作ります。これはパンダナスの葉で作る道具と違って硬く、別の機能を担っています。鉤状に曲がった部分を使って、葉だけでは届かない場所にいる虫を掻き出すのです。この道具を作るにはまず、分岐がたくさんある枝を選んで折ります。当然まだ葉もついているので、小さな枝と一緒に取り除いていきます。そうして最後に太いほうの枝を折り取ると、枝の分岐の部分が鉤状に残ります。カラスは思い通りの鉤状の道具ができあがるまで、何度でもこの作業を繰り返します。また、一度完成したものでも、必要に応じて作り替えることがあります。現在わかっている限り、これだけこだわって道具を作り、使用中でもこれほど作り直しをする動物は、カレドニアガラスのほかに見当たりません。

枝で作る道具

鉤状の棒の作り方

1　分岐のある枝を選んで折る

2　余計な小枝や葉を取り除く

3　先が鉤状になるよう、太いほうの枝を折り取る

道具の機能を理解する

言葉を話さないものが何かを理解しているのかどうかを知るのは、実に難しいことです。いろいろな条件や制約のついたタスクを与えて、それを解くことができるか、どうやって解くのかを観察する以外に方法はありません。すぐに解けることもあれば、いろいろ試した結果やっとできることもあります。では、すぐにできたときは、タスクを見ただけで理解できたのでしょうか。それとも実際に少しは試してみる時間が必要だったのでしょうか。つまり、カギとなるのは想像力や洞察力なのでしょうか。それとも試行錯誤なのでしょうか。

動物が道具を使うとき、どのようなメカニズムが働いているのか、比較心理学者たちの間でも意見が大きく分かれています。道具が使えるということは、道具がどう機能するかをわかっていることのように思えますが、実はそうとは限らないからです。さまざまな動物の道具使用に関する研究は何十年にもわたり行われてきましたが、動物が道具を使うときに自分たちがしていることを理解できているのかどうか、まったく明らかになっていないのが現状です。これは、うまく道具が使えていないということではありません。ただ、実験で動物の採餌（さいじ）行動を観察しても、道具のことをどれだけ理解しているか、つまり、物理的制約に対してどんな道具が最も適しているのかを考えることができているのか、実にわかりにくいのです。

使えても理解はできていない？

生まれつき道具を使う能力を持つ動物でも、最も適した道具はどれなのか、そして道具の違いにより結果にどういう違いが出るのかを理解できているのかどうかは、まだわかっていません。比較心理学者たちがこれまで行ってきた実験では、ある状況ではある道具で報酬が得られても、別の状況ではそれを使うと失敗するという設定がよく用いられてきました。この典型的

な例がトラップチューブ課題というもので、霊長類が野生でしている道具使用、具体的に言うとチンパンジーのシロアリ釣りにヒントを得た実験です。チンパンジーはシロアリ塚に棒を差し込み、アリが興奮して棒に絡みついたところを引っ張りだして食べるのです。

トラップチューブ課題

トラップチューブ課題では、なかに餌を入れた透明な筒を動物に見せます。ただのチューブ課題であれば、動物は棒を使って餌を押し出すか、引き出すかすればよいのですが、トラップがつくとがぜん難しくなります。そのトラップとは、横向きに置いた筒の真ん中あたりの底部に開けられた穴です。そして餌は、その穴のすぐそばに置かれます。つまり動物は、そこに落とさないよう棒を使って餌を取らなければならないのです。ひとたび穴に落としたら、餌は取れなくなってしまいます。

この実験は、カレドニアガラスとキツツキフィンチを対象に行われました。その結果はと言うと、ベティという名のカラスは60回の試行を経て課題をクリアすることができました。ただし、ベティがたどり着いた結論は「餌の先に何かあるほうから棒を突っ込むのは避ける」、これだけでした（「何か」とはもちろんトラップのことです）。というのもベティは、筒を回転させてトラップが天井側に向いたとき、つまりトラップの機能を果たさない状況でも、ひたすら筒の同じ側から棒を突っ込んだのです。一方、ローザという名のキツツキフィンチも50～60回の試行ののちに課題をクリアしましたが、ベティと違って、トラップが天井側に向いたときには筒の一方の側にこだわることなく、両側から等しく棒を突っ込むことができました。

道具を使わない鳥に対しては、形を変えてこの実験が行われています。あらかじめ棒を筒に入れておくか、道具を使わずに直に餌を動かすことができるようにしたのです。餌に直接触れて動かすバージョンでは、オウムの仲間（ミヤマオウム、コンゴウインコ、バタンインコ類）が成功を収めました。一方、あらかじめ棒を入れておいたバージョンでは、ミヤマガラスが30～50回の試行ののちにタスクをクリアすることができました。

左　チンパンジーは棒を使ってシロアリ釣りをする。巣に棒を突っ込まれたシロアリが興奮して棒につかまったところを引っ張りだすのである。チンパンジーにとってシロアリは栄養価の高いご馳走である。

右　ほとんどの鳥は野生下では道具を使わないが、かごのなかに入れられた状態では、石や棒を道具として操作する行動を見せるものも多い。道具使用に関連する実験タスクについても同様で、このことから多くの鳥が道具使用に必要な認知能力を備えていると言える。

こうすれば、ああなる

道具を見たとき、その使い方を動物はどうやって理解するのでしょうか。こう使えばああなるだろうと仕組みを理解するのではなく、外見上の特徴からヒントを得ているのかもしれません。
では、道具を使う自分の行動と、その結果生じうることとの関係を想像できる動物はいるのでしょうか。そのような因果関係がわかれば、もっと道具をうまく使うことができるはずです。
動物が因果関係を考えられるか試すには、トラップチューブを使うのが古典的なやり方ですが、前の項目で見たように、仕組みがちゃんとわかっていなくてもクリアできてしまう場合があるのが難点でした。そこで私たちが考えたのが、ダブルトラップチューブ課題というものです。

ダブルトラップチューブ課題

ダブルトラップチューブは、トラップチューブにもう１つトラップを付け加えたものです。ただし、新たに追加するトラップは実はダミーで、そこを通っても餌が取れるようになっています。そのトラップには２つのタイプがあります。底が天井になるようひっくり返したものと、底を抜いてあるものです。いずれも見た目はふつうのトラップなのですが、前者ではそこを通っても餌は下には落ちないので、あとは筒の口から取り出すだけです。一方、後者の場合は餌を下に落としてしまっても、拾って食べればよいわけです。

ダブルトラップチューブには、底のある本物のトラップと、ダミーのトラップのどちらか１つをつけます。前者のトラップをつけた筒をA、後者をつけた筒をBとしましょう。この２つの筒は、外見上は異なりますが、コンセプトは同じです。したがって筒Aの仕組みを理解することができれば、筒Bにも対応できるはずです。しかし共通のコンセプトを理解せず、外見だけをもとに行動するなら、別の筒に出会うたびにいちいち学び直しをしなければなりません。

実験では、８羽のミヤマガラスに筒を見せました。AとBそれぞれの筒に４羽ずつです。すると、７羽がすぐに課題をクリアし、もう１つの筒に進みました。そうしてまた最初の筒に戻してもう一度テストしても、きちんと合格しました。ミヤマガラスには、道具を使うものと同じく、因果関係を理解する能力があるということです。しかし、本当にそうかな……と思う向きもあることでしょう。ひょっとすると彼らは、「底のあるトラップは避ける」という単純なルールを編み出しただけ、という可能性も考えられるので、それも無理はありません。筒AもBも、ダミーのトラップの役割は同じだからです。

鳥は因果関係を理解できるのか

その可能性を排除するために、私たちはさらに工夫を凝らした筒CとDを作りました。どちらにも、ひっくり返したトラップと底を抜いたトラップの両方を取りつけるのですが、今度はどちらか一方からしか餌が取れないようにしたのです。先の実験では、どちらのトラップを通しても餌は得られたので、鳥が別段どちらかを好んでいるということはないはずです。

筒Cは、筒の両端をゴムのフタでふさぎました。そのゴムには小さな穴が開いていて、そこから棒を出し入れできるようになっているのですが、餌を取るには底抜けトラップを通すしかありません。両端がふさがれているので、逆さトラップのところに押しやったら餌は取れなくなってしまいます。一方、筒Dは木の台の上に直に置くことで、底なしトラップを通すと餌が取れなくなるようにしました。そのため今度は、逆さトラップの上を通して筒の口から取り出すしかありません。

これらの筒を使って、先の課題をクリアした７羽のミヤマガラスで実験してみました。結果、どちらの筒でも成功したのは１羽のみ（ギエムという名のメス）で、あとのカラスはみな、無目的に棒を操作しているだけでした。つまり、ミヤマガラスは因果関係を理解できなくはないが、特に能力の高い個体でなければ難しいということです。

カレドニアガラスでも似た実験を行いましたが、このときはトラップの底などに色をつけ、それがヒントになるようアレンジを加えました。すると成功するものもいましたが、その鳥たちはやはり色を手がかりにしていました。トラップの底を抜いたとき（筒Bと同じ）は、みなクリアできなかったのです。しかし、トラップチューブと同じコンセプトで作られたトラップテーブル課題（余計なトラップがついていないのでトラップチューブより簡単です）では、カレドニアガラスはトラップチューブでできたことを応用することができました。見た目は違

上　ミヤマガラスがダブルトラップチューブ課題に挑戦しているところ。棒があらかじめ挿入されていて、それを動かして餌を取るのだが、餌が取れなくなる本物のトラップと、ダミーのトラップがついている。この課題をクリアして餌を手に入れたのは1羽のみ。

っていても、装置の仕組みがわかっているということです。ただし、筒Bと同じコンセプトの装置では失敗でした。こちらは仕組みが理解できなかったのでしょう。

ほかの鳥でもダブルトラップチューブの実験が行われましたが、クリアできたものはいませんでした。キツツキフィンチとコダーウィンフィンチは、棒が入れてあった最初のバージョンで失敗しました。自分の棒を使わせたときには、クリアできたキツツキフィンチが1羽だけいたのですが、次の筒に行くとできませんでした。ミヤマオウム、バタンインコ類、コンゴウインコも、ダブルトラップをクリアできませんでした。道具を使わなくてよいときはできたと言えばできたのですが、くちばしで餌をつかんだのでズルをしたようなものです。結局、これまでに因果関係を理解したと言えるのはミヤマガラスの1羽と、カレドニアガラスの数羽だけです。鳥類全般で一般化するには、まだほど遠い状態です。

ダブルトラップチューブ課題

動物の実験でよく使われるトラップチューブ課題をアレンジしたもの。道具を使う動物だけでなく、使わない動物についても因果関係を理解できるか否かを観察することができる。筒ごとに仕組みが異なり、餌を手に入れるにはそれを理解しなくてはならない。仕組みを理解せずに別の手がかりでクリアすることがないよう、装置は十分に工夫しなければならない。

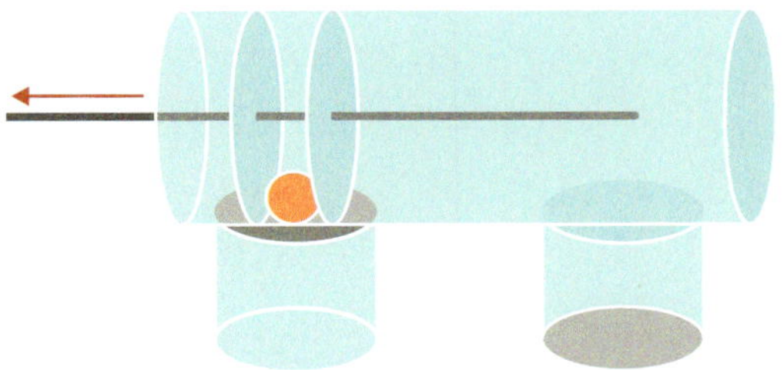

A　筒A　片方のトラップは底が天井になるようひっくり返してある。その上を通して餌を取り出さなくてはならない。

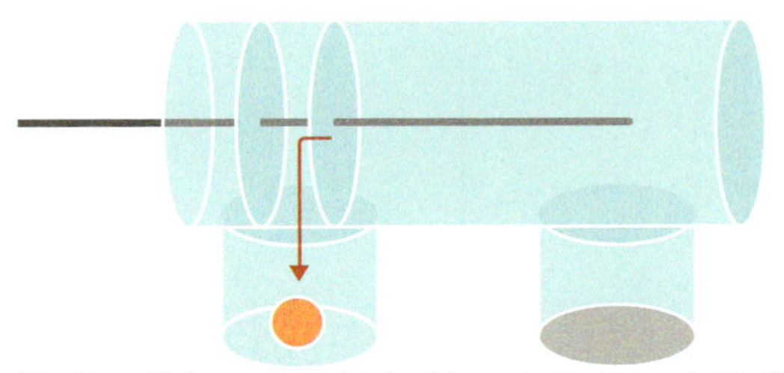

B　筒B　片方のトラップは底が抜いてある。そこから下に餌を落とさなくてはならない。

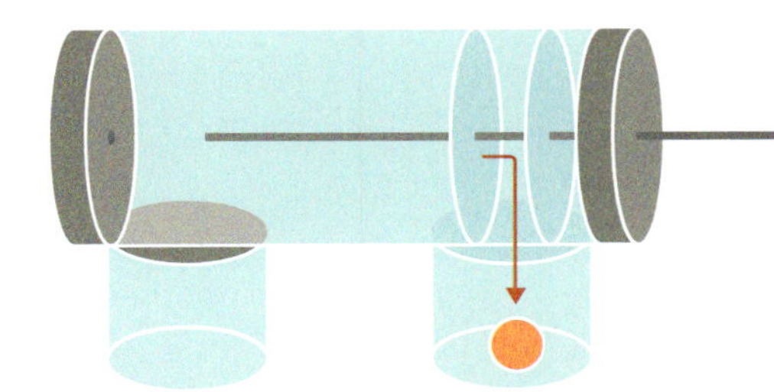

C　筒C　筒の両端はふさいである。底抜けトラップから餌を落とさなくてはならない。

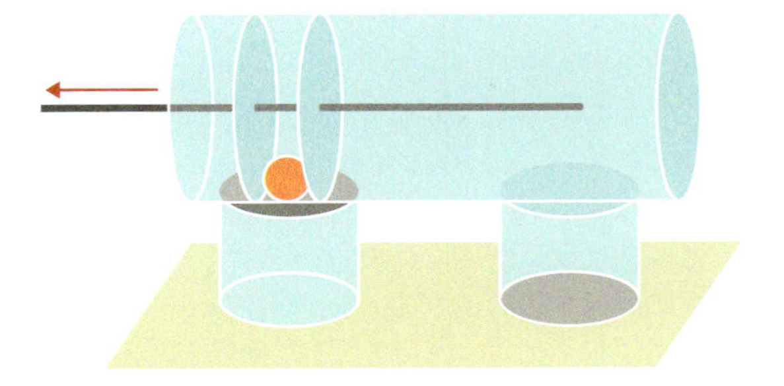

D　筒D　筒を台の上に直に置く。上下を逆さにしたトラップの上を通して餌を取り出さなくてはならない。

先のことを考える

人間は、単に道具を作って使うだけではありません。
道具と道具を組み合わせて使ったり、ある道具を、別の道具を使って操作したりもします（連結的使用）。
道具を使って別の道具を手に入れることもあります（連続的使用）。
さらに、道具の機能性を高めるのに別の道具の助けを借りる場合もあります（メタ使用）。
鳥類では、これらのうち連続的使用だけが確認されています。また、動物における道具のメタ使用の例は、チンパンジーが木の実を石で叩き割るときに使う木のたたき台くらいです。

1歩先を考える

カレドニアガラスに、近づけないところにある箱に入った餌を見せます。それを手に入れるための道具（長い棒）も、届かないところに置きます。そうして石と短い棒を与えてみます。その棒の長さは、道具に届くだけの長さしかなく、餌にはとても届きません。するとカラスは石には目もくれず、その短い棒を使って長い棒を手に入れ、それから餌を取りました。一見、すごいことのようですが、カレドニアガラスは石を道具として使う習性がないため、「何か道具を」と思って探しても石には目が留まらず、単に棒が目に入ったから使ったのだと思われます。長い棒の代わりに、餌には直接届かない短い棒を与えれば、もっと難しいタスクになったはずです。

2歩先を考える

ミヤマガラスは人間の飼育下で、石と棒を道具として使って装置から餌を取り出すことに成功しています。その装置とは、箱の上部に筒がついていて、そこから何かものを落としたり差し込んだりすると、なかにマグネットで留めてある台が外れて、餌が滑り落ちてくるというものです。この仕組みを4羽のミヤマガラスがすぐに覚えて、筒からいろいろなものを入れました。その後、装置にはさらに工夫が加えられ、筒がさまざまな太さに変えられました。筒に入れるものも、いろいろな形、大きさ、重さのものが加えられました。するとミヤマガラスは、それらにも柔軟に対応することができました。棒も新たにさまざまなものが与えられたのですが、それも筒の種類に応じて使い分けることができました。

そこで今度は、道具の連続的使用ができるかどうかを調べるため、3つの箱で実験が行われました。両端にあるのを箱1、箱2とします。どちらにも太い筒がついているのは同じですが、餌の代わりに箱1には小さな石、箱2には大きな石が入っています。真ん中にある箱3のなかには餌が入っていますが、筒は細くしてあります。そして、見えるところに石を1つ置いておきます。これは大きいので、箱3の筒には入りません。要するに餌を取るには、箱3の筒に入る小さな石を手に入れなければならないのです。それには、用意されている大きな石を箱1の筒に落として小さな石を取り出し、それを箱3の筒に入れるという手順が必要です。果たして結果はどうなったでしょうか。実は、ほとんどのミヤマガラスが1回目で成功を収めることができました。つまり2段階先のことを考え、目的を達成することができたのです。

何歩も先のことを考える

カレドニアガラスの場合は、3つの道具を順に使うという、さらに複雑なタスクに成功しています。道具1を使って道具2を、道具2を使って道具3を、道具3を使って餌を手に入れるということができたのです。

ただし、こうした道具の連続的使用には、別の事象が関わっている可能性もあります。この点に関連して、BBCの『Inside the Animal Mind（動物たちの心のなか）』という番組で紹介されたカレドニアガラスの例があります。なんとそのカラスは、道具を8段階も連続して使うことができました。しかもそのカラスにとって、それらの道具を一度に全部見たのはそれがはじめてだったと言います。それだけを聞くと驚くべきことですが、実はこれには裏があったのです。「一度に全部」見たのがはじめてだったということは、「別々に」これらの道具を使ったことはあったということです。つまり、過去に学習した行動を順序よく使って目的を達する（これを「チェイニング（連鎖化）」と言います）という単純なプロセスを経ただけなのかもしれないのです。道具を連続して使ったのは事実ですが、こうなると道具の連続的使用というほど高等なものではない可能性も否めません。

道具の連続的使用

「007」という名のカレドニアガラスは、餌を得るまでに8段階の道具使用が必要なタスクに成功した。しかし、見た目ほど複雑な事象でない可能性もある。

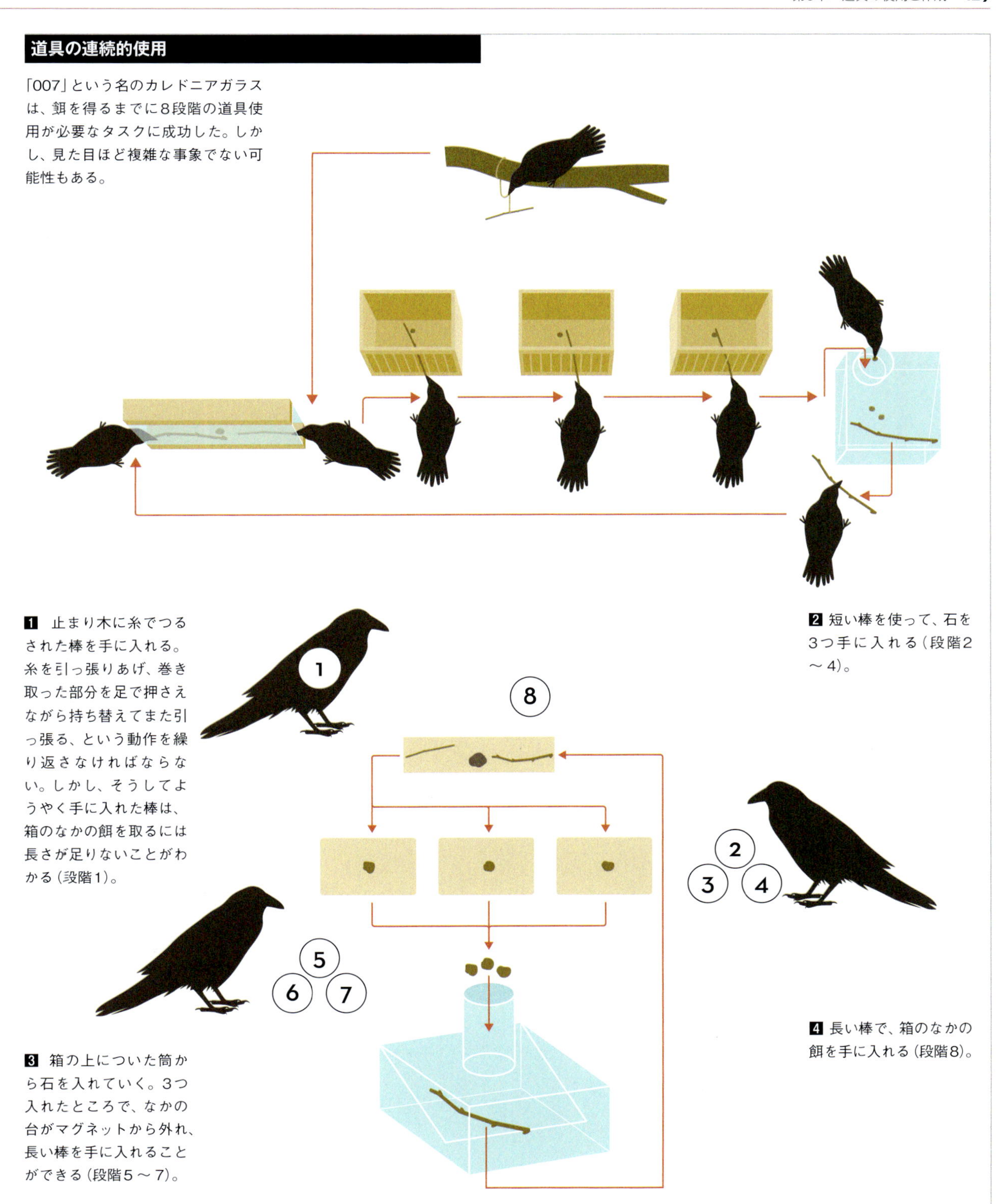

1 止まり木に糸でつるされた棒を手に入れる。糸を引っ張りあげ、巻き取った部分を足で押さえながら持ち替えてまた引っ張る、という動作を繰り返さなければならない。しかし、そうしてようやく手に入れた棒は、箱のなかの餌を取るには長さが足りないことがわかる（段階1）。

2 短い棒を使って、石を3つ手に入れる（段階2～4）。

3 箱の上についた筒から石を入れていく。3つ入れたところで、なかの台がマグネットから外れ、長い棒を手に入れることができる（段階5～7）。

4 長い棒で、箱のなかの餌を手に入れる（段階8）。

鳥に洞察力はあるか

洞察力があれば、試行錯誤を経ずに問題をすぐに解決することができます。
動物の行動を観察すると、洞察ができているように見えることもあるのですが、
残念ながらほとんどの場合がそうではありません。
たとえばチンパンジーは、高いところにあるバナナを箱を積み重ねて取ることができますが、
これは洞察というよりは、箱を使った過去の記憶から、その場面に必要な行動を組み合わせただけです。
では、実際に動物が洞察を行っているという例はどんな場合なのでしょうか。

針金を曲げるカラス

オックスフォード大学の研究グループが巧妙なタスクを考案し、カレドニアガラスが道具のことをどれだけ理解できているのか調査しました。まず、カレドニアガラスの好物である子羊の心臓を小さなバケツに入れ、さらにそのバケツを縦にした筒のなかに入れます。それを2セット用意してから、アベルとベティという2羽に2種類の針金を与えてみました。1つは鉤状になっているもので、もう1つはまっすぐです。すると鉤状の針金は、アベルが取ってしまいました。ベティに残されたのは、まっすぐの針金だけです。ベティはそれを筒のなかのバケツに入った好物に突き刺して取ろうとしましたが、やはりうまくいきません。しかし少しして、ベティはその針金を壁の角に押しつけ始めました。そうしてついにはぐいと曲げ、鉤状にしたのです。その結果、ベティはそれを筒に入れ、バケツの取っ手に引っかけて見事好物を釣り上げることができたのです。

これは洞察によるものでしょうか。可能性は十分にありますが、いくつか留保はつきます。たしかに、ふさわしい道具が手に入らず困った結果、新しい方法を突如思いついたようにも見えますが、ベティは研究室生まれではないため、過去の経験は定かではありません。したがって、針金のことをすでに知っていた可能性もあります。それに、カレドニアガラスは野生下で日常的に鉤道具を作っているので、鉤状のものを作る能力は脳にすでに組み込まれています。また、ベティが作る道具がいつも完全な鉤型をしているというわけでもなかったようですし、

もしかするとまっすぐの針金で突き刺して餌を取ることにも成功したかもしれません。さらに言うと、アベルに奪われはしましたが、雛型としての鉤状の針金をあらかじめ見ていたことも留保の材料になるでしょう。

道具を使わない鳥も

ケンブリッジ大学では、ミヤマガラスに対して同様の実験が行われました。野生のミヤマガラスは道具を使いませんが、飼育下では棒や石を道具として使うことが確認されています。その実験ではまず、生育歴のはっきりしている4羽にベティのときと同じような筒を与えました（ミヤマガラスのほうが体が大きいので、装置もそれに合わせて大きくしてあります）。そして、木でできた道具を2つ与えます。それぞれ棒の先にV字型の木がテープで留めてあるのですが、1つは上向き（鉤として機能する）、もう1つは下向き（機能しない）につけてあります。すると彼らはどちらが使えるのかすぐに理解して、筒のなかから餌の入ったバケツを釣り上げました。次にまっすぐな針金を与えたところ、4羽ともすぐにそれを曲げて鉤状にし、やはり同様に餌を取り出しました。果たしてこれは、洞察と言えるのでしょうか。

ミヤマガラスは本来、道具を作る鳥ではありません。しかし実験が行われた4羽は生育歴がきちんと記録されていて、それによると木製の鉤道具を使った経験はありました。ただし、彼らが作ったものは機能的にはそれと同じでも、物理的には異なるものです。したがって、どんなことをすればよいのかを心のなかでまず想像し、そのイメージを未知の素材（針金）に応用して問題解決をした可能性も考えられます。別の説明もつくでしょうが、ミヤマガラスが洞察を行ったと考えてもおかしくはないのです。

左　ミヤマガラス。野生では道具使用をしないが、飼育下ではさまざまな課題を道具を使って解決することが確認されている。

針金を曲げて道具を作るミヤマガラス

1 縦に置かれた筒にまっすぐな針金を入れ、外に出ているほうの端をくわえて梃子（てこ）の要領で針金を曲げる。針金は鉤道具となる。

2 鉤型でないほうを筒に入れてしまった場合、針金を一度取り出し、くわえ直して正しいほうを筒に入れる。

3 バケツ（餌が入っている）の取っ手の下に鉤が行くよう位置を調節する。位置が決まったら針金を持ち上げてバケツを釣り上げる。こうして餌にありつく。

童話のカラスは実在する

有名なイソップ童話に『カラスと水差し』があります。まず、のどが渇いたカラスが水差しを見つけます。
喜んだのもつかの間、水は少ししか入っておらず、どうしてもくちばしが届きません。
あきらめきれないカラスは、妙案を思いつきました。石を集めて水差しに入れていくのです。
水は少しずつかさを増して、ついにくちばしが届くところまで来ました。
こうしてカラスは水を飲むことができたのです。
しかし、実際にカラスは自分の行動と、その結果生じることを理解できるのでしょうか。
この話をヒントに、私たちはそれを試す実験を行いました。

実験ではまず、透明なアクリルの筒を立て、そこに水を半分ほど入れて虫を浮かべます。筒のそばには、いろいろな大きさの石を置いておきます。どれも筒に入るくらいの大きさです。果たして、この装置を前にしたミヤマガラスはどうしたでしょうか。入れる石が大きいほど水かさが増すとわかれば、早く餌にありつくために、小さい石は後回しにして大きい石から入れていくはずです。

道具としての水

結果は、4羽のミヤマガラスが石を入れて餌を取ることに成功しました。うち3羽は、石は大きいほうがいいとわかってすぐに実行に移しました。この様子を目の当たりにした私たちは、ミヤマガラスが水以外の物質の特性も理解できるのか、さらに調べてみたくなりました。水は比重の大きい固体を入れることで、その状態を変化させることができます。しかし固体では、これは起きません。たとえば砂は、容器に注ぎ入れることができるという点で水と似た性質を持ちますが、別の固体を加えても水のような変化が起きるわけではありません。

そこで私たちは、先ほどの水の筒とともに、砂を半分ほど入れた筒（その表面にも虫を置いておきます）を用意しました。当然ながら、石を入れてもただ上に乗っかるだけで、砂の表面が上がってくることはありません。さて、この2つの筒とともに石を与えられたミヤマガラスはどうしたでしょうか。実は、最初は砂の筒に石を入れ始めたのですが、すぐに虫にありつけないとわかってこちらはあきらめ、水の筒のほうに戻ってせっせと石を入れ始めたのです。ミヤマガラスは貯食（ちょしょく）をする鳥です。砂がものを覆ってしまうのはよく見ているはずなので、石も同じように砂のなかに沈むと思ったのかもしれません。

童話を題材にしたこの実験では、道具を使うものとそうでないものとで、物体の特性にもとづいた因果関係の理解に違いがあるのかを調べることもできます。そこで筒のなかの物質と、筒に入れる物体をいろいろ工夫してカレドニアガラスとユーラシアカケスでさらに実験を行ったところ、どちらも与えられた条件下で最適のものを選ぶことができるようになりました。彼らはまず、砂や空気ではなく、水が入った筒をちゃんと選び、

左　イソップ童話『カラスと水差し』では、のどが渇いたカラスが水差しに石を入れて水位を上げる。カラスが実際にこのようなことができるか、実験が行われた。

それから筒に入れる物体については、浮かぶものではなく沈むもの、空洞のものではなく中身の詰まったものを使うようになったのです。

この結果は因果関係の理解によるものと考えられますが、そうではないとする見方もあります。鳥は自分の行動を水面の動きに合わせていただけ、というものです。たしかに、いろいろやってみた結果、餌が得られる行動を選んでやるようになった、というごく単純なことに過ぎない可能性も否定できません。これを検証するため、いろいろな工夫を凝らしたタスクが行われています。その１つが、グレーのテープを巻いて水も虫も見えないようにした筒を使ったものです。この実験では、その筒を２つ用意し、片方にだけ虫を入れます。そして虫の入った筒のそばには石を置きます。餌があるよ、というヒントはそれだけです。結果、カラスは虫の入った筒にも、もう一方の筒にも興味を示すことはありませんでした。

隣の筒の水位が上がる

タスクの仕組みがわかっていれば、装置の全体像が見えていなくても、見えていない部分で起きていることを推測して適切な行動がとれるはずです。カラスにこれができるかどうか、さらに工夫を凝らした実験が行われています。

まず、太い筒を２本と細い筒を１本用意し、細い筒を真ん中に置いてその両側に残りの２本を並べます。その際、太い筒のうちのどちらか１本と細い筒は水が行き来できるように、下部でつなげておきます。それから、その仕組みがわからないよう、それぞれの筒の底のほうを箱などで覆います。そうしていずれの筒にも半分ほど水を入れ、細い筒にだけ虫を浮かべたら、カラスに大きな石を与えます。この石は太い筒からしか入りません。つまり餌を手に入れるには、細い筒とつながっている太い筒に石を入れ、細い筒の水位を上げるしかありません。もちろん、両側の太い筒のどちらから石を入れればよいのかは、やってみなければわかりません。では結果はどうだったかと言うと、残念ながらこのタスクを正しく行えたカラスはいませんでした。ある筒に対してしたことの結果が、間接的に別の筒で表れるということが理解できなかったのです。

その後も、鳥が何を学習したのか、そして何をすれば因果関係を理解したと言えるのか、さまざまな工夫が加えられて実験は進められています。童話をもとにしたこの実験は、自分のしたこととその結果を物理的に正しく理解する能力があるのかどうかを異種間で比較する方法として、実に有効なのです。

童話と同じ行動をするミヤマガラス

1 筒に半分ほど水を入れ、虫を浮かべてミヤマガラスに見せる。どうすれば虫が取れるだろうか。

2 カラスは筒に石を入れていく。水面が少しずつ上がっていく。

3 くちばしが届く高さまで虫が上がってきたら石を入れるのをやめ、水面から虫を拾い上げて食べる。

人間の子供とカラスはどちらが賢いか

道具を使わせたり作らせたりして、人間の子供の能力をカラスやカケスと比べる実験も行われています。
言葉による説明を介さない物理的認知において、カラスの能力は人間の子供並みであるという
結論を想像されるかもしれませんが、実は両者の能力には開きがあります。
違う進化をたどり始めてから3億年も経ていることを考えれば、
鳥と人間の間に能力差があるのは当然と言えば当然ではあるのですが……。

事実はこうだった

そうした比較実験でまず行われたのは針金を曲げるタスク、つまりミヤマガラスやカレドニアガラスにしたのと同様の実験です。これは3才から7才までの子供を対象に行われ、バケツのなかにはご褒美としてシールが入れられました。実験ではまず、まっすぐな針金と、先を鉤状にした針金とを子供たちに与えました。すると、4才以上の子供はみな曲がったほうを選ぶことができました。

しかし次に、まっすぐな針金、糸、2本の短い棒を与えてみると、鉤道具を作った子供はほんのわずかしかいませんでした。なかにはまったく違う道具を作った子供もいました。実は、子供が鉤道具を作ることができるようになるのはもっと大きくなってからで、16～17才くらいなのです。4～7才の子供でも作り方を見せれば作ることができるようにはなるのですが、やはり一般的には15才くらいになっても大した洞察力はありません。3才くらいまでには、子供は素材によっては曲がるものがあるとか、違う物体どうしでも似ているものがあり、場合によっては作成することもできるといったことを経験上知っていることを鑑みれば、かなり意外な事実と言えるのではないでしょうか。

また、やり方を見せたときにしか子供は針金をうまく扱えなかったという実験報告もあります。そうして鉤道具を作ったあと、横にした筒からシールを押し出すために、今度は曲がった針金をまっすぐにさせる実験をすると、子供は先ほど学んだことを応用できなかったのです。ただし、針金とか糸を使って何か作っていいよと直接指示を与えられると、成功率は高まったそうです。

一方で、子供は針金を曲げるタスクのやり方自体は3カ月経っても覚えており、針金や筒のなかのバケツの色や形状を変えたタスクにも対応できることがわかっています。しかしコンセプトは同じでも別のタスクを与えると、もう対応することはできません。ドリルで穴を開けた木片にダボ（合わせ釘）を差し込んで鉤を作る実験では、子供はそれがわからず、既知の物体である針金のほうを使ったのです。ミヤマガラスが木の鉤道具を使えただけでなく、それをヒントに別の素材（針金）で同じ機能の道具を作ることができたのとは対照的な結果です。

このように人間の子供は、10代も半ばに差しかかる頃までは新たに道具を作る能力に乏しいということがわかりました。その頃まで人間は、親からの社会的学習に頼って生きているということです。助けを借りずに自分で新たな解決法を見出していくのは、精神的に親から自立したあとのことなのです。

何でかって？　魔法でしょ？

イソップ童話をヒントにした実験も、カラスと人間の子供との比較に使われています。子供を対象にする際も、前段階として箱についた筒から石を落とし、なかにマグネットで留めてある台を落とすという、ミヤマガラスやユーラシアカケス、カレドニアガラスにしたのと同じ実験をします。そして子供がこれをクリアし、このやり方を覚えたところで、いよいよ一連の実験に入ります。用意するのはカラスのときと同じく、水の筒と砂の筒、浮かぶ物体と沈む物体、そして下部でつながっているU字型の筒です。すると、どの場合でも子供は年齢が上がるほど好成績を収め、8才で迷わずできるようになりました。たとえば水と砂の2つの筒を与えた実験では、砂ではなく水の入った筒に、発泡スチロールではなく重いゴムのかたまりをすぐに投入したのです。ちなみに5～7才では、理解するのにまだ時間がかかりますが、それでもカラスと同じように5回ほど試行すると完全に学習することができました。

こうした結果は、カラスもカケスも解けなかったU字型の筒でもおおむね同じです。8才の子供は、どの筒に石を入れれ

上　人間の子供がイソップ童話をヒントにした実験をクリアするのは、8才くらいからである。写真は筆者の姪イモジェン。水の入った筒に石を入れ、水位を上げておもちゃを取ろうとしている。

ばよいか1回で理解し、7才の子供は、やはり5回の試行を要したのちに成功しました。しかし、それより下の年齢では無理でした。では、成功することができた7才以上の子供は、この筒の仕組みをきちんと理解していたのでしょうか。そこで「なぜ水は上がってきたの」と、彼らに尋ねてみました。すると子供たちの答えは、「見えないけど筒が下でつながっているんでしょ？」ではなく、なんと「魔法でしょ？」でした。太い筒に石を入れると細い筒の水が上がるというのはわかったけれども、その理由はわからなかったのです。突飛な答えのようですが、子供がこのような考え方をするのは実はよくあることです。ある年齢に達するまでは、「もののことわり」を考えるようにはならないのです。

どうやら人間の子供の能力は、思ったより大したものではないようです。なにせ新しい道具を作る能力、因果関係を理解する能力をミヤマガラスやユーラシアカケス、カレドニアガラスと比較したところ、よくて引き分け、場合と年齢によっては負けなのですから。つまるところ、私たちが物事を物理的に理解できるのは、道具を使う能力と関わりがあるだけでなく、社会的な側面によるところも大きいのでしょう。

右　カラスと人間は、同じような問題に対して同じような解決法をとる。共通祖先から枝分かれして以来、3億年にわたって別々の進化を遂げてきたが、その間、同じような課題に直面し続けた結果、似た認知能力をたまたま持つに至ったのだろう。

6 己を知り、他者を知る

動物は自己認識ができるのか

鏡を見れば、そこには自分が映っています。しかし、それが自分であるとどうしてわかるのでしょう？じっとこちらを見つめているのは、同じくらいの年の、同じような顔をした同性の人物かもしれません。それなのに、なぜか私たちの脳は、それを自分だと教えてくれます。自己認識とは、あまたの同種のなかから「私」を区別することです。身体的特徴はみな異なるのでそれも他者と自分を区別する要素ではありますが、それを鏡で確認しても自己認識にはなりません。なぜなら、知識、記憶、他者との関係性、個性といったものがないまぜになって、自分という唯一無二の存在を形作っているからです。

動きがぴったり一致する

鏡に映った像を見て、私たちは迷わずそれを「自分」だと言います（統合失調症などにより、これができなくなる場合もあります）。しかし、なぜそんなことが一瞬にしてわかるのでしょうか。物心ついてから少しずつの変化も含め、ずっとそれを自分だと思って見ているから反射的にそう思うようになっているだけでしょうか。それとも、鏡像（きょうぞう）の動きを目で追った結果、そう判断するのでしょうか。もしかしたら、鏡のなかで動いているものを動かしているのは自分だ、と体の感覚でわかるのかもしれません。そうだとすれば、人間以外の動物でも、その身体感覚さえあれば自己認識というのはそれほど難しくはないようにも思えますが、実際のところはどうなのでしょう？

鏡と心

動物が自己認識をしているかどうか、どうすればわかるのでしょうか。実は人間の場合と同じく、鏡を使えばよいのです。はじめて鏡を見た動物は、ほとんどの場合、映っている自分を他の個体、それもこちらをにらんで威嚇しているライバルだと認識します。そしてたいていは、いつまで経っても事実に気がつくことはありません。しかし動物によっては、時間の経過とともに反応に変化が生じ、鏡のなかのものの動きが自分の動きなのではないかとわかり始める場合もあります。自分が翼を広げれば相手も翼を広げるし、自分が口を開ければ相手も口を開けるからです。

鏡を見せ続けた結果、反応に変化が見られる動物はわずかですが、そうした動物たちは、最初は他者に対するように反応していた（社会的反応）のが、鏡を使って口のなかを見たり、背中を見たりと自分の体を調べる行動をする（自己指向性反応）ようになります。また、変なしぐさをして、どう見えるのか調べることもあります。こうした反応の変化をもとに、アメリカの心理学者G・ギャラップはマークテストという実験を考案し、さまざまな動物で試してみました。

この実験ではまず、それまで鏡を見たことのない動物に鏡を見せ、反応が社会的なものから自己指向的なものに変わったら、それを記録しておきます。そして、鏡の前では明らかに自分の体を調べる行動が増えているとわかったら、鏡に覆いをします。次は、2通りのやり方があります。1つは、動物に麻酔をし、その間に、顔など自分では見えない部位にマークをつけるもの。もう1つは、麻酔をせずに体にマークをつけていくのですが、その際、たとえば右側のある部位にマークをつけたなら、左側の同じ部位にはマークをつけるふりをして触れるだけで、実際には何もつけません（擬似マーク）。そうしてもう一度動物に鏡を見せ、マークの部分に触れる頻度が、鏡があるときとないときとでどう違うか、また擬似マークの部分に触れる頻度との比較ではどうかを調べます。その結果として、動物が擬似マークより実際のマークに多く触れた場合、または鏡がないときよりもあるときのほうがマークに多く触れた場合には、自己認識をしていると言えます（これを「自己鏡像認知」と言います）。

これまでの実験の結果、鏡があるときのほうがマークに触れる回数が明らかに多い動物はほんの少しで、チンパンジー、オランウータン、イルカ、ゾウ、カササギだけ、つまり前に述べた「優等生組」のメンバーに限られています。では、この自己鏡像認知は知能の表れなのでしょうか。知能が高いものは脳の相対的サイズが大きいことは、すでに確認しました。するとやはり、自己認識をするものについても同じなのでしょうか。その結論は残念ながら、まだ出ていません。

左　水面を見るシジュウカラ。映っているのが自分だとわかっているのだろうか。それとも他者だと思っているのだろうか。

鏡を使って鳥の自己認識を調べる

動物が自己を認識できるのかどうかを調べるには、今でもマークテストが主流ですが、鏡を前にした動物の行動が、実はもっと単純な原理にもとづいている可能性は捨てきれません。鏡に映ったときにだけマークに触れたとしても、自己認識をしているからではなく、単に空間中の位置感覚や身体感覚をたよりにしただけかもしれないのです。とはいえ、そのような説はあまり聞かれません。だとすると、やはり動物は、自分が起こした行動と鏡に見えているものが同じだという認識をもとに、新たな変化（体についたマーク）に対応していると考えてよいのでしょうか。

鳥は鏡を前にすると、どんな行動をとるのでしょうか。イギリスのコルチェスター動物園では、フラミンゴの繁殖を促すために鏡を使っています。群れがある程度の大きさでないと、フラミンゴは繁殖行動をしないためです。インコやフィンチの場合は、鏡があると、ほかの鳥や壁などの前よりも自分の姿を見て過ごすのを好みます。一方、カラスの仲間の多くは、鏡を見ると同種の他者がいるようなふるまいを見せます。メスであれば羽づくろい、オスであれば攻撃的なディスプレイ（誇示行為）などの行動に出るのです。そのほかカレドニアガラスは、自分では見えないところにある食べ物を鏡を使って探すことから、鏡の機能を理解していると言えるでしょう。これと同じ行動はヨウムでも見られます。マークテストに関しては、これまで鳥類で行われたは３種のみで、成功したのは前に述べたようにカササギだけです。

そのカササギで行われた実験では、鏡を見せると、当初は自分の姿をライバルと思ったのか、攻撃的なディスプレイを繰り返しました（といっても鏡が嫌いなわけではなく、鏡のない部屋よりある部屋のほうを好みました）。そして次にマークテストに移り、黄、赤、黒などいろいろな色のシールを用意して、羽の黒い部分につけました。黒い色だと識別するのは難しいでしょうが、シールが貼りついている感覚はあるはずです。ともあれ、まずは見える色のマークを貼って鏡を見せると、数羽がすぐにマークを気にするそぶりを見せました。鏡がないときより、明らかにその回数が多くなったのです。そうして自分でマークを外すと、自己指向性反応はそこで終了しました。一方、黒いマークをつけたときには剥がそうとするしぐさは見られませんでした。このことから、カササギは自分にマークがついているか鏡を見て判断し、行動していたと言えるでしょう。ただし、実験したすべてのカササギが同じような反応を示したわけではありません。マークをつけたあとでも、鏡に映ったのを自分と思わず、威嚇を続けたものもいたのです。

鏡像認知は訓練できるか

マークテストには反論もあります。チンパンジーのするような自己指向性行動は、訓練によってできるようになるものであり、自己認識とは無関係だというのです。そこでアメリカの行動学者Ｒ・エプスタインは、ハトを使って、自己指向性行動を構成する動作を１つ１つ訓練していく実験を行いました。まず壁に点を投影して、それをつつかせる訓練を施します。それからハトの胸に点（マーク）をつけるのですが、首にエリザベスカラー［訳注：動物が傷口を舐めないよう首にはめる円錐状の器具］のようなものをつけられているため、鏡を使わないとマークは見えません。つまり、首のじゃまな器具がなくなったときに胸のマークを鏡を見てつつけるようになったら、それは自己指向性行動と類似した行動と言えますが、結果、ハトはそうすることができるようになったのです。もっとも、この実験は再現できていないので、鏡を前にしたとき動物に何がわかっているのか、この結果をもって一般的な結論を導き出すことはできません。

左　カササギののどにシールを貼って、鏡を見せる。映っているのが自分だとわかっていれば、シールを剥がそうとするはずである。

マークテストのほかに手はあるか

動物が自己認識をするのかどうかを調べるのは非常に難しいことです。マークテストには前述したような反論がないわけではありませんが、代わりになるテストもあまりないのが現状です。その数少ない1つも、やはり鏡を使うのですが、自己の探索というよりは、自己と他者との区別に重きを置いている点がマークテストとは異なります。

このテストは、アメリカカケスで行われています。彼らのように貯食（ちょしょく）をする鳥の多くは、泥棒対策をします。餌を隠すところをほかの鳥に見られていた場合、その鳥がいなくなったら餌をほかの場所に移すのです。そこでこのテストでは、アメリカカケスに貯食をさせる際に、周りにほかの鳥がいない場合、盗むかもしれない相手がいる場合、そして鏡がある場合とで、それぞれ餌のところに戻ってきたときにカケスがどうするか調べられました。鏡に映ったものが自分だとわかっていれば、盗まれる可能性はないわけですから、誰も見ていない状況で貯食をした場合と同じ行動をするはずです。しかし鏡のなかの鳥を他者だと思ったなら、貯食をするのをほかの鳥が見ていた場合と同じ行動をするでしょう。結果はどちらだったかと言うと前者で、餌はそのまま移さずにおいたのです。

ただし、この結果だけでは、カケスは鏡のなかの鳥が自分だとわかっていたとまでは断言できません。妙なやつだから餌を取られる心配はないだろう、と考えた可能性もあります。今のところ真実は、さらに実験をしてみなければわかりません。ほかのカラス科の鳥ではどうなのかも含め、新たな実験方法の開発が待たれているのです。

カササギの自己鏡像認知

まずマークをつけずに、カササギに鏡を見せる1。次に、のどの部分に黄色のマークをつけ、もう一度鏡を見せる2。するとカササギは、くちばし3、足4、頸と翼5を使ってマークを取ろうとした。

1 鏡を見せる

2 マークをつけて鏡を見せる

3 くちばしでマークを取ろうとする

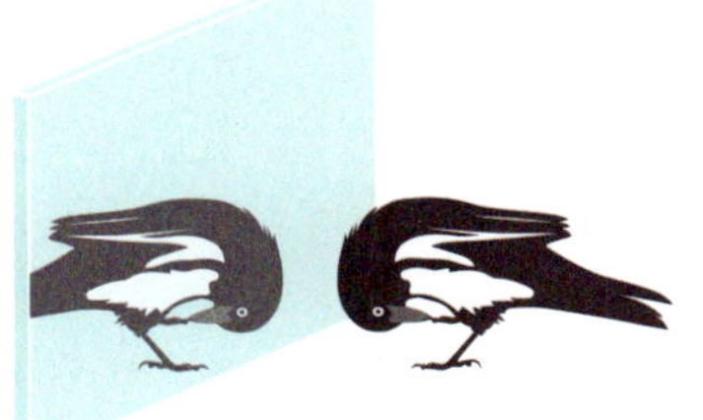

4 足で取ろうとする

5 頸と翼で取ろうとする

心のなかで時間旅行

私たちがある特定の過去にさかのぼれることは、エピソード記憶のところ（60ページ参照）で扱いました。それだけでなく、私たちはどんなことがこれから起きるのか、と未来の想像をすることもできます。今日の夕食のこと、今度の夏休みのこと、ときには老後や自分の葬式といった長い先の予定を立てることもできるのです。このように私たちは日々、過去や未来のことを考えて過ごしています。

心の目

未来とは、まだ起こっていないことです。しかも、起きる可能性のあることは1つとは限りません。したがって、未来のことを計画するには想像力が必要です。そうした想像力は、買い物ひとつをとっても求められます。たとえば、明日の朝食にシリアルを食べるつもりでも、それだけを買うのは賢明ではありません。夕食にはステーキなど別のものが食べたくなるかもしれませんし、ずっとシリアルでは栄養も不足します。また、満腹の状態で店に行ったときには、空腹になったときのことを想像して買い物をしなくてはなりません。私たちがこのようなことができるのは、言語が使えるからでしょうか。それとも、動物にもある能力なのでしょうか。また、文化は関係ないのでしょうか。そもそも人間は、文字と紙で買い物リストを作ったり、冷蔵技術を持つようになったりする前から遠い将来のことを考える能力があったのでしょうか。

これらの問いの前に立ちはだかるのは、動物は人間の言葉を使わないという事実です。そのため何をすれば未来を志向したと言えるのか、未来のことを考えさせるにはどんなことをさせればよいか、適切な調査方法を開発する必要があるのです。動物によっては、将来の備えをしているように見えるものもあります。厳しい冬の前に巣を作ったり、あとで食べるために餌を取っておいたり、暖かい場所に移動したりといったことです。しかし、これをもって未来のことを想像できているとまでは言えません。実際、こうした行動は種に本能として組み込まれたものであり、気温など環境の変化や、繁殖期における内分泌系の変化によって引き起こされている場合が多いようなのです。

未来を想像するとは

人間の場合はそれとは違って、目の前の状況に対して本能的に反応するのではなく、自ら主体的に未来の計画を立てており、しかもそのことをしっかりと理解しています。動物にこのような意識があるのかどうかは、言葉が使えないので実験で行動を観察してみなければわかりません。実験には巧妙な条件設定が必要です。その下で特定の行動をすれば、未来を想像していると言えるようにするのです。しかもその行動は、条件によって変化するものでなければいけません。

では、どのような条件を満たせば未来を想像していると考えてよいのでしょうか。エピソード記憶の実験と同じように、それには3つの条件があります。まず、考えていることに具体的な中身がともなっていなければなりません。未来の「いつ」「どこで」「何が起きるか」ということが明確になっていなければいけないのです。しかも、それらの要素はほかの時間や場所などと混同したりすることなく、不可分につながっていなければなりません。そして最後に、未来の計画に柔軟性があることも必要です。いろいろな状況に応じて、計画はそのつど更新していかなければならないからです。たとえば冷蔵庫が壊れたら、なかのものを予定より早く食べてしまうか、どこか涼しいところへ移すかしなければなりません。

将来の空腹

ある行動が未来の計画にあたるのか、それを判断するのに、スイスの心理学者D・ビショフ＝ケーラーが提唱した仮説が利用されることがあります。その仮説というのは、未来を志向した行動とは今したいことではなく、未来において何かがしたくなったときのために行う行動である、とするものです。たとえば、空腹を抱えた動物がそれを満たす行動をしたとしても、これは今したいことにもとづいて行動しただけなので、未来志向行動とは言えません。

ただし、この基準には少々問題があります。未来のために何かをしても、それが「何かがしたくなった」ときに備えているとは限らないからです。それに、動物がいつも「したいこと」ばかり考えているとも限りません。相反する欲求が同時に起こることもあるでしょうし、同じ行動をするにしてもどの程度それをしたいのかは場合によります。さらに、何かに満足してい

れば別の欲求が生じることもあります。たとえばステーキでお腹を満たしたなら、今度はアイスクリームが欲しくなるかもしれません。こうした可能性が考慮されていないという点で、ビショフ＝ケーラーの仮説には問題がなくはないのです。

この点に関連して最近、興味深い実験結果が報告されています。アメリカカケスがある餌を十分に食べたあと、また別のものに飽きたときに備えてその残りを貯食（ちょしょく）することがあるというものです。要するにアメリカカケスは、現在の状況にかかわらず将来したくなるであろうことを想像して、それに備える能力があるということです。

上／右　カケス。のど袋には、ドングリを7つ入れることができ、それを1つずつ別の場所に隠す。高い木の隣などわかりやすいところに隠すが、木のなかに隠すこともある（右）。これは、食料が不足したときに備えた行動である。

朝食の準備をするカケス

前述したように、アメリカカケスは貯食(ちょしょく)をします。餌を隠すのは現在の行動ですが、目的は未来の食料確保です。つまり、あとで空腹になったときや、食べ物の少ない冬に備えているのです。この貯食は実は、過去の記憶と関わっている場合もあります。「いつ」「どこで」「何があったか」を思い出し、それにもとづいて食料を確保するケースもあるのです。これは人間がすることと似ています。心理学によると、人間はエピソード記憶を利用して、こうした未来の計画を立てていると言います。

未来の空腹

アメリカカケスは、隠した食料が盗まれたり腐ったりするような状況では、貯食をしません。ということは、未来のことを考える能力があるのでしょうか。それを調べるために、アメリカカケスを一時的にある装置のなかに棲まわせて、その後の反応を観察した実験があります。その装置というのは3つの小部屋A、B、Cに区切られており、間仕切りは開けておくことも、閉じておくこともできるようになっています。両側にある小部屋A、Cには貯食用のトレイを、真ん中の小部屋Bには松の実の粉末を器に入れておきます（粉末なので貯食はできません）。

そうしてまず小部屋Bに何日間かカケスを棲まわせたあと、6日間にわたり毎朝A、Cのどちらかに閉じ込めるのですが、Aの部屋では松の実の粉末を与え、Cの部屋では朝食抜きでブランチを与えます。カケスは6日の間、ランダムながら、それぞれ3回ずつになるようにA、Cのどちらかの部屋に入れらます。それぞれの部屋に入れられると何が起こるのか、カケスに理解させるためです。

そして7日目に小部屋Bにまたカケスを入れ、今度は松の実を粉ではなく、そのまま与えます。つまり、貯食できる形です。それから間仕切りを開け、どちらの小部屋にも入れるようにしてやります。翌朝、朝食抜きの部屋Cに入れられるかもしれないと思っていれば、カケスはその部屋のトレイに貯食しにくいでしょう。一方、Aの部屋ではその必要はありません。翌朝そこに入れられれば、いつも通り餌が出てくるはずだからです。果たしてカケスがとった行動はと言うと、ほぼこの通りだったのです。つまり、Cの部屋に松の実を持っていき、トレイに備蓄することで、翌朝食べるものがないという状況を未然に防いだのです。

選べる朝食

これと似た実験も行われています。2つの部屋を朝食の有無で分けるのではなく、1つの部屋では穀物を粗挽きにした粒状の餌を、もう1つの部屋ではピーナツをアメリカカケスに与えるというものです。6日間にわたり、朝どちらの部屋に入れられればどちらが出てくるのかを学習させるのは先の実験と同様です。そうして7日目に両方の餌を与え、どちらの部屋にでも貯食ができるようにしてやりました。するとカケスは、粒状の餌が出てくる部屋にはピーナツを、ピーナツが出る部屋には粒状の餌を備蓄しました。これはおそらく、翌朝どちらかを選べるほうがうれしいからでしょう。翌朝の朝食時のことを考えているということは、言うなれば未来の予定を立てているということです。つまりアメリカカケスは、ここでも今したいことではなく、未来にしたくなるはずのことに対して事前の備えをすることができたのです。

左　アメリカカケスは、食べ物が腐りやすいかそうでないか、隠すところをほかの鳥が見ているかどうかを考慮して貯食・回収をする。つまり、将来何が起こるかを理解していると考えられる。

カケスの朝食準備

アメリカカケスの貯食行動に関する実験。まず、間仕切りで区切られた3つの小部屋がある装置を用意し、何日間か松の実の粉末が入った器がある真ん中の小部屋Bに棲まわせる。そのあと6日間にわたって、毎朝ランダムに両側の小部屋A、Cのどちらかに閉じ込める。A、Cの部屋にはそれぞれ貯食用のトレイが置いてあり、Aでは朝食として松の実の粉末が与えられるが、Cでは11時にブランチが出るまでおあずけとなる。そして7日目に小部屋Bで、貯食ができるよう松の実を与え、間仕切りを開けてみる。カケスに翌朝のことを考える能力があれば、朝食抜きのCの部屋に松の実を持っていき、トレイに備蓄するはずである。

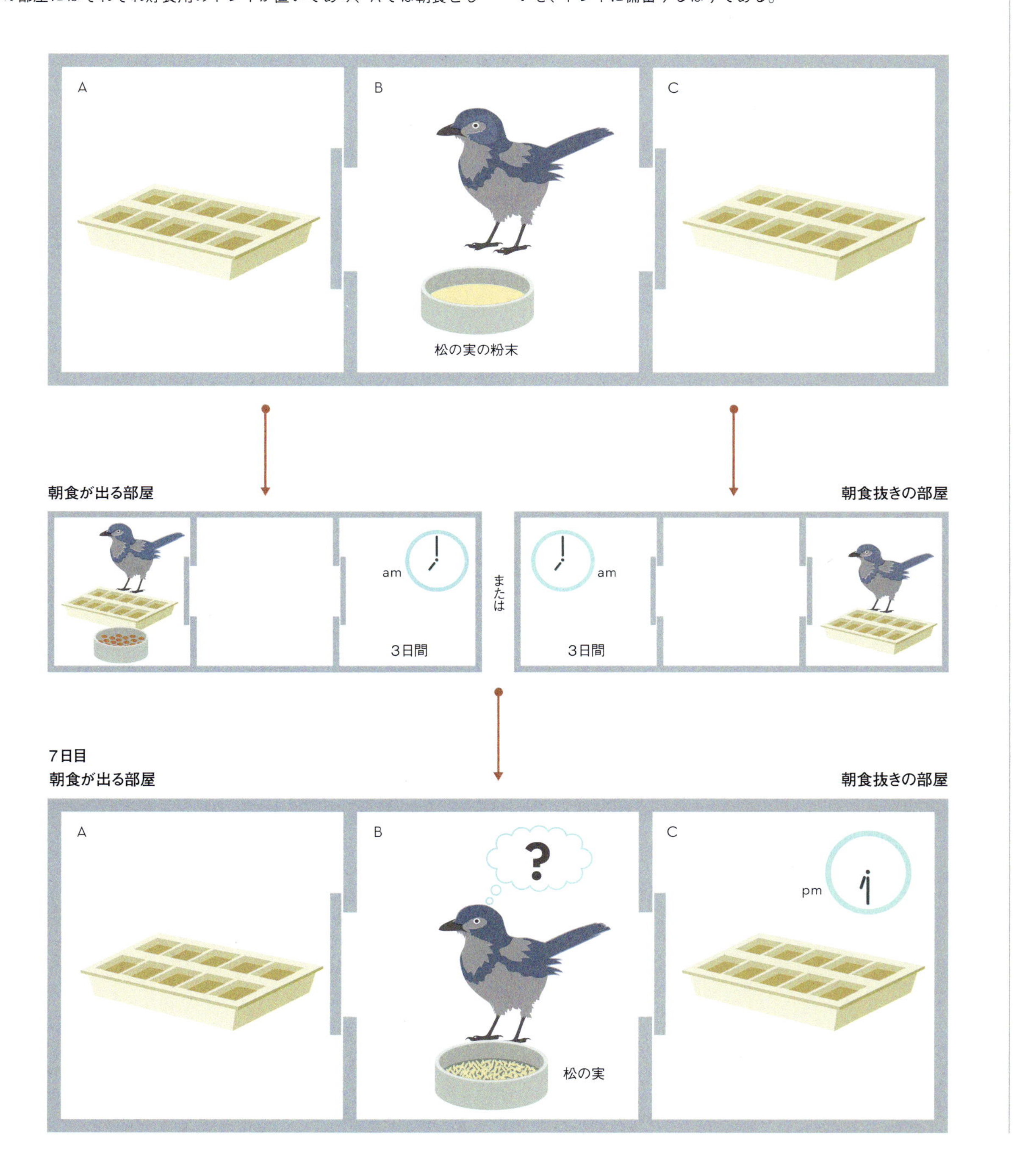

他者の心を読む

動物は自己を認識するのかという問題に加えて、
他者が考えていることがわかるかどうかについても、盛んに議論がなされています。

心の理論

他者の心を読むのは人間の得意とするところで、幼い頃からすでにその能力を持っています。ただし、心を読むと言っても、なにもテレビに出てくる「メンタリスト」のように、心理テクニックを駆使して相手の心の状態を探り出すことを言うのではありません。ここで言うのは、ちょっとしたしぐさから相手がどんな心境にあるかを自然に理解する、といったことです。たとえば話しているときに視線をそらしていると、この人は嘘をついているなとわかりますし、誰かをじっと見つめていると、あの人に惹かれているんだなとわかります。小さな子供でも、誰かが何かを指さしていれば、あれが欲しいに違いないと理解します。他者が何を感じ、思い、欲しているかを理解するこの能力を「心の理論」と言いますが、これは人間に特有のものと考えられてきました。

心の理論を持たないとどうなるか

他者の心のありようを分析できるのは人間だけだと言われています。ではそれを、私たちはどのように行っているのでしょうか。それには２つの可能性が考えられています。１つは、自分自身のものの見方に照らし合わせて主体的に行っているとするもので、もう１つは、他者の目や指が向いているほうを見るといった行動の結果として行っているとするものです。いずれにしても、自分の考えていること以外確信は持てないのですから、ヒントをもとに他者の心についての「理論」を組み立てるほかありません。

そうして、今あいつは何を見ているのだろうかとか、さっきはあれを見ただろうなとか、あれを見たつもりなんだろうな（本当は違うのだが）といったことがわかれば、社会生活を送るうえでずいぶん有利に働きます。しかしもし心の理論を持っていなければ、集団のメンバーたちとさまざまなやりとりを繰り返し、１人１人の個性をよく知ったうえでないと、相手の行動を予測することはできません。それに対し心の理論を持っていれば、誰にでも当てはまる基準を適用して、初対面の相手でも何を考えているかがわかるのです。

相手の行動の先を読む

心の理論を持つほうが有利なのは間違いないとしても、そもそも動物にも心を読むという行為は必要なのでしょうか。相手

左　ロンドン塔に棲むワタリガラス。餌を隠すところを他者に見られていなければ、隠し場所はばれていないはずである。

の行動について情報処理を行えばそれで十分ということもありえます。たとえば私たちは、相手が何をしようとしているのか、その視線の先を見れば、かなりの確率で言い当てることができます。見ることと意図することにはどんな関係があるかなどと難しいことを持ち出さなくても、相手の動きを見れば、それが何に至る行動なのかすぐにわかるわけです。なぜこんなことをしたのだろうと理由を考えるのではなく、こんなことをしたから次はあんなことをするだろうと考える——他者が考えていることを知るには、たいていこれで事足りるはずです。

鳥に心の理論はあるか

　では、他者の視線がどこを向いているか、どこを指さしているか、少し前に何を見たか（見なかったか）といった情報を動物は利用しているのでしょうか。この点に関して、ほぼ40年にもわたって研究が行われてきました。しかし、鳥も含めて動物は他者の見ているものがわかるのか、相手が何かを知っているか否かを判断できるのか、ひいては心の理論があるのか、いまだに決着はついていません。そもそも人間の心の理論についても、その仕組みはよくわかっていないのです。さらに、心の理論は人間ならみな持っている能力なのか、そして従来考えられてきたほど高等なものなのかということさえも揺らいでいるありさまです。鳥についても、貯食した餌を他者から守るといった心の理論で説明できそうな行動も、実際は進化で培った本能で説明できるのではないかという主張もあります。鳥の生態と生息環境を考えれば、進化上の必然性があるというのです。

下　シジュウカラ。鳥は人間のように他者の心を読むことはできないが、他者の出すシグナルに反応したり、他者の行動を読んだりといった、洗練された社会的能力がある。しかしこれは、他者の心を正しく理解しているというよりは、遺伝子レベルでの本能的反応とも考えられる。

他者の欲しいものがわかる鳥

ほとんどの鳥は一雌一雄制で、なかには一生添い遂げるものもいます。
夫婦の絆は、絶えず共同作業をすることで維持されますが、
相手が何を欲しているのかを察することも大切です。
それは、子供を守り、育てるうえでも大いに役立つことでしょう。

「物」がものを言う

食べ物を通して夫婦になる鳥もいます。気に入ったメスの気を引くために、オスがプレゼントするのです。また、自分の生活能力や協調性（つまりオスとして、あるいは父親としての適性）をアピールしようと、周囲に食べ物を配って回るものもいます。さらに贈り物は、夫婦になったあとでも良好な関係を維持するのに役立ちます。そのため鳥のなかには、メスが欲しがりそうなものを事前に察知し、よいタイミングで差し出せるよう準備しておくオスもいます。

私たちも、今の状況をよく見ておけば、パートナーが次にどんなことがしたくなるのか見当をつけることができます。たとえばパートナーががチョコレートを食べたところならば、次はフルーツか何かが喜ばれるはずです。逆にまたチョコを差し出すのは、賢明ではありません。相手が何を欲しがっているのか察するには、食べたものを見ておく以外にも手はあります。相手の視線の先を見る、というのもその１つです。では、鳥はどんな方法を使ってプレゼントを決めているのでしょうか。

メスにプレゼントをする鳥

カケスは、繁殖期につがいを形成します（ただし、その関係は何年も続くわけではありません）。その時期、オスは捕ってきた食べ物をメスにも渡します。この習性をもとに行われた、カケスのオスのプレゼント行動に関する実験では、まずオスに餌を与えて満腹の状態にし、そのあとメスの食事を観察させました。メスにはそれまで、ガの幼虫とミールワーム［訳注：ゴミムシダマシ科の甲虫の幼虫］を毎日交互に与えています。何かに満足すれば、次は別のものが欲しくなるのは鳥でも同じです。ガの幼虫を食べたなら、次はミールワームが食べたくなるでしょう。逆の場合も同じです。

そうしてローテーションにしたがってメスに餌を与え、その食事の様子をオスに見せたあと、オスにガの幼虫とミールワームを１つずつ与えてみます。自分で食べるのも、取っておくのも、メスに与えるのもオスの自由です。もしメスに与えるなら、メスはどちらが欲しいか、つまりどちらを食べていないかを考えてやるでしょう。するとカケスのオスは、実際にそうしたのです。つまり、メスがガの幼虫を食べたあとにはミールワームを与え、逆のときには逆のことをしたのです。

しかしこの場合、メスがオスに何らかの合図をした可能性も考えられます。実際、ものをねだる声を上げる鳥は多くいます。カケスの場合も、メスは声か何かで、どちらかをくれとオスにメッセージを送ったのかもしれません。その可能性を考慮して、メスが食事をするところをオスに見えないようにした実験も行われました。メスが何を食べたのか、オスにわからないようにしたのです。したがって、どちらを与えたらよいのかは、メスのしぐさで判断するしかありません。果たしてオスは、メスの欲しいほうを差し出すことができたのでしょうか。

結果は、残念ながら不正解でした。この行動は、自分を基準にしたもの（自分がＸを腹いっぱい食べたときはＹが食べたくなった）とも、相手のことを考えてやったもの（彼女は欲しかったＸを十分食べたようだから、今度はＹが欲しいだろう）とも考えられます。現時点では特定は難しいですが、どちらにしてもオスはメスが何を欲しているのかを、しぐさではなく、自分が見たことにもとづいて判断したと言えるでしょう。

左　メスに食べ物を分け与えるカケスのオス。メスの食事を観察し、次に何が食べたいかを考えて与えることができる。メスが十分食べたものを再び与えることはしない。

オスはメスにどちらの虫を与えるか？

カケスで行った実験。メスに、ガの幼虫（W）か、ミールワーム（M）のどちらかを満腹になるまで与える。Wを食べたあとはMを、Mを食べたあとはWをメスは欲しがるはずである。オスに、メスの食事を観察させた場合と、見えないようにした場合とで、プレゼント行動に違いに出るだろうか。

1 メスが食べたものを見た場合

オスは

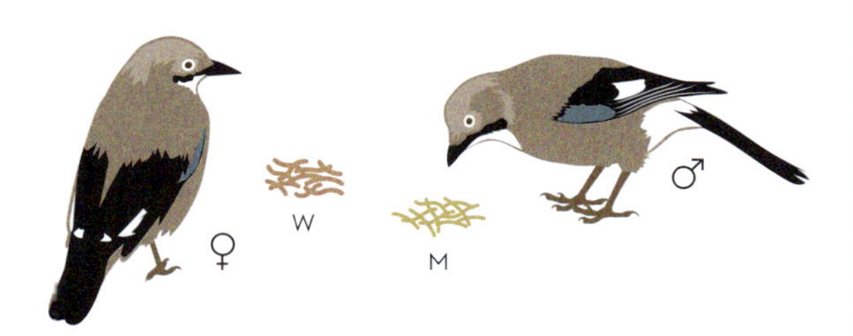

2 メスが食べていないほうをプレゼント

3 メスが食べたものが見えない場合

オスは

?
♀
W
M
♂

3 どちらをプレゼントしてよいのかわからない

貯食した餌を守る方法

貯食をする理由はいろいろで、厳しい冬に備えるだけでなく、その日のうちに全部持って帰ることができないから、ということもあります。理由はどうあれ、食料の確保は鳥にとっては死活問題であり、どこに隠したか覚えておくだけでなく、泥棒から守ることも大切です。そのため鳥はいろいろな泥棒対策を講じていますが、なかには複雑な社会的認知能力を必要とするものもあります。

貯食の現場を見られる

貯食をする鳥のなかでも、集団で暮らすものは特に泥棒対策が重要になります。なぜなら、他者に見られずに食べ物を隠すことが難しいからです。相手がその場から立ち去るのを待つというわけにもいかないので、何かほかの策を講じなくてはなりません。そこでよく見られるのが、いろいろな場所を移動しながら隠すというものです。そうすれば、最後に隠したのがどこだったのかわかりにくくなります。この方策は、やってみると偶然うまくいったために身についたものかもしれませんし、相手をだまそうと考え抜いた結果たどり着いたものかもしれません。

また、集団で暮らす鳥が貯食をする際、それを見ている相手を識別し、相手に応じて予防策を使い分けているケースも観察されています。たとえば見ているのが自分のパートナーであれば、予防策を講じることはありません。どのみちそれを分けあうからです。また、自分より地位の低いものが見ていても、やはり予防しようとはしません。地位の低いものは、高いものと違って食べ物の持ち主がいるときに盗みを働くことはないからです。もっとも、そのあとでこそこそ何かしにくる可能性もあるのですが……。

目がある＝見えている？

貯食したものを守る行動を、カラス科の鳥を使った実験で観察したところ、驚きの策を講じていることがわかりました。貯食をしたときにほかの鳥がその場にいたか、いたとしたら誰だったかということだけでなく、どの程度それが相手に見えていたかということにも応じて予防策を使い分けていたのです。ただ、「見えている」とはどういうことなのかについては議論の余地があります。それは心の状態でもあるからです。したがって、他者に何かが見えていると動物が判断した場合、それは他者の心について少なくとも初歩的な知識を持っているということを意味します。

しかし一方で、ほかの鳥や動物が目を開いて貯食行動のほうを向いていたとしても、貯食をした鳥はその行動を相手の心の状態とは無関係に解釈することも可能です。というのも、貯食をしているときに目を開けてこちらを向いているものが近くにいる場合のほうが、背を向けていたり、その場に誰もいなかったりする場合よりも、あとで食べ物がなくなることが多いということを経験で学んでいる可能性もあるからです。つまり、「見える」という概念を理解していなくても予防策をとれるのです。ただしこの解釈では、鳥は「目」がある状態で貯食をすると何が起きるのか、おそらく何百回も経験して学習しなければならないことになります。そうすると、目だけでなく他者の頭や体の位置についても同じことが必要になり、最終的にはものすごい数の場合分けが必要になってしまいます。したがってこれは、あまり賢いやり方ではなさそうです。

そこで出てきた考え方が、頭のよい動物はいろいろな場面に適用できる1つの法則を作り出しているのではないか、というものです。その法則とは、「貯食をするときにXがこちらを向いていれば盗まれる可能性が高い」「Xがこちらを向いていないときに貯食をすれば残っている可能性が高い」といった単純なものです。鳥がしていることを説明するにはこれで十分だ、と主張する心理学者もいます。しかし学習だけでは、人間に育てられた鳥の実験結果を説明することはできません。実験室では、鳥に新しいことを体験させる機会は限られており、短時間で複雑な法則を学習させることはできないからです。たいていの場合、実験室の鳥は餌を盗まれるという経験をしませんし、その可能性も非常に低いので学習させようにもさせられないのです。

右　ドングリキツツキ。その名の通りドングリを主食とし、冬に備え、木の幹に穴を開けて貯蔵する。ドングリが乾燥すると、小さい穴に移し替える。

実際、予防策を講じるか否かの判断を何でしているか、貯食をするカラス科の鳥で実験したところ、学習とするには無理がある結果となりました。それよりも、鳥たちは設定した3つの状況に対し、すべて正確に認識することで対応したのです。1つ目は、ライバルがその場にいたときと、仕切りの向こうにいたとき。2つ目は、ライバルが近くにいたときと、遠くにいたとき。3つ目は、貯食の場所に光があたって他者からはっきり見える状態だったときと、陰になって見えなかったときです。どの場合も、貯食したものを守るかどうか判断するには「見えていたかどうか」で十分です。そもそも学習によっていちいち基準を作っていくのでは大変ですし、新しい場面に出会ったら対処できません。また、この実験では学習するにしても機会は3回しかなかったわけで、しかも1回目からほぼ成功したことを考えれば、やはり学習の結果と解釈するのは難しいものがあります。「認知などという複雑なことではなく、試行錯誤の結果というもっと単純な事象」というケースがこれまでに何度も本書で出てきましたが、認知より試行錯誤で考えたほうが話が複雑になることもあるのです。

下　アオカケスなど貯食をする鳥にとって、泥棒対策は重要である。同種のほかの鳥だけでなく、別種の鳥や哺乳類（リスなど）にも警戒しなければならない。

鳥の泥棒対策

貯食をする鳥は、隠した食べ物が盗まれないよう、さまざまな策を講じている。

1　食べてしまう
2　数を増やす
3　数を減らす
4　やめてしまう
5　あとで隠す
6　場所を分散させる
7　相手から見えないように隠す
8　見えにくいところに隠す
9　ちょろちょろと移動しながら隠す
10　隠し場所を変える

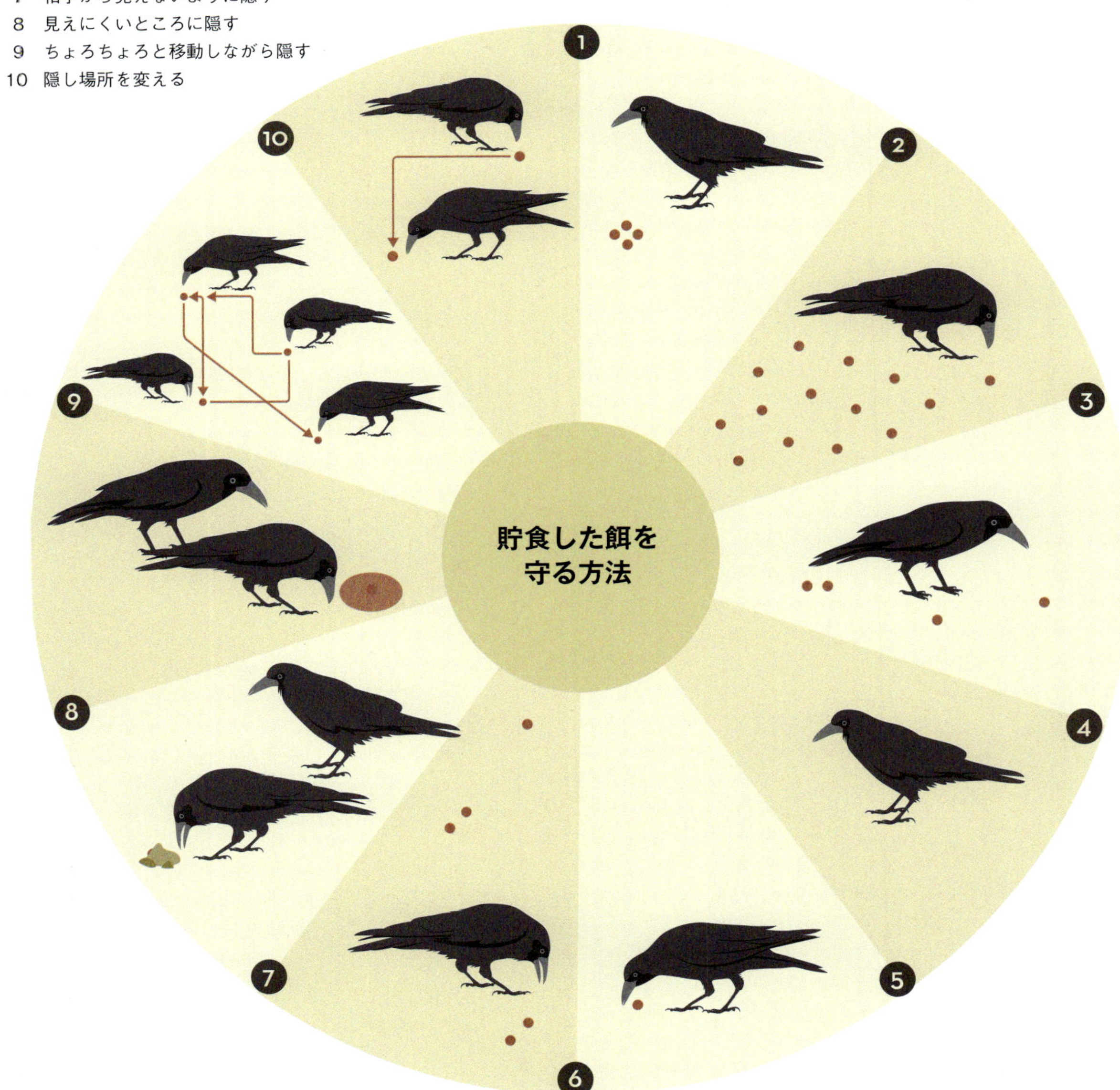

他者が知っていることを知る

自分が食べ物を隠しているところを見ていたものと見ていなかったものがいる、ということを鳥が理解しているとすれば、もっといろいろなことがわかっている鳥がいてもよい気がしますが、実際のところはどうなのでしょうか。

見ることは知ること

何かを知るには、まず知覚することが必要です。したがって、ある出来事を目撃したなら、そのことについて知識を持っていることになりますが、その場にいなかったか、あるいはそれが見えない状態であったのなら、そのことは知らないことになります。つまりここで言う知識とは、知覚した情報の延長線上にあり、次の行動のもとになるものです。

たとえば、ある鳥がある場所に貯食(ちょしょく)をするのを目撃（知覚）した泥棒は、その場所を覚えておく（知識）でしょう。そうすれば食べ物が移されない限り、盗むことができます。盗まれたほうも、現在の状況（知覚）を過去の状況（知識）と照らし合わせ、あのときこの場所にいたあいつの仕業に違いないとわかります。実は鳥たちは、貯食をしている途中で泥棒が見るのをやめても、そいつはこのことを覚えているだろうとわかっているのです。逆に、その場にいなかったものは、このことを知ることはないということもわかっています。

盗むも守るも場合によって

あそこに食べ物が隠されているぞ、ということを知っている鳥もいれば、知らない鳥もいるわけですから、他者がみな泥棒をするわけではありません。貯食をする鳥がそのことをわかっているのかどうか、ワタリガラスで実験が行われました。はじめに行われたのは最も単純なレベルのもので、貯食を見ていた

下　ミヤマガラスは群れで暮らすため、貯食の際には常に他者の目を気にしなくてはならない。そのため餌の隠し場所を遠くにしたり、餌を地中深くに埋めたりして泥棒対策をしている。また、パートナーが見張りをしたり、他者の目をそらしたりすることもある。

ものと見ていなかったものの区別ができるのかどうかの調査です。まず、1羽が貯食するところを別の1羽には見えるようにし、もう1羽からは見えないようにします。そのあと、3羽を貯食場所のある部屋に放ちます。すると、貯食行動を見ていた鳥が隠し場所に近づいたとき、貯食をした鳥は食べ物を回収する確率が高いことがわかりました。一方、見ていなかった鳥の前では回収は行いませんでした。知らないものに情報を与えることを避けたのでしょう。

次の実験では、泥棒をする可能性のある2者間で比較がなされました。つまり、貯食行動を見ていたものと見ていなかったものとでは、互いの立場に応じて異なる行動をするのかどうか調べたのです。結果、貯食行動を見ていたものが、見ていないものよりも地位が低い場合は、なかなか盗もうとはしませんでした。おそらく、その相手が見ているところで盗みをすると、横取りされてしまうのがオチだと考えたのでしょう。逆に、地位が高いほうが貯食を見ていた場合は、さっさと盗みが実行されました。貯食をしたのが格下のものだった場合も同じです。競争相手はいないのですから、餌を手に入れるのを後回しにする理由はありません。

要するに、貯食をするほうも盗むほうも互いの地位と行動にもとづき、場合によって食べ物を守ったり守らなかったり、盗みを実行したりしなかったりするのです。これらの実験で、貯食の場に誰がいて誰がいなかったのか、そのあと彼らがどんな行動をしたのか（隠し場所に近づいたのか、素通りしたのか）を観察した結果から、ワタリガラスは、個々によって知っていることが異なるということをわかっていると言えるでしょう。

誰が何を見たか

上：ワタリガラスで行った実験。実験者が、1羽（オブザーバー：O）の見ている前で餌の1つを隠す（貯食する）。別の1羽（ノンオブザーバー：NO）からは、その様子を見えないようにする。もう1つの餌も隠すが、このときはOとNOを逆にする。実験対象となるカラス（F）には、向かい側から両方の餌が隠されるところを見せる。

下：ケージにOかNOのどちらか一方を入れ、貯食したものが見えるようにする。OとNOでは見ていたものが違うので、ケージから出されたFは、どちらの餌を回収するかライバルを識別して判断しなければならない。

だましをする鳥

だましは、霊長類の知能を進化させた一因であると考えられています。
食べ物や交尾相手を手に入れるのに、ライバルをだますことが有効だからです。
これには、相手の心理を読み、操作することが必要です。

トリック＆トリート

何かを知っているものと知らないものとを区別できるのは、ワタリガラスだけではありません。アメリカカケスもその１つで、こんな実験も行われています。まず、１羽のカケスに砂を入れた製氷皿を２つ与え、ガの幼虫を貯食（ちょしょく）させます。ただし、皿は常にどちらかを透明なカバーで覆い、どちらか一方しか使えないようにします。そして皿Ａに貯食させるときにはライバル役のＡに観察させ、皿Ｂに貯食させるときにはＢという別のライバル役に観察をさせます。

そうして両方の製氷皿に貯食をさせたら皿は一度回収し、3時間後にまた戻します。今度は皿はどちらも開けてあり、貯食をしたカケスはどちらからでも餌を回収できるのですが、ここで４つの場面設定をします。(1) ライバルＡが見ている、(2) ライバルＢが見ている、(3) 誰も見ていない、(4) 別の個体Ｃが見ている、の４通りの状況で、貯食者がどのような行動をとるのか観察するのです。結果、Ａが見ているときはＡの皿の餌だけ、Ｂが見ているときはＢの皿の餌だけを移し替えました。誰も見ていないときはどちらの皿からも移し替えをしました。何も知らないライバルＣがいるときは、どちらからもほとんど移し替えはしませんでした。

これはどういうことでしょうか。誰も見ていないときに移し替えをするのは理にかなっています。これで餌の本当のありかを知っているものがいなくなるからです。ライバルＣの前で移し替えをしないのも納得できます。貯食をしたときにいなかったのですから、餌のありかはおろか、存在すら知りません。そんな相手にわざわざ情報を与える必要はありません。

下　アメリカカケスにガの幼虫を与え、砂を入れた製氷皿に貯食をさせる。ほかの鳥に見られていると何度も移し替えるが、移したと見せかけて埋めたままにしておくこともある。人間が手品などで用いるだましのテクニックと似ている。

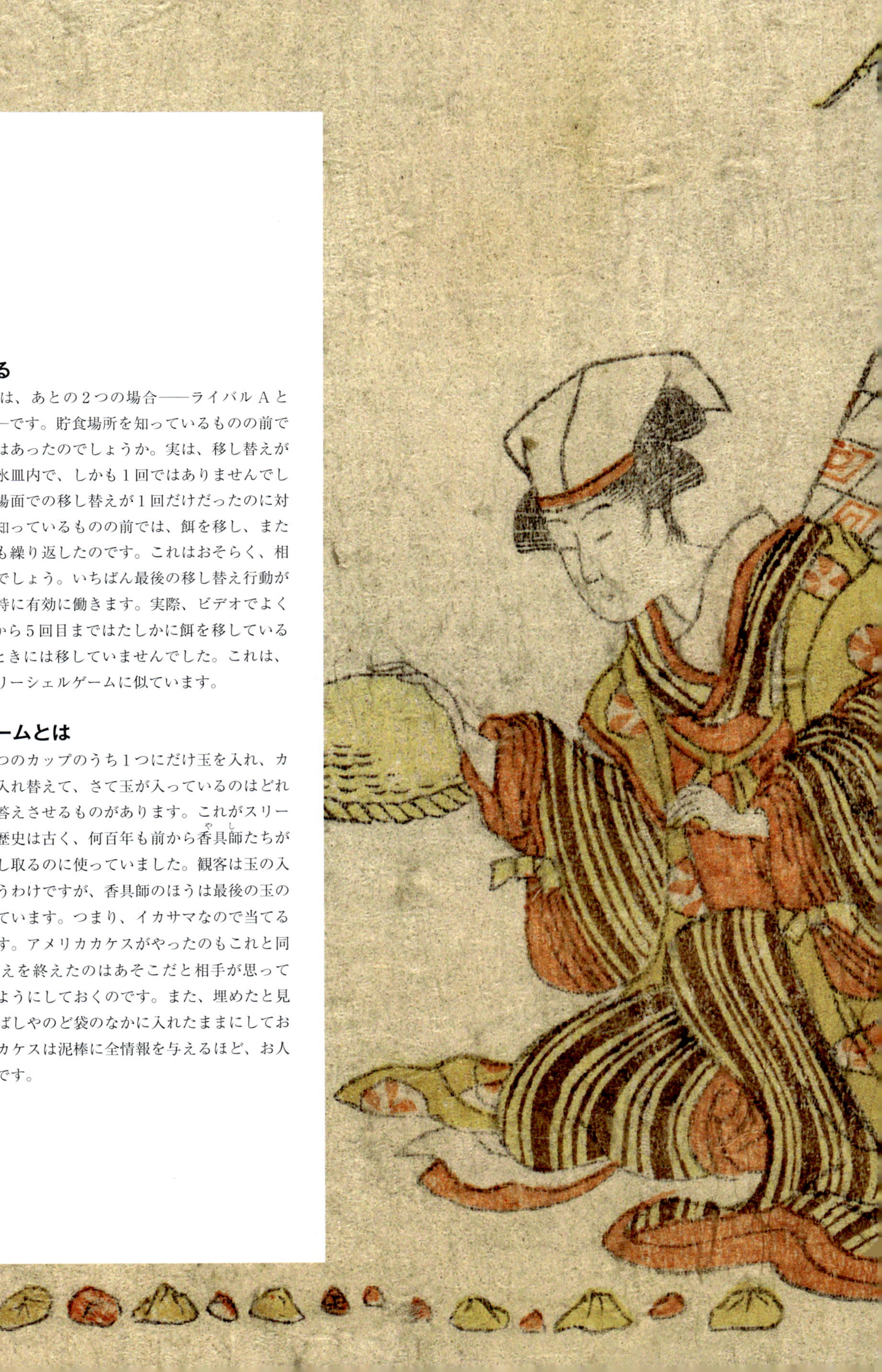

相手を混乱させる

よくわからないのは、あとの２つの場合――ライバルＡとＢが見ている場合――です。貯食場所を知っているものの前で移し替えをする必要はあったのでしょうか。実は、移し替えが行われたのは同じ製氷皿内で、しかも１回ではありませんでした。誰も見ていない場面での移し替えが１回だけだったのに対し、貯食したことを知っているものの前では、餌を移し、また戻してを最大で６回も繰り返したのです。これはおそらく、相手を混乱させるためでしょう。いちばん最後の移し替え行動がフェイクであれば、特に有効に働きます。実際、ビデオでよく見てみると、２回目から５回目まではたしかに餌を移しているのですが、６回目のときには移していませんでした。これは、マジシャンがするスリーシェルゲームに似ています。

スリーシェルゲームとは

手品で、伏せた３つのカップのうち１つにだけ玉を入れ、カップの位置を次々に入れ替えて、さて玉が入っているのはどれでしょう、と観客に答えさせるものがあります。これがスリーシェルゲームです。歴史は古く、何百年も前から香具師(やし)たちが観客からお金をだまし取るのに使っていました。観客は玉の入ったカップを目で追うわけですが、香具師のほうは最後の玉の位置を自由に操作しています。つまり、イカサマなので当てることはできないのです。アメリカカケスがやったのもこれと同じことです。移し替えを終えたのはあそこだと相手が思っても、そこに餌がないようにしておくのです。また、埋めたと見せかけて、餌をくちばしやのど袋のなかに入れたままにしておくこともあります。カケスは泥棒に全情報を与えるほど、お人好しではなかったのです。

蛇の道は蛇

貯食した餌の移し替えは、アメリカカケスが泥棒対策として最もよく用いている方法です。では、それはどうやって身につけるのでしょうか。

泥棒の経験

　前の項目で紹介した実験以外にも、砂の入った製氷皿（目印として色のついたブロックをそばに置いておきます）を２つ使って、アメリカカケスに貯食をさせた実験があります。こちらはもっとシンプルで、まず、ほかのカケスが見ているときに一方の皿に貯食をさせ、次に、誰も見ていないときにもう一方の皿に餌を隠させます。そして両方の皿を一度回収し、３時間後にまた元の場所に戻して、どちらからでも自由に餌を回収できるようにしてやります。このときほかの鳥はいません。するとカケスは、見られていたほうの皿からは餌を移しましたが、そうでないほうの皿の餌は移しませんでした。

　アメリカカケスはみな貯食したものの移し替えをしますが、これは学習によるのでしょうか。それとも本能でしょうか。はたまた、他者の考えがわかってしていることなのでしょうか。これを調べるために、カケスの雛を３グループに分け、それぞれ別の経験をさせて育てたのちに実験が行われました。１つ目は「観察」グループで、ほかの鳥が貯食をするのを見る経験はさせますが、その餌を盗むことはできないようにして育てます。２つ目は「観察・盗み」グループで、他者の貯食を見る経験と、それを盗む経験の両方をさせます。３つ目は「盗み」グループで、自分のものであろうとなかろうと、製氷皿に餌を見つけたらいつでも取ってよいようにして育てます。

　そうして育てたカケスたちに、先の実験と同じように、ほかのカケスが見ているときと見ていないときとで、それぞれ別の製氷皿に貯食をさせます。では、ほかの鳥がいない状況で３時間後に両方の皿を戻したとき、彼らはどうしたでしょうか。「観察・盗み」グループは、見られていた皿からは餌を移しましたが、見られていないほうの餌は盗まれる心配がないので移し替えをしませんでした。「盗み」グループも、これと同じように行動しました。つまり、観察の経験がなくても、餌を守る策はとれるようになるということです。一方、「観察」グループはどちらの皿からも移し替えをすることはほとんどありませんでした。

経験の投影

　この結果が意味しているのは、他者の餌を盗んだ経験があるから自分の食べ物も守ろうと思うようになる、ということです。逆に、盗みの経験がなければ泥棒対策もしません。まさに、「蛇の道は蛇」というわけです。これは、自分の経験を他者に投影した結果だと考えられます。つまり、はじめて盗みを働いたとき、そのことが脳内にインプットされるのです。記憶がどのような形をとっているかはわかりませんが、「盗んだ」という自覚があるのは確かでしょう。それをもとに、他者も同じことをするかもしれないと考えるようになるわけです。食べ物はなぜかなくなることがある、と漠然と知っているわけではありません。

　ただし、盗みの経験が予防策をとるようになる十分条件なのか、完全にはわかっていません。それでも、実験で盗みを経験したグループが自分の餌を守る機会を与えられたとき、脳内のシステムが働いて、経験（盗み）を他者（観察者）に投影し、対策を講じたのは確かです。このような行動には、自分を相手の立場に置き換えて、心のなかでシミュレーションをすることが必要だとも言われます。もし動物が心の理論を持っているとするならば、その証拠としてこの実験の結果は現在のところ最も有力な例だと言えるでしょう。

左　アメリカカケス。貯食をするのをほかの鳥に見られているときには、暗いところや何かのものの陰になっているところに隠すなど、さまざまな泥棒対策をするのが実験で観察されている。

経験の投影

アメリカカケスで行った実験。まず雛を3つのグループに分け、それぞれ異なる経験をさせて育てる。その後、それぞれにガの幼虫を製氷皿に貯食させる。その際、1つの皿にはほかの鳥が見ている状態で、もう1つの皿には誰も見ていない状態で実行させる。そうして一度どちらの皿も回収し、3時間後にまた返してやったとき、カケスはどのような行動に出ただろうか。他者の餌を盗んだことがあるグループは、見られていたほうの皿から餌を回収し、別の場所に隠したが、見られていないほうの皿からは移し替えをしなかった。盗みの経験がないグループは、この行動をほとんどしなかった。

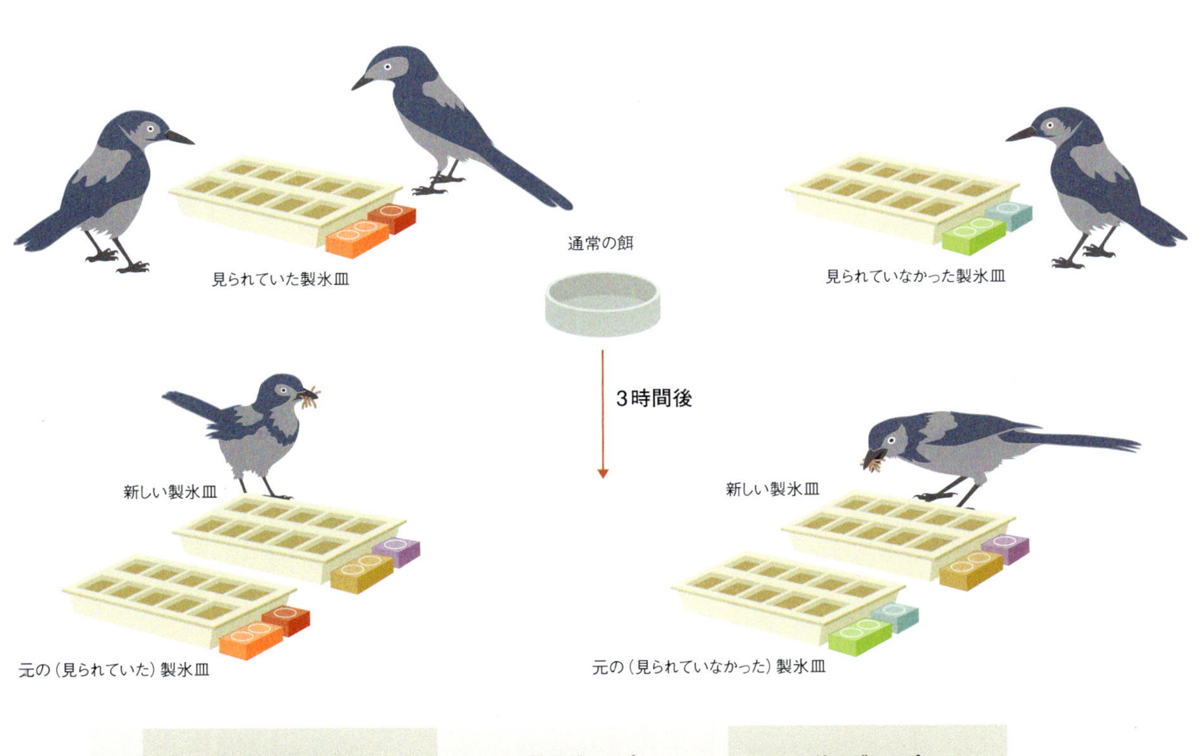

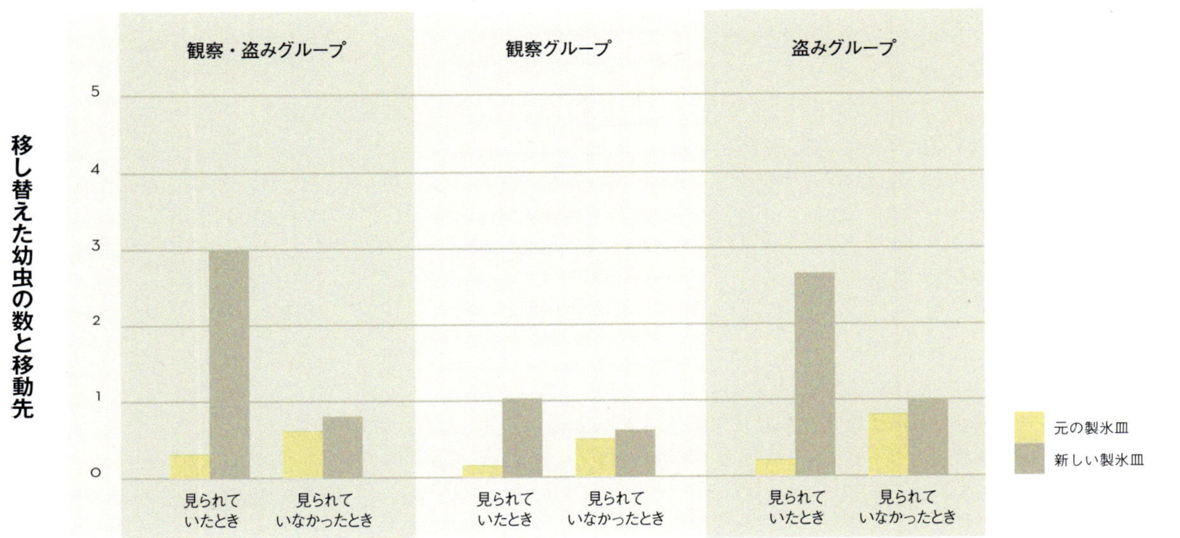

他者の気持ちに寄り添う鳥

私たちは、痛みや喪失感を感じている人を見るとかわいそうだと思います。
そして、その人と同じ経験をしたことがあれば感情移入をします。

痛みを分かちあう

感情移入とは、単に相手が苦しんでいることがわかるだけではありません。自分でも同じことを感じたことがあるから、相手の感じていることを自分でも感じているかのようにありありと理解できることを言うのです。その際、まずは自分の心の内側を見つめ、過去の経験を検索して、他者の感じていることを理解するための情報を取り出します。といっても、これは意識してやっているのではありません。無意識のうちに行って、その結果、他者の苦しみを自分のものとして感じずにはいられなくなるのです。

動物にこれができるか

動物における感情移入の研究の歴史は浅く、確証というより推測や逸話をもとにした報告が多いのが現状です。感情移入ではないかと思われる現象は、チンパンジーなど人間に近い霊長類に限らず、鳥やネズミなど他の動物でも見られています。この現象を観察するには、ある個体に人為的に苦痛を与え、周りにいる個体の反応を見る方法と、個体間の争いといった、自然状態で起こる出来事を観察する方法があります。いずれの場合でも、2者間の争いをそばで見ていた第三者が、攻撃されたものを慰めるような行動をすることがあります。これをコンソレーション（慰め）と言いますが、この言葉は行動そのものというより、そのもたらす結果に焦点を置いたものであるため、使い方は簡単ではありません。ともあれ、つがいが互いに対してするように、親が子の世話をしたり、守ったりするのは、コンソレーションというより感情移入と言ったほうが妥当なような気がしますが、実際のところはどうなのでしょうか。

上　ワタリガラスは仲間どうしで強い絆を持つが、食料や地位などをめぐって争いが起きることもある。そのあと、そばで見ていたパートナーが被害者を慰めるような行動を見せる場合があるが、これは他者の痛みがわかって行っていることなのだろうか。

ニワトリは子供を慰めるか

これを調べるために、ニワトリで実験が行われました。母鳥とその雛の顔に、空気をぷっと吹きつけることで擬似攻撃を加えてみるのです。その際、母鳥には装置をつないでおいて心拍数を測定します。では、自身が空気を吹きつけられたときと、自分の子供がされたとき、そして誰も何もされないときとで母親の心拍数に違いは表れたでしょうか。

結果は、自分が擬似攻撃をされたときは、誰も何もされないときと心拍数は変わりませんでした。しかし、雛が攻撃されたときには心拍数が上がっただけでなく、羽づくろいをする回数が減り、さらに頭を上げて警戒の姿勢をとることが多くなりました。これはつまり、注意が子供のほうに向かっているということですが、子供のことをかわいそうだと感じたのかどうかは疑問です。なぜなら、自分が空気を吹きつけられても心拍数が変化しなかったということは、母鳥はそれを特に嫌な出来事だとは感じていなかったということだからです。要するに、母鳥は子供に危害が加えられる可能性に対して警戒をしただけであって、子供が感じていることを自分のことのように感じていたという現象ではなさそうです。

真の友とは

コンソレーション行動を示す動物はかなり限られています。これを観察する際には、和解行動のところ（106ページ参照）

で出てきたPC - MC比較法を再び用います。争い事があったら、その後の10分間（PC期間）に、被害者とそばにいた第三者との間に（被害者と加害者ではありません）親和的行動がどれくらい見られたかを記録し、翌日の同じ時間帯（MC期間）にも同じ2者間で同様の行動が見られれば、それもすべて記録するのです。PC期間とMC期間で比較を行うと、コンソレーションがあったのかどうかを特定することができます。

この方法で観察した結果、親和的行動は争いが終わった直後に頻繁に見られるものの、すぐになくなっていくケースが多いことがわかりました。親和的行動は主に身体接触で、チンパンジーでは抱きあったりキスをしたりします。ミヤマガラスでは、くちばしを合わせたり（鳥のキスです）、一緒にディスプレイ（誇示行為）をしたりします。チンパンジーの場合、争いのあとのこうした行動はどの個体でもしており、関係の強いものや身内どうしでは特に多く見られます。ワタリガラスも争いのあと、そばにいた第三者が被害者とやりとりをしますが、ミヤマガラスと同じく、MC期間よりもPC期間にこの行動が多いことが確認されています。いずれにしても、こうして2者の間には、強い絆が生まれます。ミヤマガラスの場合はちょっと極端で、それがきっかけでつがいになることもあるほどです。

第三者による親和的行動は、争いが激しいときのほうが起こりやすいということもわかっています。つまり、被害者の苦痛の大きさに左右されるのです。また、すでによい関係にあるものに対して行われることが多いという事実もあります。こうしたことから、コンソレーションには感情移入が関わっているのではないかと言われています。相手の苦痛が明らかなときは、かわいそうだと思ってしまうものです。親しい相手であればなおさらです。当然ながら私の場合も、知らない人よりも妻のほうに愛着を感じているので、妻が苦しんでいれば、知らない人のときよりその苦しみをより強く自分のもののように感じます。

コンソレーション

他者が攻撃されるのをそばで見たあと、被害者を慰めるような行動をする鳥もいる。この行動をコンソレーションと言う。こうした親和的行動は主に身体接触で、加害者（A）による攻撃のあと、第三者（B）が被害者（C）に近寄り、くちばしを合わせたりする。また、被害者から近寄って慰めを求めることもある。

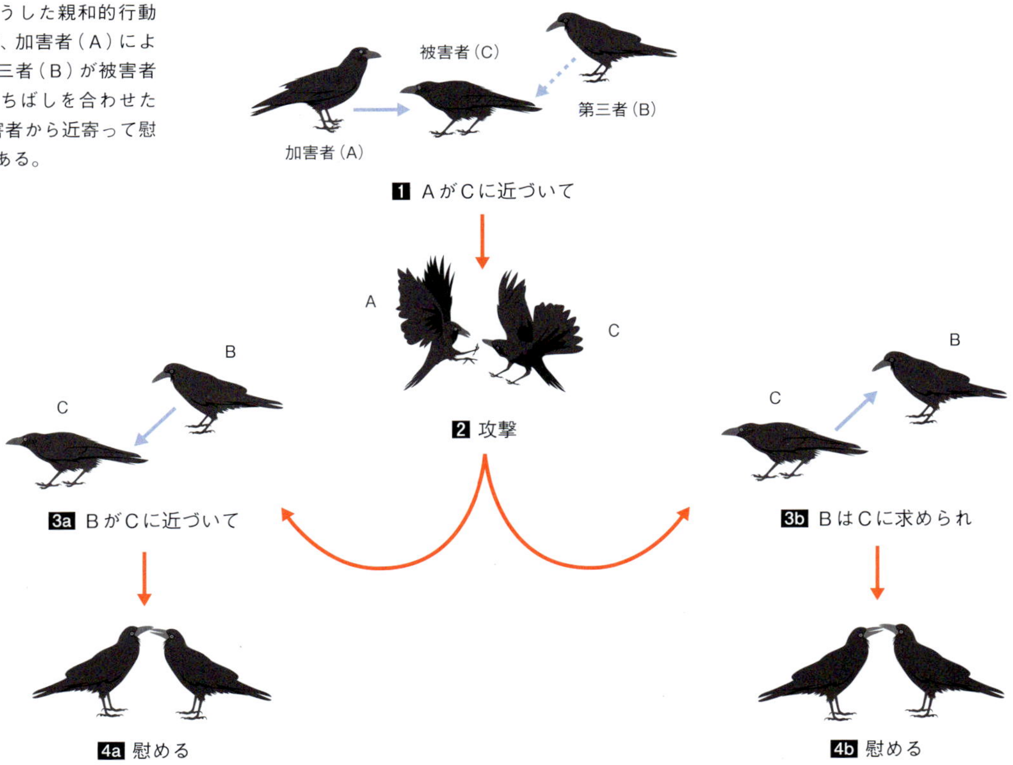

7 「トリアタマ」が死語になる日

まだまだある鳥の能力

これまでの話で、いかに鳥の知能が過小評価されてきたか、おわかりいただけたかと思います。類人猿やイルカに匹敵する能力があることも、納得していただけたでしょう。なかでもカラスやオウムの仲間は、人間の子供や初期の人類と比較しても劣らないほどでした。そんな知能を持ったものたちが、日常的に私たちの食卓にのぼったり、狩りや駆除の対象になったりしていることなど考えたくないという人もいることでしょう。

人間との知恵比べは必要か

現代のコンピューターの生みの親であるイギリスの数学者A・チューリングは、人間と同等の知能を持つ機械はいつかできるだろうと予言しています。チューリングは、第二次世界大戦でドイツが用いていた暗号「エニグマ」を解いたことで有名ですが、彼はコンピューターの知能を測るテストの開発も行っています。一連の質問に人間かコンピューターのどちらかが答え、答えたのはどちらだったかを審判役の人間が判定するというものです。今のところ、人間と区別できないほどの結果を残したコンピューターはありません。

では、動物ではどうでしょうか。人間がするようなことをできる鳥がいる、ということをこれまで本書で紹介してきましたが、その点について考察するにはまず、人間がしている「認知」とはそもそも何なのか再考してみる必要があるでしょう。たとえばエピソード記憶も、私たちの持つ人間関係や、それまでの人生経験、そのときの心の状態を多分に反映しています。さらに本で読んだり、テレビで見たりしたことの影響もあるでしょうし、想像による脚色も加わっています。しかし動物の場合、そのようなことはありません。したがってエピソード記憶があると言っても、それは文化による肉付けのない、生(き)のままの記憶であるに違いありません。このことから、鳥が過去の出来事を思い出し、頭のなかで追体験までしているとしても、人間と同じ土俵に立たせて考えてみる必要はないでしょう。

ハトにサルのまねをさせるには

前にも触れたR・エプスタインをはじめとする行動学者によると、人間も含めて認知というものは存在せず、すべての行動は試行錯誤や道具的条件付け〔訳注：特定の刺激に対する反応に強化を与え、その反応を起こりやすくすること〕による学習の結果であると言います。要するに、何事も実際にやってみて、その結果を見て学習するのであって、頭のなかでシミュレーションをして結果を予想するのではない、ということです。これにしたがえば、フォークを使うにしても、実際に手に取って何ができるかやってみることではじめて使い方がわかるのであり、過去の経験からフォークと似たものを頭のなかで検索してその機能を予想するのではない、ということになります。これが人間に当てはまるのかは議論が続いていますが、動物の行動については今もこのように解釈するのが主流です。動物の認知を研究するには、結局はその行動を観察するしか手がないからです。たしかに、何百回も失敗してようやく問題解決に至るような動物は、試行錯誤を通して学習しているのでしょう。しかし一方で、初回でできるようになるものもいます。この場合は、ほかの学習プロセスが関わっているように思われます。

よく知られている実験で、チンパンジーに道具的条件付けを行い、記号を使った伝達（人間の言語は記号の集合体です）や、洞察による問題解決、模倣、自己認識といったことができるようになるかを調べるものがあります。エプスタインはこの実験の手法を鳥に用いて、チンパンジーのような複雑な行動ができるか調べました。対象に選んだのは、いかにも問題解決が得意そうなものではなく、ハトでした。この実験をコロンバン・シミュレーションと言います（ハトをラテン語でコルンバということにちなんでいます）。

結果、ハトはエプスタインが施した訓練により、鏡でしか見ることができない胸のマークをつついたり、ぶら下げたバナナの真下に箱を押しやり、その上に乗ってバナナをつついたりといったことができるようになりました。それだけでなく、記号を用いる訓練では、色を表す記号を使って仲間に情報を伝えることまでできるようになったのです。これは、最終的な行動に至るまでの行動を分解して1つ1つ覚えさせ、それらをつなぎ合わせるという訓練の賜物ではありますが、そうして出てきた行動はチンパンジーと同じものだというのが関わった研究者たちの見解です。少なくとも、行動の要素を覚えるところまでの

左　カラス。オウムとともに、脳の大きな鳥の双璧をなす。認知能力は霊長類、ときにはヒトにも匹敵する。従来の一般的な認識をくつがえす事実と言えるだろう。

要領はチンパンジーと変わらなかったのです。

ピカソがわかる

それでは、鳥は知覚した刺激をどう分類し、概念化するのでしょうか。似た物体どうしなら、共通した特徴から分類できるはずですし、そうでない物体なら、その機能で分類できる場合もあるでしょう。たとえば目、耳、鼻、口という共通の特徴があれば、「顔」と分類できます。一方、機能で分類できるものには道具があります。体だけではできない仕事をするという点ではどの道具も同じですが、その形状はものによってまったく異なります。そうしたいろいろなものの分類を、ハトは訓練を積めばできるようになります。顔だけでなく、概念としての木や人といったものもわかるようになるのです。

たとえばハトは、木が写っている写真とそうでない写真を区別することができます。しかも写っている木の種類が違っても区別することができるうえに、ほかの植物と見分けることもできます。つまりハトは、「木」の概念を構築することができるということです。ハトはさらに、絵を画風によってグループ分けすることまでできます。ピカソの絵とモネの絵を数枚ずつ見せたところ、それらを正しく区別できただけでなく、モネであればセザンヌやルノアールと同じ仲間、ピカソならブラックやマティスと同じ仲間という分類までできたのです。

A：B＝C：D

鳥は物体の識別ができるだけでなく、その関係性も理解することができます。2つの物体が同じものかそうでないのか、重さや大きさの違いはどうかといったことまでわかるのです。このようなことを理解するには、いくつもある手がかりを正しく把握することが必要です。たとえば同じ物体でも、比べる対象によって大きいとも小さいとも言えます。したがって、単に物体と物体を区別するよりも複雑な理解が必要です。また、物体どうしの関係性には、AとBとの関係がCとDとの関係と同じかどうか、といった問題もあります（類推による判断）。しかし、動物にこれができるのかどうか調べるのは容易ではありません。

たとえば、大きい緑の丸と小さい黄色い丸があるとします。これをペア1とし、大きい赤い星と小さい金色の星をペア2とします。ペア3は、小さい青い星と小さいオレンジの四角です。それでは問題です。ペア1と似たペアはどちらでしょうか。答えはペア2です。大きいものと小さいものの組み合わせという点が共通しています。それに対してペア3は、大きさの点では同じものの組み合わせです。ではここに、ペア4も加えてみましょう。青い大きな丸と小さいオレンジの星です。このペア4と似ているのは、ペア3です。今度は大きさではなく、色が基準となるのです。2つの物体の色が、ペア3と4では共通しています。つい最近まで、動物にはこのような考え方はできないとされていました（言語の訓練を受けたチンパンジーは例外とする説もありましたが）。しかしズキンガラスが色、形、数を基準として、類推によってものを判断できることがわかったのです。

数を数える

では鳥にとって、数を理解することには何かメリットはあるでしょうか。ものが多いのか少ないのか、わからないよりはわかったほうがいいように思われます。実際の例としては、ニュージーランドコマヒタキ（ロビン）が隠した食べ物の数を、カッコウが托卵（たくらん）した卵の数を数えていることがわかっています。

この点に関連して、過去にO・ケーラーが興味深い実験を行っています。いろいろな種のカラスやオウムを使って、どこまで数を理解できるか調べたのです。そこで使われたのは、大きさの異なる点々が描かれたカードです。点々の数はカードによって違いますが、その面積の合計はどのカードでも同じになるようにしてあります。これらのカードを鳥に見せたとき、鳥は点の数を数えることができたのでしょうか。できたとすれば、いくつまで比べることができたのでしょう？　実は、6、7くらいまでは正確に点の数が多いほうを当てることができたのです。ケーラーは、鳥によってどんな行動を示したのか詳述していますが、1つ例を挙げると、コクマルガラスはカードに描かれた点の数だけ首を縦に振ったと言います。これは、人間の子供が指で数を数えるのに近い行動です。

また、数がわかるのは成鳥に限りません。孵化したばかりのニワトリの雛にも、ごく簡単な算数の能力があることが実験によってわかっています。まず、ヒヨコに対し、同一の5つの物体のセットを親と思うよう刷り込みをします。それから物体を2個と3個に分け、衝立（ついたて）の後ろに隠します。するとヒヨコは、数が多いほう（親に似ているほう）に向かっていったのです。これは、ヒヨコには2と3という数が区別できるということを示しています。生まれつき備わっている能力と考えられますが、こんな小さな頃からそのような能力がなぜ必要なのかは明らかになっていません。

数がわかるニュージーランドコマヒタキ（ロビン）

多くの鳥は、餌が多いか少ないかがわかるだけではなく、数を数えることや、簡単な算数（足し算や引き算）をすることもできる。

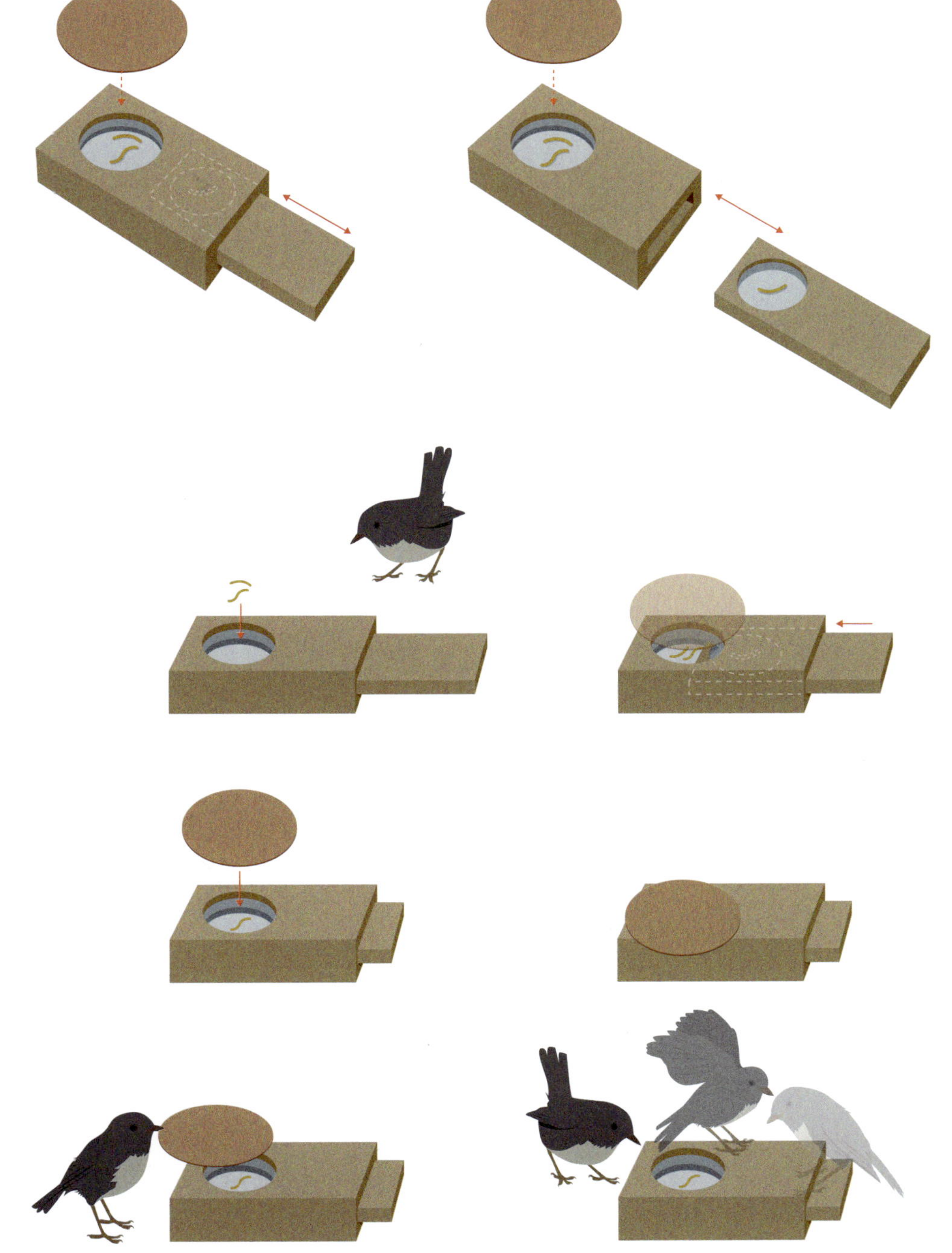

1 実験用の給餌装置。スライド式のトレイを操作することで、虫の数が減ったように見せることができる。これを使って、ニュージーランドコマヒタキ（ロビン）に算数のテストを行う。

2 まず、装置に虫を2匹入れてロビンに見せる。そのあとフタで虫が見えないようにして、その間に、なかのトレイを開口部にスライドさせる。こちらのトレイには虫は1匹しか入っていない。

3 装置を再びロビンに与える。フタを取ったロビンは、2匹いるはずの虫が1匹になっていることに気づく。

4 虫の数が最初に見たときと合わない場合（足された場合も引かれた場合も）、ロビンはしきりに装置の周りを調べる動作をした。虫の数が変わっていないときは、この動作をあまりしなかった。

新たな習慣を身につける

知能の進化についての歴史を調べるのは容易なことではありません。その理由の1つは、化石からでは知能に関する情報が十分に得られないからです。そのため、脳の大きさや群れの大きさ、食性、習性など、知能が関わっていそうなことを手がかりにするしかないのです。

イノベーションとは

人間の知能の発達を促したものとして、狩猟、道具使用、文化、社会性、駆け引きなど、さまざまなものが挙げられます。ただし、それぞれどの例においても、そこで見られる知能は特定の行動に特化したものに過ぎません。知能の本質とは、ある技能を、その本来の目的とは異なる場面で使用できることなのです。こうした知能の1つの表れに、イノベーションがあります。これは、それまでしていなかったことを新たにするようになることです。私たちが、ものの最小単位を可視化したり、時間と空間を超えたコミュニケーションを行ったり、月に行ったりすることができるのもすべて、1つの石斧からイノベーションを繰り返した結果なのです。

鳥のイノベーション

では、鳥にも新しいことを思いつく知能があるのでしょうか。今までいろいろな鳥にそのような行動が見られると言われてきましたが、それをきちんと系統立てて検証する方法がないのが課題でした。しかし、マギル大学（カナダ）の生物学者L・ルフェーブルの研究グループが鳥に関するさまざまな文献を調べていくと、鳥がふだん見られない行動を示した事例が大量に見られることがわかりました。事例研究は、鳥類学者だけでなく、アマチュアの観察家の間でも広く行われていたのです。ふだん見られない行動とは、行動自体が新しいということに加えて、それまで食べていなかったものを食べるということも含まれています。

ルフェーブルたちが分類・分析したデータベースによると、イノベーションが比較的多く見られたのはカラス科や猛禽類、カモメの仲間でした。オウムの仲間にあまり見られなかったのは意外な事実ですが、これには野生下でオウムの行動を観察するのが難しいという事情もあります。一方、イノベーション的行動が飛びぬけて多く見られたのは、やはりカラス科です。本書を執筆している今、窓の外ではコクマルガラスが庭の餌箱を狙っています。カラスの知恵をもってすれば、遠くないうちにきっと目的を達することができるでしょう。

それもカラスが賢いから

鳥のイノベーション的行動の多くは、それまで食べていなかったものを食べる行動です。これをするのはやはり雑食性の鳥が多く、冬など日常食が不足したときに特によく見られます。たとえば、凍った嘔吐物をカラスが食べていたという報告まであります。また、新しい行動をするようになる鳥と、道具を使う鳥が重なっている場合も多くあるだけでなく、逆転学習や問題解決、社会的学習に長けたものとの共通性も指摘されています。こうしたイノベーション的行動をする鳥の脳は、鳥類のなかでも最大級です（これは霊長類の場合も同じです）。中外套、巣外套についても同様です。ただし、これはあくまでも相関関係であって、因果関係ではありません。新しいことをするのに大きな脳が必要なのか、あるいは新しいことをするから脳が大きくなったのか（滋味に富む食べ物を食べるようになった結果、脳が発達するということもあるでしょう）、いまだによくわかっていないのです。

上　オウムの仲間は街でも見られるようになっている。適応能力が非常に高く、自然状態での棲みかとまったく異なる環境でも生きることができるため、生息域をどんどん広げている。

右　カモメ。主食である魚が減少しているが、雑食性であるため、栄養価が高い代用食をいろいろ探して食べている。

変化する人間との関わり

新しいことができれば、新しい場所に棲むこともできるかもしれません。これには一種の冒険心も必要でしょう。しかし環境は一定ではないので、食料が不足することもありえます。したがって、リスクも背負ったうえで適応する能力がなければ、命に関わる事態にもなりかねません。

開拓者たち

１つの食料に固執するものと、いつもとは別の食料を取り入れ、新しい場所に棲むことができるものとを比べてみます。環境が変化して食料が不足したとき、生きのびることができるのは当然ながら後者です。彼らは自らが生きのびるだけでなく、子孫も残していくでしょう。なかには、大陸を越えて新しい棲みかを見つけるものもいます。こうした新天地にも適応する能力を備えた鳥たちは、大きな脳を持ち、イノベーションの能力も高いことがわかっています。

街で生きる知恵

ここで、ガソリンスタンドの生ゴミ入れにやってきたミヤマガラスの話を紹介しましょう。このカラスはまず、ゴミ入れに頭を突っ込み、ピザの切れ端を取り出しました。それから今度はビニールの内袋の端をくわえ、引っ張りあげました。そして引っ張りだした部分を足で押さえ、またさらに引っ張って、を何度も繰り返しました。こうして袋は最終的に外に出され、なかの生ゴミはすべて地面にぶちまけられることとなりました。このカラスは自分の食べ物（ピザの切れ端）は確保したのに、なぜこんなことをしたのでしょうか。実は、栄養価の高い人間の食べ物をパートナーにも食べさせるためだったのです。

鳥にもいろいろ事情がある

気候の変化と環境破壊により食料も営巣する場所も減少した結果、鳥のなかには人間の住む場所に移動してきているものもいます。そのため私たち人間は、鳥が増えた環境に適応しなくてはなりませんが、事情は鳥のほうも同じです。つまり、自然とはまったく異なる環境に合わせた行動ができるものが、街で成功を収めることになるのです。しかしその結果として、鳥が人間を恐れなくなり、しつこく悪さをするようになることもありえます。実際、カモメなどの柔軟性の高い鳥は、新しい食べ物の開拓に余念がないので、すでに人間とのバトルに至っています。

その有名な例に、スコットランドのアバディーンに棲むカモメの話があります。この地のカモメは商店に侵入し、棚からトルティーヤの入った袋をさらっていくのです。それも、狙うのはオレンジ色のパッケージをした特定のブランドのものだけです。ほかのものには一切興味を示しません。店の人にとってはたまったものではありませんが、地元の人々はこれまでカモメをかわいがってきました。そこでカモメの窃盗行為を知った地元の人々は、一計を案じました。なんと、カモメが取っていった分のお金を餌代として店に支払うことにしたのです。

これは人間との争いが深刻化しなかった珍しい例ですが、いずれにしても鳥が人間のいるところに来るということは、私たちの生活に被害がおよぶことがあるということを意味します。ガーデニングをする人なら、植えた種を食べてしまう鳥との絶え間ないバトルを経験していることでしょう。また、庭に池がある家庭なら、大事な観賞魚をサギか何かに捕られたこともあるでしょう。もっとも、鳥との生活は悪い面だけではありません。たとえばシアトルで女の子に毎日餌をもらっているカラスは、やってくるたびに何かものを置いていくのだそうです。きっとお返しのつもりなのでしょう。

一方、鳥の側からすれば、街の暮らしは田舎とはだいぶ勝手が違います。その最たるものが、騒音による影響です。この影響を受けているのが鳴禽類（めいきんるい）たちで、彼らはさえずりが聞こえるように音の長さや周波数を調節しています。たとえばシジュウカラは、周囲の音が大きくなると声の周波数を上げます。街の騒音は低周波のことが多いからです。アメリカコガラも、車の音がうるさいときは周波数の高い音で短くさえずり、騒音が収まると周波数を下げ、また長くさえずります。そのほか、街の灯りが鳥に生理的な影響をおよぼすこともあります。繁殖や渡りなどの鳥の行動には、日照時間の変化が関わっていることがあるのです。たとえばコマツグミは灯りに近い場所に棲むと、朝に鳴き始める時間が早くなることがわかっています。

右　自然破壊の影響を受け、適応力の高い鳥は人間の住む街へと移動してきている。そこで新しい食料を開拓できるものが数を増やすことができるが、もともと住んでいたもののしっぺ返しを食らうこともある。写真はアオサギ。

人間よ、驕るなかれ

「黒い羽と翼をつけても、ほとんどの人間はカラスにはなれない。カラスのほうがよほど賢いからである」――アメリカにおける反奴隷制運動で高名なH・W・ビーチャー牧師の言葉です。彼がなぜこのようなことを言ったのか詳細は不明ですが（鳥の知能を研究していた、という理由ではきっとないはずです）、おそらく奴隷制度を有する人間の愚かさを、カラスの賢さを引き合いに出して諌めたのだと思われます。ビーチャー牧師の意図はどうあれ、鳥の持つ能力からすると当を得た言葉だと言えます。欲を言えば、黒い鳥だけでなく、青や緑や黄色の鳥のことも言ってくれればもっとよかったのですが……。

鳥にもこれだけのことができる

鳥たちの能力についてこれまでに見てきたことを、ざっとおさらいしておきましょう。

素晴らしい記憶力を持ち、何千というものがどこにあるのか長期間でも覚えている。何の道具も持たずに、ほかの動物ではありえない距離の移動をする（なかには大陸をまたいで移動するものもいる）。視覚的に合図を送って意図を伝える。自分の視界には入らないものでも、他者の視線からその存在を認識する。声を使ったコミュニケーションには、人間の言語と共通した特徴がある。オスとメスとのつがいを基本とした社会を形成する。ほかの鳥との関係を長期にわたって維持し、敵と味方を覚えておく。協力し、食べ物を分けあう。食べ物を使って他者の機嫌をとる。仲間のピンチに駆けつける。目的に応じて道具を使い分ける。仲間どうしで似た道具を使うという、文化にも似たものが見られる。新たに生じた問題に対処するために自ら道具を作成する（洞察と考えられる）。いつ、どこで、何が起きたかという過去の記憶があり、それをもとに未来の予定を立てる。自分では見えない体の部位に貼られたマークを鏡を見て外すことから、自己認識ができると考えられる。他者の行動を見て、その意図を理解する。何かを知っている他者と知らない他者とを区別する。

鳥たちのこのような行動を観察するのに、なにも熱帯のジャングルに分け入ったり、絶海の孤島まで旅をしたりする必要はありません。ただ窓から外を眺め、餌場で鳥が何をしているか、ちょっと観察してみるだけでよいのです。こうした知識を持って鳥を見てみれば、いかに鳥の知能が過小評価されてきたかがわかると思います。人間の知能の進化を研究する際にも、もしかすると類人猿よりも鳥類のほうが役に立つ材料を提供し

てくれるかもしれません。

これからの研究は

本書の執筆にあたっては、1つの事柄にでも異論も含めてできるだけ多くの説を紹介すること、そして実験の手順についてもできるだけ詳しく触れることに努めました。かなり専門的な内容にも踏み込みましたので、読みづらい部分も多々あったかと思います。しかしどの事項においても、鳥の行動の裏にあるメカニズムに目を向けていただくには、そうするほかなかったのです。

そもそも実験は、結果について別の説明ができる可能性を排除するように工夫が凝らされてはいますが、それでも学者によって意見の不一致が出てきます。それに学者は自分の支持したい立場に固執する傾向もありますし、データ自体が曖昧なこともあります。また、長い歴史を持つ定説はなかなかくつがえせるものではない、という事情もあります。動物の認知能力についての議論は、今も昔も結局は、行動とは学習の結果なのか、認知の結果なのかということに尽きます。積み重ねてきた経験を組み合わせることで何かができるようになるのであれば学習ですし、学習したことを別の状況で応用したり、それをもとに想像を働かせたりしているのであれば認知ということになります。現在では、程度はともかくとして、これらは相互に関連していると考えられています。その相互関係を明らかにしていくのが、これからの研究の課題なのです。

左　スズメに餌をやって楽しむ人は多いが、その心のなかについて思いをめぐらせる人は少ないだろう。しかし、わざわざ動物園にサルを見にいかなくても、家の窓から外を眺めるだけで同じくらい興味深い行動を見ることができるはずである。

右　鳥がいてもあまり気に留めない人も多いかもしれない。その理由は、鳥はそこまで洗練された知能や社会性を持つ存在だとはみなされていないことにあると思われる。しかし、少し注意して鳥の行動を観察してみると、私たちとの類似性を何かしら見出すことができるだろう。

鳥は鳴いても泣かないか

動物には認知能力がある、と断言することには問題がありました。それと同じく、動物には感情があるのかどうかというのも難しい問題です。動物の心理について考えるとき、必ず突き当たるのがこの問題です。私たち人間には感情があり、それが負の歴史の原因にもなりました。憎しみ、恐れ、強欲、悲しみ、嫉妬……。果たして鳥たちにも、こういったものがあるのでしょうか。

動物に感情はあるか

動物は感情を持っているように見えるものですが、それは私たちが動物をつい擬人化して見てしまうからです。犬が尻尾を振って走り回っていると、きっと喜んでいるんだなと思ってしまいがちですが、これは科学的な見方とは言えないのです。かといって、ただ報酬に対して反応しているだけだとするのも不十分です。実は科学者でも、ペットに感情があるという考え方を否定できずにいるのです。そこでまずは、恐れなど感情のなかでも原始的と思われるものから考えてみるのがよさそうです。

「恐れたような状態」は「恐れ」なのか

動物における感情として、恐れは最も盛んに研究されているものです。さらにそれは、動物は感情を持つという主張の裏づけとして最も有力なものでもあります。この恐れという感情に関わる脳の部位は扁桃体(へんとうたい)と特定されており、鳥の脳にもこれに相当する部位(弓外套(きゅうがいとう))があります。しかし鳥の研究において、実は恐れに焦点を当てたものはほとんどありません。

恐れというのは、外敵から身を守るための一種の適応ですが、あれこれ考えた結果として出てくるものではありません。動物の脳のなかには怖いもののデータベースがあり(本能的に怖いものと、学習によって怖がるようになったものとがあります)、それに該当するものを知覚したときに自動的に恐怖を感じたような状態になるのです。その結果として逃げる、関わりを避ける、仲間に注意を促すといった行動が表れます。しかし、恐怖という感情を実際に動物が感じているのかどうかはわかりません。そのため行動から推測したり、脳の活動を測定したりするほかないのです。ちなみにカラスの場合、自分に危害を加える可能性のある人の顔を見たとき、その脳内で活性化したのは哺乳類の感情をつかさどる部位に相当する場所でした(100ページ参照)。

勇敢な弱者

天敵は一刻も早く逃げなければならないものとして、あらかじめ脳にインプットされています。見たことがないものも、鳥は本能的に避けようとします(こうした反応を新奇恐怖(ネオフォビア)と言います)。しかし一方で、新しい食べ物はないかと常に探し回っているものもいます。たいてい集団のなかで地位の低いものたちです。彼らも見たことがないものは怖いに違いありませんが、それを乗り越えて挑戦しなければ、いつまで経っても餌にありつけないのです。ただし、そうして挑戦が成功しても、あれは食べられるものなんだなということがグループ内で広まってしまったら、また新しい餌探しを始めなければなりません。このようにリスクを冒して怖いものに立ち向かうかどうかには、個体差があります。大胆なものであれば、新たな場所に棲んでみるという挑戦もするでしょう。逆に控えめなものはあまり挑戦をせず、常に慎重な姿勢を崩しません。

愛と喪失

鳥の夫婦はいつも一緒に羽づくろいをし、くちばしを合わせ、食事を共にします。いずれの行為も、互いの心の安定につながってはいるのですが、これが愛の表れかどうかはわかりません。子孫を残すための単なる生理機能かもしれないのです。愛しあっているように見えるのは、私たち人間も同じようなことをするからです。働いているホルモンも類似していて、メソトシン(人間で言うオキシトシン)とバソプレシンが互いの絆を形成するのですが、それだけではやはり私たちが感じるような愛を鳥が感じているとは言いきれません。もし鳥が愛を感じるのであれば、愛するものと別れたときには悲しみも感じるはずです。これを調べるために実験で鳥をパートナーと引き離すと、餌を食べなくなったり、自分の羽づくろいをしなくなったりします。また、しょげかえってずっと相手を呼ぶようなしぐさも見せます。しかしそれでも、鳥には悲しみという感情があると断言することはできないのです。

右　パートナーや雛と強い絆を形成する鳥は多い。これには、人間が愛しあうときに働くホルモンと類似したものが関わっている。

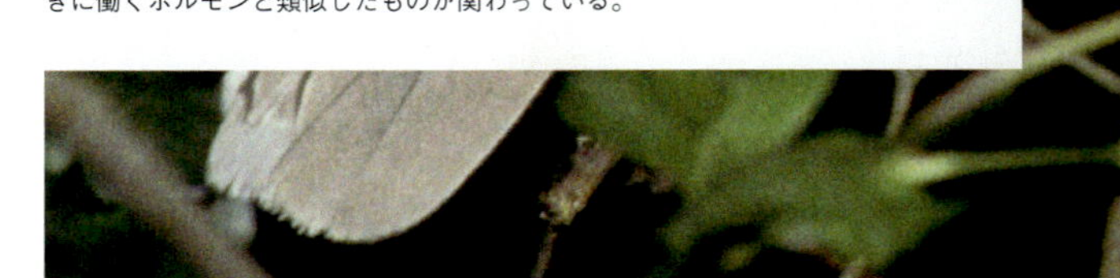

遊びに目的はあるのか

鳥は人間と同じような遊びをすることがあります。たとえば、カラスが雪の積もった屋根を滑りおりることもあれば、ハクチョウが波乗りのようなことをすることもあります。そのような様子を見ると、つい、楽しそうだなと思ってしまいますが、実際のところはどうなのでしょうか。

欲する脳と喜ぶ脳

哺乳類の脳には、報酬に関わる２つの回路があります。１つは何かを欲する回路、もう１つは何かを好む回路です。前者は快楽をもたらすものを求め、後者は、そうして得られたものに対して喜びを感じる役割があります。一般的に動物を遊びに駆り立てるのは快楽への欲求で、遊んでいる最中には喜びを感じます。この２つの回路には、どちらもドーパミンが関わっています。ドーパミンは哺乳類の脳全般に見られる神経伝達物質（いわゆる脳内麻薬）で、鳥では巣外套（そうがいとう）、中外套（ちゅう）、さえずり回路のなかで働いています。また、ドーパミン以外の脳内麻薬も報酬に対して重要な役割を持っており、働く部位がドーパミンと重なっています。こうした鳥の脳の構造から、鳥も哺乳類と似た感情を持っていると考えても何らおかしくはありません。鳥も遊んでいるとき、私たちと同じようなことを感じているかもしれないのです。

鳥も遊ぶ

遊びが観察されるのは、ほとんど鳥類と哺乳類に限られます。爬虫類では、飼育下でごく少数の例があるのみです。したがって遊びは、それら３群の共通祖先からではなく、鳥類と哺乳類に枝分かれしたあとで別個に進化したものと思われます。また、脳の大きいものほどよく遊ぶことから、遊びには認知が関わっている可能性が考えられます。特に複雑な遊びとなると、知能が高い種にしか見られません。さらに、成長するまでに時間がかかる動物ほど、遊びはよく見られる傾向があります。これはきっと、遊びを通して世の中の仕組みをじっくりと学ぶためでしょう。

ちなみに遊びをする鳥がいると言っても、それに相当する何らかの行動が見られるのは約１万種のうちの1％に過ぎません。そのなかで特に多く見られるのはやはりカラスやオウムの

左　ミヤマオウム。ニュージーランド南島の山間部に棲み、よく人間の持ち物を壊すことで知られる。これは楽しんでしていることのようにしか見えないが、果たして本当のところはどうなのだろう。

仲間で、霊長類やネコ目（食肉目）がよくやるような遊びをします。カラスやオウムの仲間には遊びのときに使う信号があり、これを互いに使って本当のケンカと遊びとを区別しているのです。

遊びの種類

鳥がする遊びは3つに分けることができます。まずは体を使った運動系の遊びで、空中での曲技やぶら下がり、逆さ飛びといったものがあります。特にワタリガラスや猛禽類は、飛んでいる最中にいろいろな技を繰り出します。2つ目は物体を使った遊びで、実際に触れていろいろ試してみることで、その機能を理解したり、食べられるかどうかを判断したりします。飼育下ではさらに進んで、遊びを通してはじめて見る物体を道具として使えるようになることもあります。野生下では見ることのない物体をあれこれいじってみて、その使いみちを見出すのです。なかでもミヤマオウムは見慣れない物体をいじるのが好きで、車のアンテナやミラーを壊したり、捨てられたがらくたを荒らしたりします。ふつうに考えて、無目的にものを壊すのは楽しんでいるとしか思えません。

最後の1つは社会的な遊びで、追いかけっこをしたり、取っ組みあいをしたりといったことです。こうすることで、ケンカの仕方も求愛の仕方も覚えていくのです。社会的な遊びが、ものを取りあうという形をとることもあります。たとえば、飼われている2羽のミヤマガラスが新聞の切れ端を引っ張りあって綱引きのようなことをすることがありますが、彼らの足元には同じような紙片がいくらでもあります。ということは、紙が欲しいから取りあいをしているのではなく、ただ引っ張りあうのが楽しいからしていることなのでしょう。

遊びに喜びを感じる脳

ドーパミンの投射と受容体。ドーパミンは、遊びを楽しむことに関わっている。

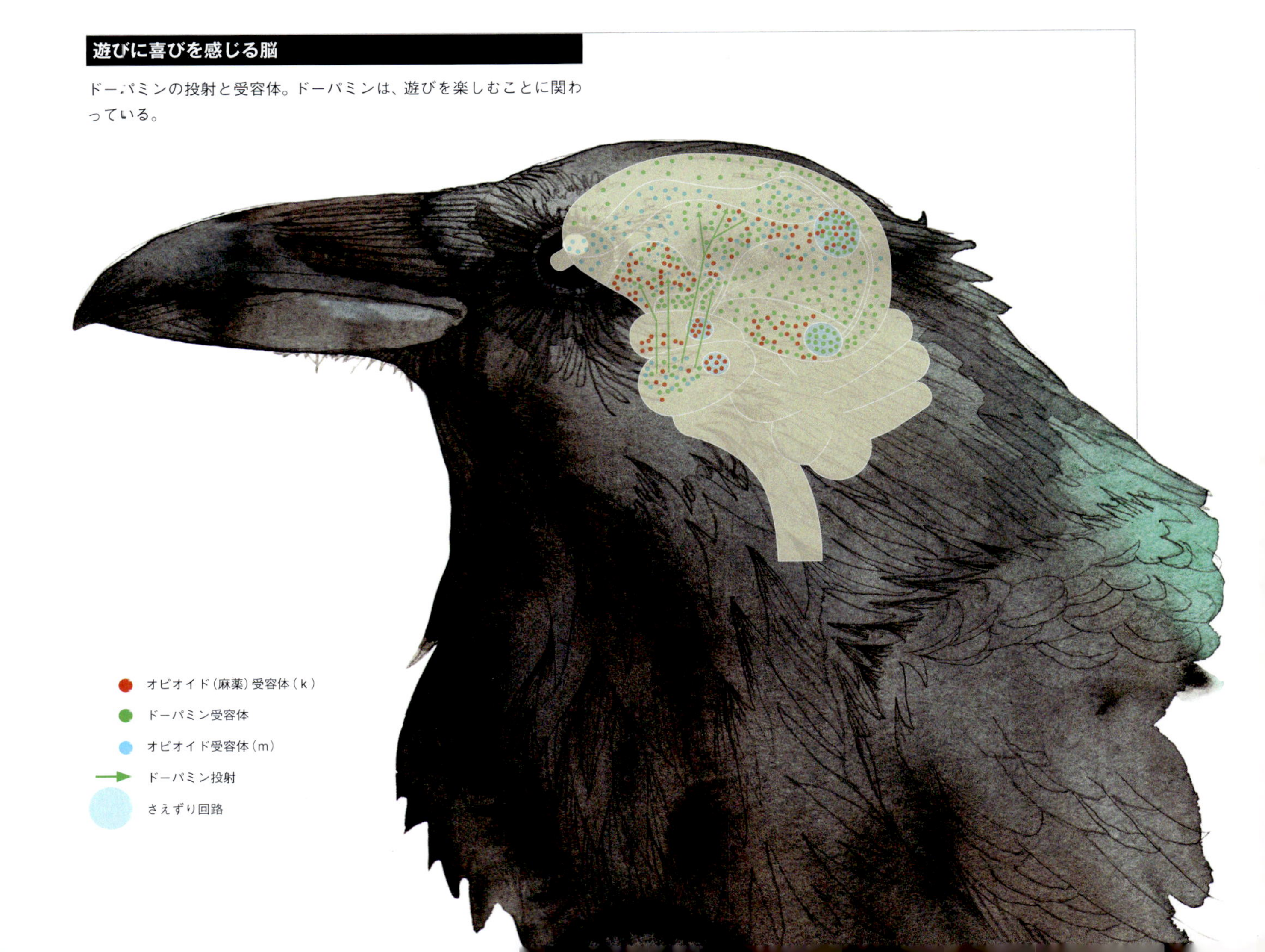

鳥のさえずりと人間の言語

動物界でも鳴き方を学習するものはまれで、鳥のなかでは鳴禽類、オウム、ハチドリの3グループだけでした。これらには共通する脳内回路があって、それを通して音声の学習をしていることも確認しました。実は、人間が言語を学ぶときも鳥と同じようなことをしています。人間にも敏感期があり、それを過ぎると言語の習得は難しくなってしまうのです。

言語のモデルとしてのさえずり

人間が音声を学習・生成する際、鳥がさえずるときと同じような神経回路が働いています。具体的にはまず、聴覚情報が側頭皮質の聴覚性言語中枢（ウェルニッケ野）で処理されます。そのあと、前頭皮質のブローカ野で学習され、発話への変換が行われます。このとき、顔の筋肉に関わる運動野が発話に必要な体の部位に働きかけを行います。実際のところは、鳥がさえずりを学習する回路には少し違う部分があり、また人間にしかない回路もあるのですが、人間の言語の起源をたどるうえで、鳥のさえずりはそのモデルとして大きな意味を持ちます。なぜなら、どちらも学習して身につけるものであり、音の構造や組み合わせによって意味が生じるという点でも、両者は共通しているからです。ただの地鳴きや呼び声とは根本的に異なるのです。さらに、感覚学習期と感覚運動期という段階を経ることも両者に共通しています。

再帰

さえずりは、音のつながりやフレーズの組み合わせが決まっているという点では言語に似ていますが、再帰ができないという点で異なっています。再帰とは、1つの句に別の句を埋め込んでいき、入れ子構造を作ることです。私の好きな入れ子構造に、イギリスでよく見かける「Sign not in use（この標識は無効です）」という標識があります。この標識は実際にはそばにある別の標識（電光標識）のこと指しているのですが、それ単

人間の言語をつかさどる回路

左側が顔側。83ページの図と同様に、聴覚に関わる部位を青、学習した音声の再生に関わる部位を赤、発話の際の舌や唇、声帯など、体の運動機構をつかさどる部位を緑で示した。

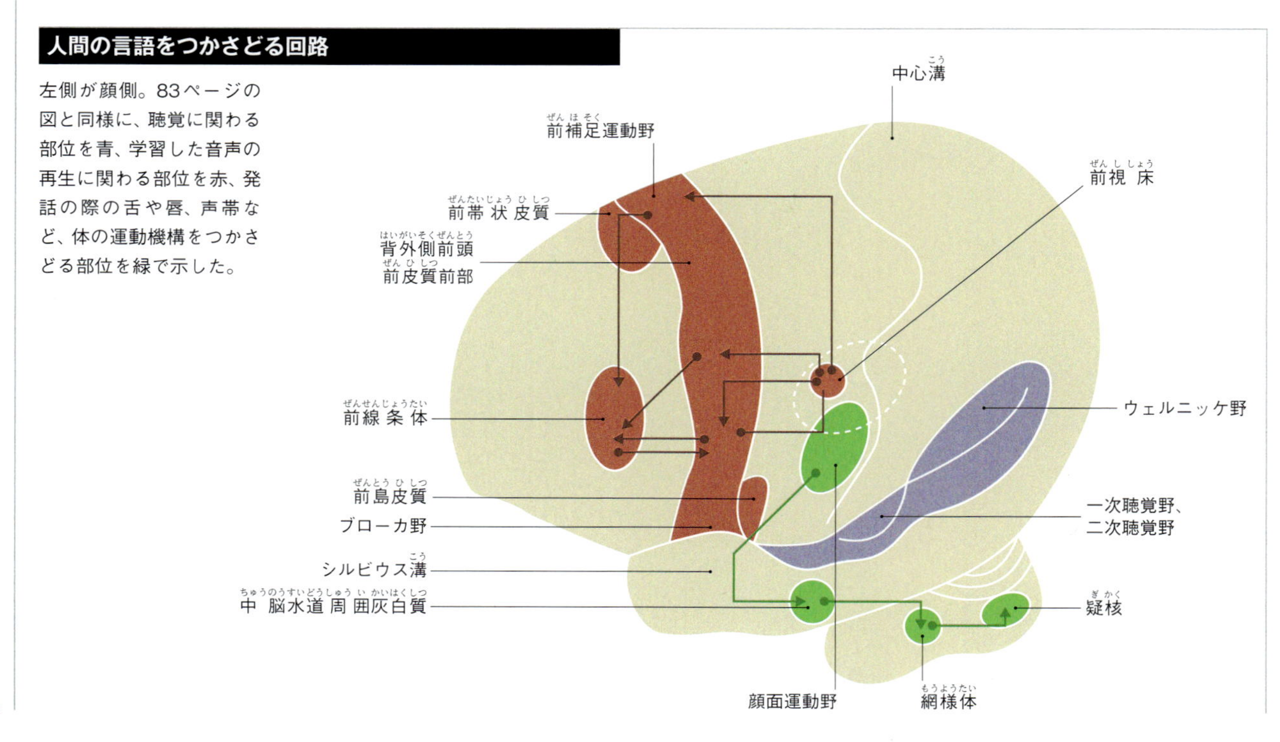

体で見ると実に面白い標識です。なにせ、無効であるということが有効であるということは無効である、ということは……と、意味が無限に循環していくのです。ある情報が別の情報に埋め込まれて入れ子になっている点で、これも再帰の一種です。

では、言語における再帰の例を挙げてみましょう――「ボブが街へ行こうとしているとジムは思ったということをスーザンが考えたということをハリーは知っていた」。このようにして原理的には無限に続く文を作ることができるので、人間の言語はやろうと思えばいくらでも複雑にすることができるのです。しかし鳥の場合、ムクドリやキンカチョウで行われた実験でわかっている限りでは、さえずりに入れ子構造を作って聞かせると再帰構造を理解できることはあっても、さえずり学習に再帰が関わっているということはないようです。

発声と遺伝子

人間の発話には、遺伝子と環境の両方の要因が関わっています。遺伝子と行動とに1対1の対応関係があるわけではありませんが、遺伝子の変異により特定の行動に何らかの影響が出る場合もあります。言語の場合は、変異によってFOXP2という転写因子［訳注：DNAに結合して、その発現に関与するタンパク質のこと］が働かなくなると、親子3代にわたって発話に障害が出ます。具体的には唇や舌、あごや口蓋の動きに障害が表れ、正常な発話ができなくなるのですが、これを発達性発話運動障害（DVD = Developmental Verbal Dyspraxia）と言います。

そのFOXP2遺伝子は、進化によって多くの種に長く受け継がれており、神経系の発達（脳の構築）に重要な役割を果たしていると言われています。鳴禽類の脳にもあり、さえずり模倣回路である線条体のX野で発現しますが、特にさえずりの型ができあがって結晶化する前、ぐぜりの段階で発現が増えるため、FOXP2は発声の可塑性に関わっていると考えられます。実際、鳥のFOXP2を人為的に働かないようにする（こうした技法を遺伝子ノックアウトと言います）と、感覚運動期にお手本を正しくまねすることができなくなり、間違いだらけの歌を歌うようになります。この現象はまさしく、人間のDVD患者に見られる症状と同様のものと言えるでしょう。

下　キンカチョウ。さえずりは特別美しいわけではないが、シンプルでわかりやすいため、鳥のさえずりの生成を研究するうえで格好のモデルとなる。また、人間の言語との共通性を調べる際にもよい材料となる。

知能も進化する

20世紀に入るまで、知能を持つのは私たち人間のみだと考えられていました。そもそも、人間が動物の一種であることもわかっていませんでした。人間はチンパンジーなどと同じ祖先から進化したのだという考え方を、今も受け入れない人たちもいます。そうでない人たちでも、「賢い動物」と言うと、やはり真っ先に自分たち人間を挙げるのではないでしょうか。

存在の偉大な連鎖

ダーウィンが登場する以前は、人間と動物との関係は、古代ギリシャの哲学者アリストテレスの言う「存在の偉大な連鎖」または「自然の階梯（かいてい）」の位置づけにもとづいて考えられていました。動物の序列を階段で例えたとき、いちばん下に無脊椎動物を置き、1つ上の段に魚類と両生類、次に爬虫類と鳥類と哺乳類、そして頂点に人間を置く考え方です。この考え方が、長い間、鳥類の知能を誤解するもとになっていたのです。

体の進化、心の進化

体の特徴は、近縁種どうしではよく似ていますが、これは、共通の祖先が持っていた特徴をそのまま受け継いでいるからです。カラス科の鳥どうしが似ているのも、同じ特徴を持った祖先がいたからです。進化とは基本的に保守的なものなので、生存や繁殖に有利な特徴はそのまま保持されていきます。カラスの仲間がほぼ例外なく黒い羽根をしているのも、そのためです。しかし、くちばしの形は種によって少しずつ異なっています。これは、それぞれの主食（植物の種、魚、死肉、虫など）に応じた形に進化したためです。なかには食べるだけでなく、道具を作るのにも便利な形になっているものもいます。その一方で、進化は動物の心にも影響をおよぼしています。では鳥の場合、体と同じように、心の働きも親戚どうしで似ているものなのでしょうか。

相同（そうどう）と相似（そうじ）

生き物どうしが共通の祖先から受け継いだ共通の特徴を持つことを、相同と言います。何かと何かが似た特徴を持っているとき、両者が近縁であれば話が早いのですが、そうではない場

合もあります。似た特徴を持ってはいるが祖先は別、というケースです。たとえばサメとイルカはまったく異なる生き物ですが、同じような流線型の体をしています。これは、水中で獲物を追いかけやすいように進化したためだと思われます。また、プテロサウルス、昆虫、コウモリ、鳥はみな飛ぶための器官を備えていますが、これらも別々の進化をたどって持つようになったものです。もし共通の祖先から受け継いだのであれば、今頃は空を飛ぶ動物だらけになっていたことでしょう。

このように、生物どうしが近い親戚ではないのに、ほかの動物にはあまり見られない特徴を共通して持っている場合、それを相似と言います。相似は、類似した環境において類似した適応をした結果見られるようになったものです。したがって、機能が類似していても、体の構造はまったく異なる場合もあります。目にしても、単に明暗を知覚するだけだったものから、種によって必要な視覚情報をより多く取り入れられるよう、何度も進化を繰り返してきたのです。色がわかるのも、その1つです。

知能の収斂(しゅうれん)進化

体だけでなく、行動も進化していきます。その過程で、近縁でもないのに同じような認知能力を持つものが現れることがあります。しかし脳の構造は異なるので、その能力はそれぞれ別個に進化したと考えられます。たとえばカラス科の鳥と類人猿は、他者との関係に関わる問題解決をしなければいけないことが多いため、似たような認知能力を持つに至りました。両者とも、複雑な社会構造をした群れに棲んでいます。そうした環境のなかでは、他者の視線がどこに向いているか、何を見ているか、なぜ見ているかといったことがわかるほうが有利に働きます。つまり、他者の視線をもとに餌などをめぐる駆け引きをすべく、カラス科と類人猿は別々の進化をたどりながらも同様の能力を備えるようになったのです。

ただし、両者の能力は似ているとはいえ、これを相同とみなすことはできません。両者が共通の祖先から枝分かれしたのは3億年も前で、しかも、ほかの鳥類でも哺乳類でも同じような能力が見られるものはほとんどいないからです。親戚でもないのに、似た問題に対して同じ解決法を進化させた過程の詳細はわかりませんが、いずれにしてもカラス科と類人猿には身体的、心理的に共通した点が多く（大量の情報をすばやく処理する脳、色がわかる目、器用さ、洗練されたコミュニケーション能力、雑食性、他者との絆など）、その結果として共通の能力を持つに至ったのでしょう。

下　知的な行動をするのはカラスやオウムに限らない。同じく脳が大きく、複雑な社会性を持つものにはゾウ、イルカ、ハイエナ、アライグマ、類人猿、サルなどがいる。これらの動物はみな、「優等生組」と言える。

優等生組の新入生

カラス科と類人猿には共通した特徴がありますが、これらは彼らの近縁にあたる動物（カラス科以外の鳴禽類やキツネザル）には見られません。しかしこうした特徴を基準にすれば、優等生組に入れられそうな動物をほかにも探すことができそうです。これまでに判明しているのは、オウム、ゾウ、クジラ、イルカですが、類人猿ではないサルのなかにも候補はいます。さらにハイエナやアライグマ、はたまたイタチ科のなかにも同じようなことができるものがいます。

優等生組のメンバーを確定するには、もっと広い範囲で動物の認知能力を調べなければなりません。そのためには、ほかの動物があまり使っていない感覚をたよりにしている動物や、手やくちばしが使えないためにものの操作ができない動物にも応用できる実験方法を考案する必要があります。たとえばイルカは、四肢がないので道具を作ることはできません。また、哺乳類や鳥類の多くが主に視覚をたよりにしているのに対し、イルカは聴覚を主に使って周囲の状況を把握しています。そこでイルカに与える認知タスクを考える際には、一般的に行われている視覚を使う認知タスクを、手足を使わずに聴覚のみを使ってできるように調整すればよいのです。

優等生組にしかないもの

鳥類の脳の情報処理能力が哺乳類と同等である可能性があることはすでに指摘しました。また、体全体に対する脳の大きさでは、カラスやオウムの仲間は高等な類人猿に匹敵することも紹介しました（32ページ参照）。哺乳類の優等生組（類人猿、イルカ、クジラ、ゾウ）は、どれも大きな脳を持っています。脳の相対的なサイズが最大なのはヒトで、皮質もよく発達しています。実は、こうした動物たちの脳にはほかの動物には見られない特徴があります。フォン・エコノモ・ニューロン［訳注：フォン・エコノモ（von Economo）は発見者の名］という紡錘形をした細胞の存在がそれです。

知能の高い動物たち

進化の経路を、脳の形状とともに示す。

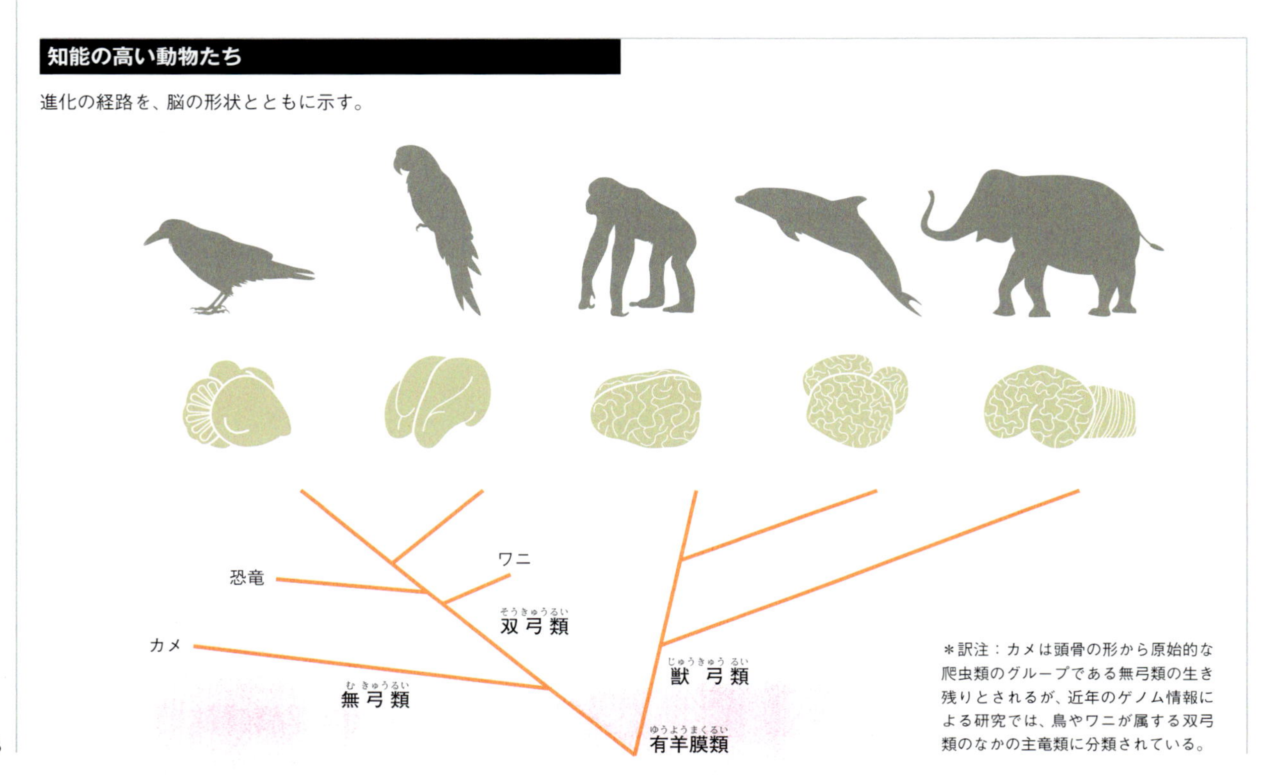

＊訳注：カメは頭骨の形から原始的な爬虫類のグループである無弓類の生き残りとされるが、近年のゲノム情報による研究では、鳥やワニが属する双弓類のなかの主竜類に分類されている。

フォン・エコノモ・ニューロンは、より一般的な皮質ニューロン（錘体細胞）とは構造的に異なっています。紡錘細胞であるフォン・エコノモ・ニューロンには長い樹状突起があり、それが細胞本体から上に向かって放射状に枝分かれして伸びているのに対し、錘体細胞である皮質ニューロンには上下に伸びた樹状突起が1本ついているだけなのです。紡錘細胞の機能についてはまだ推測の域を出ませんが、このニューロンは前帯状皮質と前島皮質のなか、つまり他者との関係性と、それにまつわる感情に関わる部位にのみ見られるため、社会的認知に関わっているという説が有力です。おそらく、脳内で錘体細胞だけでは届かないような離れたところにも情報伝達を行っているのでしょう。賢い哺乳類の大きい脳のなかを情報が効率よく巡るカギは、ここにあるのかもしれません。

鳥に紡錘細胞はあるか

では、鳥類の優等生組にも特別なニューロンはあるのでしょうか。私の知る限り、この点について研究した人はまだいません。しかし私の推測では、カラスやオウムの脳内にほかの鳥にはない何かがあるとしても、哺乳類と同じ紡錘細胞（フォン・エコノモ・ニューロン）ではなく、何か別のニューロンだろうと思います。ただし、脳内での情報伝達の効率性ということがカギなのであれば、鳥の脳は核構造という形ですでにそれが実現されていることになります。哺乳類の優等生組の脳細胞が進化して鳥類の脳のような形に近づけば、またさらに高性能の脳ができあがるかもしれません。

下　コクマルガラス。体の大きさに対し、非常に大きな脳をしている。これはチンパンジー並みであるが、飛ぶためにはその分、体を軽くしなければならない。きっと、体重を抑えつつ脳を発達させる秘密が体の構造に隠されているに違いない。

優等生の持ち物

カラスやオウムができることは、
ヒトにいちばん近いと言われるボノボがしていてもすごいと思えるでしょう。
しかし、私たちは何をもって「すごい」と思うのでしょうか。
カラス科や類人猿の研究から、複雑な認知には4つの要素があると言われています。
それらは、優等生組だけが持つ「道具」なのです。

上　鳥が棲む環境はさまざまに変化する。そのため、新たな問題が生じたときに試行錯誤で解決法を探していては生き残るのが難しい。そこで求められるのは、柔軟性をはじめとした知能である。写真はアオカケス。

ここで、認知と知能の違いを改めて確認しておきましょう。多くの動物が日常的にしているのは認知です。たとえば、ミツバチがダンスをして巣のメンバーに食べ物のありかを教えるのも、サルが食べ物の価値に応じて交換するものを決めるのも認知に該当します。また、ニワトリのヒヨコは孵化して数日で人間の幼児並みの算数ができますが、それがある特定の状況下でしかできないのであれば、知能があるとは言えません。本能として持っているもの、学習して身につけたものにかかわらず、知識や技能を状況にしたがって応用して用いる能力、それが知能なのです。

このような「柔軟性」が、優等生組の持つ道具の第一に挙げられます。実際、カラスも類人猿も状況の変化に応じて作戦を切り替えたり、更新したりできます。たとえば貯食(ちょしょく)をしているときは寒くても、そのあと急に温度が上がって、餌の賞味期限が短くなることもあるでしょう。そんなとき、柔軟性のある鳥ならば予定を変更して、餌の回収を前倒しすることができるのです。

２つ目の道具は、「想像力」です。これは、かつては人間だけが持つものとされていましたが、現在では動物にもあるのではないかと考えられています。ただし、その決着はまだついていません。それでも、数種の鳥や類人猿が何かを実際にやってみる前に、頭のなかで試行錯誤をシミュレーションすることができるのは確かです。たとえば、針金を曲げて道具を作ることができるのも想像力があるから、と考えることができます。ま

認知の４つ道具

賢い動物が行っている複雑な認知には、因果関係の理解、柔軟性、予測、想像力という４つの要素がある。下の図には、カラス科の鳥がそれらを示している例を挙げている。
ワタリガラスは、水に石を入れたらどうなるかわかる（左上）。アメリカカケスは、腐りやすいものとそうでないものを別々に貯食し、気温の変化によっては餌の回収の予定を変更する（右上）。アメリカカケスは、貯食をするところをほかの鳥に見られていた場合、あとで餌を別の場所に移し替え、盗まれないようにする（左下）。ワタリガラスは、筒のなかにある餌のバケツを取り出すため、針金を曲げて鉤道具を作る（右下）。

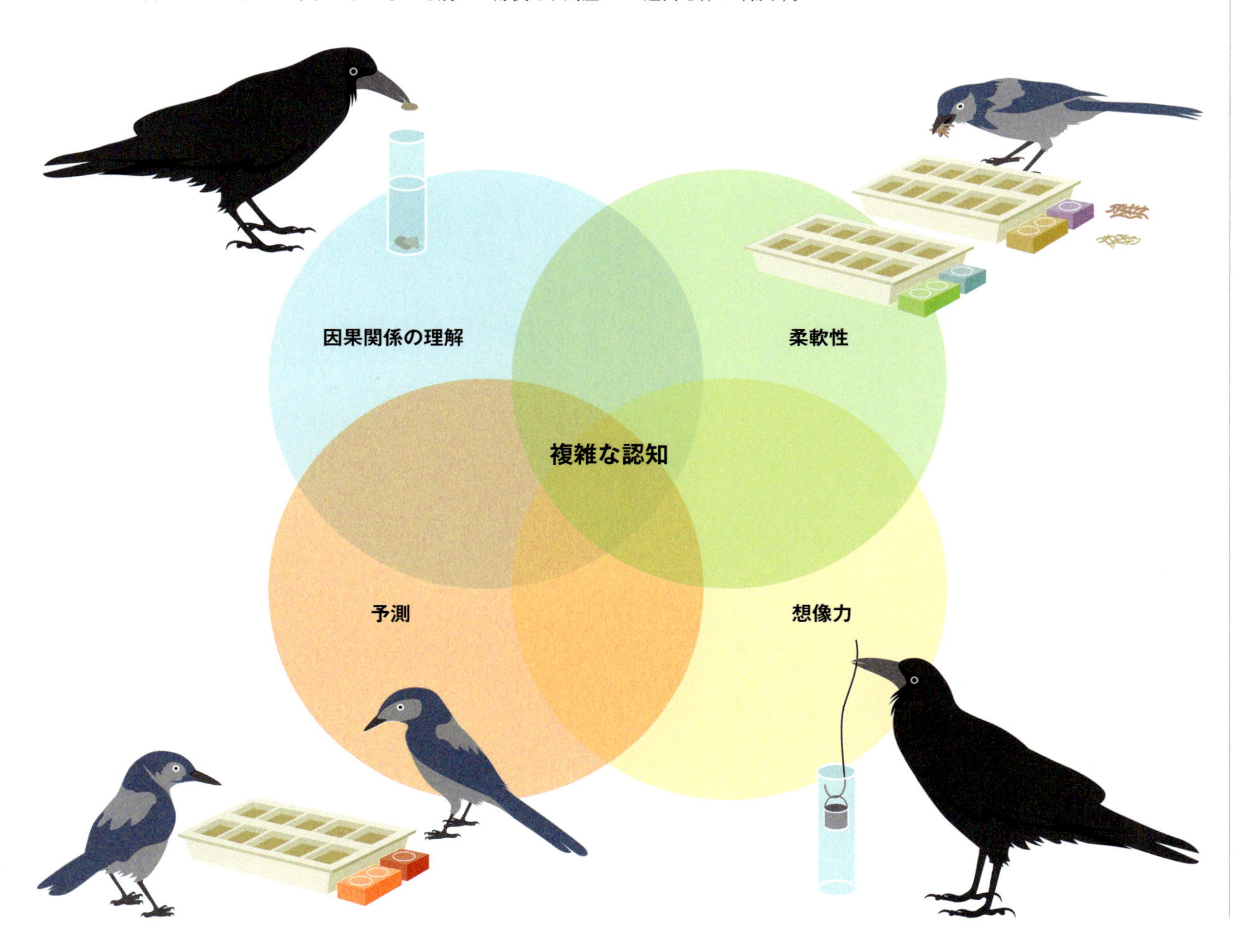

た、翌日パズル箱を開けるために道具を使わずにとっておく、というのもそうでしょう。

そして３つ目の道具は、この想像力からつながるもので、未来の見通しを立てること、つまり「予測」です。これには柔軟性と想像力の両方が必要です。未来とは見えないものですし、変化もするものです。したがって、いろいろな可能性を想像・想定し、柔軟な計画を立てる能力が必要になるのです。

認知の最後の道具は、「因果関係の理解」です。つまり、ああすればこうなると、ある行動に対して生じる特定の結果を理解する能力です。原因と結果の関係は目には見えませんが、同じことが繰り返し起こるなかで学習することはできます。こうした関係を動物が理解しているかどうか調べるには、ある状況下で起きた一連の刺激から学習したことを、同じ規則が適用できる別の状況に応用できるかテストすればわかります。

以上の４つが、現在わかっている限り、カラスや類人猿の知能の核となっているものです。これは、他の賢い動物についても当てはまるものと思われます。

鳥と私たち

有史以来、鳥は神秘的な存在であり、特別な能力を持った人間のみが「天使の言語」を使って鳥と会話ができると考えられてきました。その言語を操る者は未来を予言することができ、神のみが知る秘密にも通じていると言われていました。

上　オオカミにつきまとうカラス。カラスは、こうすればどうなるかを意識してやっているのだろうか。うまくいけば獲物のおこぼれにあずかることができるとわかっているのだろうか。その答えを、私たちは見つけることができるだろうか。

人間と鳥が共生する古代の知恵が、現在でも残っている例があります。たとえば日本や中国では鵜が人間の漁の手伝いをしますし、アフリカの奥地ではミツオシエ科の鳥が人間にミツバチの巣の場所を教えます。また、獲物を食べているオオカミの存在をカラスが狩人に教える例もあります。いずれも人間が鳥の行動を読み、自分たちの役に立てているわけです。私たちは今、鳥の認知の秘密を解くのに科学の手法を用いていますが、これを昔の人が見たら魔法のように思うに違いありません。それが使える私たちは幸運であると言えるでしょう。しかしまだ、鳥と会話をして神の領域に近づいているわけではありません。

研究はまだまだ続く

ここ20年で鳥に対する見方は大きく変わりました。世界にいる1万種もの鳥のうち、本書で扱うことができたのはほんの少数ですが、それでも鳥がいかに知的な生き物であるのかおわかりいただけたことと思います。鳥の持つ社会性や情緒が明らかになってきた今、「トリアタマ」もそろそろ死語にしてよいのではないでしょうか。しかし、調べるべきことはまだたくさんあるのも事実です。

動物と鳥と私たちと

科学者によっては、動物の知能が明らかになるほど、彼らの心のうちにある「意識」というものが見えてくると言います。そして、意識を持つような動物は人間と同じように扱うべきだと主張するのですが、私はそのような考え方には賛同しません。見た目や行動がどんなに似ていたとしても、動物は動物です。人間とは違います。なにも私は、動物を尊重しなくてよいと言いたいのではありません。むしろ逆です。人間との共通点に目を奪われるあまり、自分たちが扱ってほしいように動物を扱うことにより、かえって動物が本当に必要としていることや、やりたいことが見えなくなってしまうのではないかと危惧しているのです。そういった面にこそ動物本来の個性があるわけですし、そもそも個々がそれぞれ異なっているから私たちは動物に惹きつけられるわけです。

現在、鳥の知能の研究は隆盛を迎えつつあり、さまざまなことが判明しています。そして知れば知るほど、鳥にはまだまだ未知の能力があるに違いないと思わされます。私たちは今、そんな知的興奮の真っ只中にいるのです。現在も進行中の研究がたくさんあり、ぜひ本書でご紹介したかったのですが、スペースの都合上、一部にしか触れることができませんでした。それでも本書を読み終えたみなさんが、翼という私たちにはないものを持った生き物に親近感を持ち、今までと違った目で窓の外の彼らを眺めてくださるようになれば、これに勝る喜びはありません。

右　日本や中国では鵜が人間の漁の手伝いをするが、これは利他的行動ではなく、飼い主にやらされているものである。鵜は縄でつながれ、小さな魚以外は飲み込めないよう首には輪がはめてある。こうして鵜がのどにためた魚（6匹まで入る）を、漁師は手に入れるのである。

補遺

用語解説

一雌一雄制［いっしいちゆうせい］
雌雄がつがいとして強く結びつく関係。死ぬまで関係を維持する鳥も多い。子孫を残すのが目的であるが、同性の個体どうしでも似たような結びつきを示すことがある。

意味記憶
陳述記憶の1つで、生きていくなかで少しずつ身につけていく一般的な知識のこと。

因果関係の理解
ある出来事（原因）と、その結果生じた事象との関係を理解すること。「ものを押せば、倒れる」など。

エピソード記憶
陳述記憶の一種。過去の個人的な出来事にまつわるもので、時間、場所、中身の3つの要素をともなう。

外套［がいとう］
脳を覆う外側の部分で、感覚情報処理、記憶、感情、報酬、学習、意思決定をつかさどる。爬虫類、鳥類、哺乳類が共通して持ち、哺乳類ではこれが皮質の白質、灰白質となる。

概念化
異なる知覚刺激を、共通の特徴によって同じものとして捉えること。

海馬［かいば］
皮質または外套の延長上にある脳の部位で、空間定位や短期・長期記憶、想像力において重要な働きを担う。

経験の投影
自分の経験をもとに、他者が何を考えているか予測すること。

行動の柔軟性
気候や食料事情など、環境の変化に適応する能力のこと。

心の理論
信条、望み、意図、知識など他者の心にあるものを推測し、その行動を予想する心の働きのこと。

再帰
人間の言語の特徴で、原理的に無限の長さの文を作ることができる入れ子構造のこと。人間を動物と区別する要素の1つとされる。

自然の階梯［しぜんのかいてい］
アリストテレスに起源を持つ、動物を直線的な序列に位置づける考え方。人間を頂点として、身体的、内面的に似たものから順に下がっていく。ダーウィンの進化論と対極にある考え方。

実行機能
作業記憶、注意、計画、理由づけ、問題解決など、行動の管理や制御を行う認知プロセスのこと。

社会的知性
社会で生きていくために必要な知的能力のこと。

序列
群れのメンバーどうしが争い、その勝ち負けにしたがって生まれる優劣関係のこと。

新奇恐怖（ネオフォビア）
見たことのないもの、場所、出来事を恐れること。

神経新生［しんけいしんせい］
脳内で新しいニューロンが作られること。海馬や鳥のさえずり回路において特徴的に見られる。さえずりや貯食など、特定の行動が必要な季節や状況に応じて起きる。

神経伝達物質
神経細胞から発せられる化学物質で、細胞どうしの連絡をつかさどる。

推移的推論
A>B、B>C、C>Dであれば、直接比べなくてもB>Dであるとわかる。このように、すでに知っているものどうしの関係から別の関係を推し量って理解すること。

スズメ亜目
スズメ目に属する、鳴禽類にごく近いもの。オスもメスも鳴くが、手本からさえずりを学習することはない。

前頭前皮質［ぜんとうぜんひしつ］
哺乳類の皮質の一部で、思考や行動をまとめる役割がある。霊長類では脳の前部にあり、眼窩前頭部、腹内側部、背外側部に分かれていて、それぞれ別の機能を担う。

想起的意識
心のなかで別の時間、場所に自分を置いて考えること。未来、過去を問わない。

早成性［そうせいせい］
ある程度成熟した状態で誕生・孵化する性質のこと。鳥ではアヒル、ニワトリ、ガチョウなどがこれにあたり、生まれた直後から自分で動き、食べ物を見つける。

知能
ある状況に対応するために備わった、あるいは学習した能力を別の状況にも応用する認知的能力のこと。

貯食［ちょしょく］
食料を埋めたり隠したりして備蓄すること。1カ所にまとめて備蓄することもあれば、分散させることもある。

貯食を守る戦略
備蓄した食料を奪われないようにする戦略のこと。場所を変えたり、暗く見えにくいところに隠したり、障壁を利用したりする。見ている相手を混乱させる行動をとることもある。

陳述記憶
記憶のうち、知識や出来事のように思い出して語ることのできるもの。逆に体で覚えた習慣は語ることができない。陳述記憶には、意味記憶とエピソード記憶がある。

適応能力
環境的な条件下での食料確保など、生きのびるために生物が獲得した解剖学的、生理的、行動的な特徴や、認知能力のこと。たとえば空間記憶力は、貯食をし、あとで回収するという目的のために獲得した適応能力である。

淘汰圧［とうたあつ］
繁殖率を低下させる自然淘汰の圧力のこと。うまく餌を見つけられないものや、天敵から逃れることができないものは、子孫を残すことが難しくなる。一方、知能など生存に有利な特性を持つものは生き残り、その特性が引き継がれる。これにより、進化が起きる。

ドーパミン
脳内で報酬や快楽に関わる神経伝達物質。

取り出し採餌［とりだしさいじ］
根や木の実など、殻に入っていたり埋まっていたりするものを取り出して食べること。

晩成性［ばんせいせい］
自分で動き回ったり、食べ物を取ったりすることができない状態で誕生・孵化する性質のこと。一定期間の保護、世話を必要とする。鳥では、カラスやオウムが晩成性である。

鳴禽類［めいきんるい］
スズメ目に属する鳴鳥。オスは、敏感期に手本をまねることでさえずりを学習する。

予想
未来のことを考え、そして計画する心の動きのこと。

類推
ある物事、あるいは物事どうしの関係を、別のものとの類似性において理解すること。問題が起きたとき、同様の状況を遊びのなかで体験していれば、経験の類似性から対処することもできる。

FOXP2
脳の発達と、その結果としての言語の発声に関わる遺伝子。

参考文献

Akins, CK & Zentall, TR (1996). *Imitative learning in male Japanese quail using the two-action method.* J Comp Psychol, 110, 316-320 (C4).

Auersperg, AMI et al (2011). *Flexibility in problem solving and tool use of kea and New Caledonian crows in a multi access box paradigm.* PLoS ONE, 6, e20231 (C5).

Auersperg, AMI et al (2012). *Spontaneous innovation in tool manufacture and use in a Goffin's cockatoo.* Curr Biol, 22, R1-R2 (C5).

Balda, RP & Kamil, AC (1989). *A comparative study of cache recovery by three corvid species.* Anim Behav, 38, 486-495 (C2).

Beck, SR et al (2011). *Making tools isn't child's play.* Cognition, 119, 301-306 (C5).

Bingman, VP et al (2003). *The homing pigeon hippocampus and space.* Brain Behav Evol, 62, 117-127 (C2).

Bird, CD & Emery, NJ (2009). *Insightful problem solving and creative tool modification by captive nontool-using rooks.* PNAS, 106, 10370-10375 (C5).

Bird, CD & Emery, NJ (2009). *Rooks use stones to raise the water level to reach a floating worm.* Curr Biol, 19, 1410-1414 (C5).

Bugnyar, T (2010). *Knower-guesser differentiation in ravens.* Proc Roy Soc B, 283, 634-640 (C6).

Bugnyar, T & Heinrich, B (2005). *Ravens, Corvus corax, differentiate between knowledgeable and ignorant competitors.* Proc Roy Soc B, 272, 1641-1646 (C6).

Carter, J et al (2008). *Subtle cues of predation risk: starlings respond to a predator's direction of eye gaze.* Proc Roy Soc B, 275, 1709-1715 (C3).

Catchpole, C & Slater, PJ (2008). *Bird Song: Biological themes and variations.* Cambridge University Press: Cambridge, UK (C3).
(『鳥のボーカルコミュニケーション（Asakura-Arnold biology 30）』C.K.キャッチポール著、浦本昌紀・大庭照代訳、朝倉書店、1981年）

Cheke, LG et al (2011). *Tool-use and instrumental learning in the Eurasian jay.* Anim Cogn, 14, 441-455 (C5).

Cheke, LG et al (2012). *How do children solve Aesop's Fable?* PLoS ONE, 7, e40574 (C5).

Clayton, NS & Dickinson, A (1998). *Episodic-like memory during cache recovery by scrub jays.* Nature, 395, 272-274 (C2).

Clayton, NS & Emery, NJ (2015). *Avian models for human cognitive neuroscience.* Neuron, 86, 1330-1342 (C1).

Clayton, NS & Krebs, JR (1994). *Hippocampal growth and attrition in birds affected by experience.* PNAS, 91, 7410-7414 (C2).

Colombo, M & Broadbent, N (2000). *Is the avian hippocampus a functional homologue of the mammalian hippocampus?* Neurosci Biobehav Rev, 24, 465-484 (C2).

Cristol, DA et al (1997). *Crows do not use automobiles as nutcrackers.* The Auk, 114, 296-298 (C5).

Curio, E et al (1978). *Cultural transmission of enemy recognition.* Science, 202, 899-901 (C4).

Dally et al (2006). *Food-caching western scrub-jays keep track of who was watching when.* Science, 312, 1662-1665 (C6).

Dally et al (2006). *The behaviour and evolution of cache protection and pilferage.* Anim Behav, 72, 13-23 (C6).

Dally, JM et al (2008). *Social influences on foraging by rooks* (Corvus frugilegus). Behaviour, 145, 1101-1124 (C4).

Dally, JM et al (2010). *Avian theory of mind and counter espionage by food-caching western scrub-jays (Aphelocoma californica).* Eur J Dev Psychol, 7, 17-37.

Diamond, J & Bond, AB (2003). *A comparative analysis of social play in birds.* Behaviour, 140, 1091-1115 (C7).

Emery, NJ (2000). *The eyes have it: the neuroethology, function and evolution of social gaze.* Neurosci Biobehav Rev, 24, 581-604 (C3).

Emery, NJ & Clayton, NS (2001). *Effects of experience and social context on prospective caching strategies by scrub jays.* Nature, 414, 443-446 (C6).

Emery, NJ & Clayton, NS (2004). *The mentality of crows: Convergent evolution of intelligence in corvids and apes.* Science, 306, 1903-1907 (C7).

Emery, NJ & Clayton, NS (2015). *Do birds have the capacity for fun?* Curr Biol, 25, R16-R20 (C7).

Emery, NJ et al (2007). *Cognitive adaptations of social bonding in birds.* Phil Trans Roy Soc B, 362, 489-505 (C4).

Epstein, R et al (1981). *"Self-awareness" in the pigeon.* Science, 212, 695-696 (C6).

Epstein, R et al (1984). *"Insight" in the pigeon.* Nature, 308, 61-62 (C5).

Fisher, J & Hinde, RA (1949). *The opening of milk bottles by birds.* Br Birds, 42, 347-357 (C4).

Flower, TP et al (2014). *Deception by flexible alarm mimicry in an African bird.* Science, 344, 513-516 (C3).

Fraser, ON & Bugnyar, T (2010). *Do ravens show consolation?* PLoS ONE, 5, e10605 (C4).

Fraser, ON & Bugnyar, T (2011). *Ravens reconcile after aggressive conflicts with valuable partners.* PLoS ONE, 6, e18118 (C4).

Frost, BJ & Mouritsen, H (2006). *The neural mechanisms of long distance navigation.* Curr Op Neurobiol, 16, 481-488 (C2).

Garland, A & Low, J (2014). *Addition and subtraction in wild New Zealand robins.* Behav Proc, 109, 103-110 (C7).

Gentner, TQ et al (2006). *Recursive syntactic pattern learning by songbirds.* Nature, 440, 1204-1207 (C7).

Gunturkun, O (2005). *The avian "prefrontal cortex" and cognition.* Curr Op Neurobiol, 15, 686-693 (C1).

Haesler, S et al (2004). *FoxP2 expression in avian vocal learners and non-learners.* J Neurosci, 24, 3164-3175 (C7).

Healy, SD & Hurly, TA (1995). *Spatial memory in rufous hummingbirds.* Anim Learn Behav, 23, 63-68 (C2).

Healy, SD et al (1994). *Development of hippocampus specialization in two species of tit (Parus sp.).* Behav Brain Res, 61, 23-28 (C2).

Henderson, J et al (2006). *Timing in free-living rufous hummingbirds.* Curr Biol, 16, 512-515 (C2).

Herrnstein, RJ et al (1976). *Natural concepts in pigeons.* J Exp Psychol: Anim Behav Proc, 2, 285-302.

Heyers, D et al (2007). *A visual pathway links brain structures active during magnetic compass orientation in migratory birds.* PLoS ONE, 2, e937 (C2).

Hopson, JA (1977). *Relative brain size and behaviour in archosaurian reptiles.* Ann Rev Ecol Sys, 8, 429-448 (C1).

Hunt, GR (1996). *Manufacture & use of hook-tools by New Caledonian crows.* Nature, 379, 249-251 (C5).

Hunt, GR & Gray, RD (2002). *Diversification and cumulative evolution in New Caledonian crow tool manufacture.* Proc Roy Soc B, 270, 867-874 (C5).

Hunt, GR & Gray, RD (2003). *The crafting of hook tools by wild New Caledonian crows.* Proc Roy Soc B: Biol Lett, 271 (S3), S88-S90 (C5).

Hunt, GR & Gray, RD (2004). *Direct observations of pandanus-tool manufacture and use by a New Caledonian crow.* Anim Cogn, 7, 114-120 (C5).

Hurly, TA & Healy, SD (1996). *Memory for flowers in rufous hummingbirds: location or local visual cues?* Anim Behav, 51, 1149-1157 (C2).

Iglesias, TL et al (2012). *Western scrub-jay funerals: cacophonous aggregations in response to dead conspecifics.* Anim Behav, 84, 1103-1111 (C7).

Jarvis, ED (2007). *Neural systems for vocal learning in birds and humans.* J Ornithol, 148 (S1): S35-S44 (C3).

Jarvis, ED et al (2005). *Avian brains and a new understanding of vertebrate brain evolution.* Nat Rev Neurosci, 6, 151-159 (C1).

Jelbert, SA et al (2014). *Using the Aesop's Fable Paradigm to investigate causal understanding of water displacement by New Caledonian crows.* PLoS ONE, 9, e92895 (C5).

Jouventin, P et al (1999). *Finding a parent in a king penguin colony: the acoustic system of individual recognition.* Anim Behav, 57, 1175-1183 (C3).

Kamil, AC & Cheng, K (2001). *Way-finding and landmarks: The multiple bearings hypothesis.* J Exp Biol, 2043, 103-113 (C2).

Karten, HJ & Hodos, W (1967). *A Stereotaxic Atlas of the Brain of the Pigeon (Columba livia).* John Hopkins Press: Baltimore, MD (C1).

Kelley, LA & Endler, JA (2012). *Illusions promote mating success in great bowerbirds.* Science, 335, 335-338 (C3).

Koehler, O (1950). *The ability of birds to "count".* Bull Anim Behav, 9, 41-45 (C7).

Lefebvre, L et al (1997). *Feeding innovations and forebrain size in birds.* Anim Behav, 53, 549-560 (C7).

Lefebvre, L et al (2002). *Tools and brains in birds.* Behaviour, 139, 939-973 (C5).

Levey, DJ et al (2009). *Urban mockingbirds quickly learn to identify individual humans.* PNAS, 106, 8959-8962 (C3).

Liedtke, J et al (2011). *Big brains are not enough: performance of three parrot species in the trap tube paradigm.* Anim Cogn, 14, 143-149 (C5).

Marler, P & Tamura, M (1964). *Culturally transmitted patterns of vocal behaviour in sparrows.* Science, 146, 1483-1486 (C4).

Marzluff, JM et al (2012). *Brain imaging reveals neuronal circuitry underlying the crow's perception of human faces.* PNAS, 109, 15912-15917 (C3).

Nottebohm, F et al (1976). *Central control of song in the canary, Serinus canaries.* J Comp Neurol, 165, 457-486 (C1).

O'Connell, LA & Hofmann, HA (2011). *The vertebrate mesolimbic reward system and social behaviour network.* J Comp Neurol, 519, 3599-3639 (C4).

Ostojic, L et al (2013). *Evidence suggesting that desire-state attribution may govern food sharing in Eurasian jays.* PNAS, 110, 4123-4128 (C6).

Patel, AD et al (2009). *Experimental evidence for synchronization to a musical beat in a nonhuman animal.* Curr Biol, 19, 827-830 (C3).

Paz-y-Mino, GC et al (2004). *Pinyon jays use transitive inference to predict social dominance.* Nature, 430, 778-781 (C4).

Pepperberg, IM (2002). *Cognitive and communicative abilities of grey parrots.* Curr Dir Psychol Sci, 11, 83-87 (C3).

Petkov, CI & Jarvis, ED (2012). *Birds, primates, and spoken language origins.* Front Evol Neurosci, 4, 12 (C7).

Prather, JF et al (2008). *Precise auditory-vocal mirroring in neurons for learned vocal communication.* Nature, 451, 305-310 (C3).

Prior, H et al (2008). *Mirror-induced behaviour in the magpie.* PLoS Biol, 6, e202 (C6).

Raby, CR et al (2007). *Planning for the future by western scrub-jays.* Nature, 445, 919-921 (C6).

Rogers, LJ et al (2004). *Advantages of having a lateralized brain.* Proc Roy Soc B: Biol Lett, 271, S420-S422 (C1).

Rugani, R et al (2009). *Arithmetic in newborn chicks.* Proc Roy Soc B, 276, 2451-2460 (C7).

Scheiber, IBR et al (2005). *Active and passive social support in families of greylag geese.* Behaviour, 142, 1535-1557 (C4).

Seed, AM et al (2006). Investigating physical cognition in rooks, Corvus frugilegus. Curr Biol, 16, 697-701 (C5).

Seed, AM et al (2007). Postconflict *third-party affiliation in rooks.* Curr Biol, 17, 152-158 (C4).

Seed, AM et al (2008). Cooperative *problem solving in rooks.* Proc Roy Soc B, 275, 1421-1429 (C4).

Seed, A et al (2009). *Intelligence in corvids and apes.* Ethology, 115, 401-420 (C7).

Shimizu, T & Bowers, AN (1999). *Visual circuits of the avian telencephalon: evolutionary implications.* Behav Brain Res, 98, 183-191 (C1).

Smirnova, A et al (2015). *Crows spontaneously exhibit analogical reasoning.* Curr Biol, 25, 256-260 (C7).

Taylor, AH et al (2007). Spontaneous *metatool use by New Caledonian crows.* Curr Biol, 17, 1504-1507 (C5).

Taylor, AH et al (2009). *Do New Caledonian crows solve physical problems through causal reasoning?* Proc Roy Soc B, 276, 247-254 (C5).

Tebbich, S et al (2001). *Do woodpecker finches acquire tool-use by social learning?* Proc Roy Soc B, 268, 2189-2193 (C5).

Tebbich, S et al (2002). *The ecology of tool-use in the woodpecker finch.* Ecol Lett, 5, 656-664 (C5).

Tebbich, S et al (2007). *Non-tool-using rooks solve the trap-tube problem.* Anim Cogn, 10, 225-231 (C5).

Templeton, CN et al (2005). *Allometry of alarm calls: Black-capped chickadees encode information about predator size.* Science, 308, 1934-1937 (C3).

Teschke, I & Tebbich, S (2011). *Physical cognition and tool use: performance of Darwin's finches in the two-trap tube task.* Anim Cogn, 14, 555-563 (C5).

Vander Wall, SB (1982). *An experimental analysis of cache recovery in Clark's nutcracker.* Anim Behav, 30, 84-94 (C2).

von Bayern, AMP & Emery, NJ (2009a). *Jackdaws respond to human attentional states and communicative cues in different contexts.* Curr Biol, 19, 602-606 (C3).

von Bayern, AMP & Emery, NJ (2009b). *Bonding, mentalizing and rationality.* In: Watanabe, S (Ed.) *Irrational Humans, Rational Animals.* Keio University Press: Tokyo (C3).

Watanabe, S et al (1995). *Pigeon's discrimination of paintings by Monet and Picasso.* J Exp Analysis Behav, 63, 165-174 (C7).

Weir, AAS et al (2002). *Shaping of hooks in New Caledonian crows.* Science, 297, 981 (C5).

Wiltschko, W & Wiltschko, R (1972). *Magnetic compass of European robins.* Science, 176, 62-64 (C2).

Wimpenny, JH et al (2009). *Cognitive processes associated with sequential tool use in New Caledonian crows.* PLoS ONE, 4, e6471 (C5).

もっと知りたい方のために

Birkhead, T. (2012). *Bird Sense: What it's like to be a bird.* Bloomsbury: London.（『鳥たちの驚異的な感覚世界』ティム・バークヘッド著、沼尻由起子訳、河出書房新社、2013年）

Boehner, B. (2004). *Parrot Culture: Our 2500 year-long fascination with the world's most talkative bird.* University of nnsylvania Press: Philadelphia.

de Waal, F. B. M. (2016). *Are We Smart Enough to Know How Smart Animals Are?* W. W. Norton & Co., New York.

Emery, N. (2006). *Cognitive ornithology: the evolution of avian intelligence.* Philosophical Transactions of the Royal Society B, 361, 23-43.

Emery, N. and Clayton, N. (2004). *The mentality of crows: Convergent evolution of intelligence in corvids and apes.* Science, 306, 1903-1907.

Hansell, M. (2007). *Built By Animals: The natural history of animal architecture.* Oxford University Press: Oxford.（『建築する動物たち――ビーバーの水上邸宅からシロアリの超高層ビルまで』マイク・ハンセル著、長野敬・赤松眞紀訳、青土社、2009年）

Heinrich, B. (1999). *Mind of the Raven.* Harper Collins Publishers: New York.

Marzluff, J. and Angell, T. (2012). *Gifts of the Crow: How perception, emotion, and thought allow smart birds to behave like humans.* Free Press: New York.（『世界一賢い鳥、カラスの科学』ジョン・マーズラフ／トニー・エンジェル著、東郷えりか訳、河出書房新社、2013年）

Morell, V. (2013). *Animal Wise: The thoughts and emotions of our fellow creatures.* Crown Publishers: New York.

Pepperberg, I. (1999). *The Alex Studies: Cognitive and communicative abilities of grey parrots.* Harvard University Press:Cambridge, MA.（『アレックス・スタディ――オウムは人間の言葉を理解するか』Irene Maxine Pepperberg著、渡辺茂・遠藤清香・山崎由美子訳、共立出版、2003年）

Savage, C. (1997). *Bird Brains: Intelligence of crows, ravens, magpies and jays.* Greystone Books: Canada

Tudge, C. (2009). *The Secret Life of Birds: Who they are and what they do.* Allen Lane:London. Penguin.（『鳥――優美と神秘、鳥類の多様な形態と習性』コリン・タッジ著、黒沢令子訳、シーエムシー出版、2012年）

索引

【鳥の種名・分類群】

【専門用語・特性・能力】

謝辞

まず、妻のニッキー・クレイトンに感謝したい。霊長類にしか興味のなかった私の目を鳥類に向けてくれたのは彼女である。さらに、本書で扱ったたくさんの研究のパートナーとして尽力してくれたうえに、執筆に際しても常に助言を与えてくれた。そんな彼女に本書を捧げたいと思う。そして協力してくれた家族、特に写真のモデルとして登場してもらった姪のイモジェンには、ありがとうと言いたい。

また、鳥の心のなかについて新たな発見をすることができたのは、かつての私の学生、A・シード、C・バード、A・V・バイエルン、J・V・ホリク、F・ヘルムとA・ヘルム、J・ダリーが献身的に研究のサポートをしてくれたおかげである。その多くを紹介させてもらったことで、本書はより充実したものとなった。

それから、出版社Ivy Pressのみなさん、特にJ・セイヤーズ、J・パムフリー、W・ブレイズ、S・ケリー、A・スティーヴンス、T・キッチ、J・アンセルの各氏には、企画段階から本当にお世話になった。私の文章を、たくさんのイラストと合わせて素敵な本に仕立て上げてくださったことに心より感謝申し上げたい。

最後に、研究成果を惜しむことなく使わせてくださった友人、同業者のみなさんにもお礼を申し上げたい。一般向けの本のため、すべての研究を網羅することはできなかったが、興味の尽きない読者がいらっしゃれば、本書で紹介した参考文献をご覧いただけるので、ぜひ私のウェブサイト（www.featheredape.com）にもお越しいただければと思う。

図版クレジット

絵や写真を使わせてくださった方々に、出版社として心から感謝申し上げる次第である。提供者は以下にすべて網羅したつもりだが、万が一漏れや間違いがあればお詫び申し上げるとともに、再版の際には訂正することをお約束する。

イラスト

Kate Osborne: 2, 3, 35, 131.
Jenny Proudfoot: 22, 23, 27, 33, 47, 59, 67, 83, 93, 133, 173.
John Woodcock: 14, 21, 22, 23, 24, 27, 29, 31, 47, 51, 53, 57, 58, 63, 67, 75, 79, 83, 91, 93, 97, 105, 107, 111, 120, 123, 127, 129, 139, 143, 147, 151, 153, 157, 159, 163, 174, 178, 181.

写真

Shutterstock: 4-5, 9, 13, 14, 15, 16, 18, 19, 26, 28, 29, 39, 40, 44, 45, 50, 55, 56, 61, 62, 66, 72, 78, 80, 84, 87, 95, 101, 103, 110, 114, 115, 135, 141, 142, 145, 150, 164, 176, 177, 179, 180, 183, 184.
Science Photo Library/D.Roberts: 6-7.
Corbis/Universal Pictures/Sunset Boulevard: 10.
iStock: 11, 25, 85, 136, 160, 168, 169.
Chris Skaife: 12.
Alamy/Nigel Cattlin: 18, 109.
Getty Images/Thomas D. McAvoy: 18BL.
Erich Jarvis: 18BC.
Alice Auersperg: 19TCR, 117.
Alamy/Bob Gibbons: 19BL, 96.
Alamy/All Canada Photos: 19BC.
Getty Images/Mark Carwardine: 20.
Ei-Ichi Izawa: 33.
Alamy/ZUMA Press, Inc.: 37l.
Alamy/Danita Delimont: 37.
Dr Jolyon Troscianko: 38.
Jacob W. Frank/Rocky Mountain National Park/CC BY-ND 2.0: 49.
Alamy/George Reszeter: 64.
Alamy/National Geographic Creative: 69.
Corbis/Tim Laman/National Geographic Creative: 70.
Corbis/Otto Plantema/Buiten-beeld/Minden Pictures: 71.
Tony Smith/CC-BY 2.0: 74.
L.A. Kelley: 77.
The Alex Foundation: 86, 87.
Corbis/DLILLC: 88.
Ivy Press: 98, 99.
Dr Robert Miyaoka/University of Washington Department of Radiology: 101l.
Alamy/imageBROKER: 103, 124.
Comparative Cognition Lab: 104.
Alamy/Genevieve Vallee: 106.
Nathan Emery: 109, 135l, 144, 158, 172.
Getty Images/Carlos Ciudad Photos: 112.
Alamy/FLPA: 114, 119.
Getty Images/Auscape: 115, 122.
Gavin Hunt: 116.
Sabine Tebbich: 118.
Mdf/CC BY-SA 3.0: 125.
Comparative Cognition Lab: 127.
Alamy/David Chapman: 130.
Milo Winter/Co: 132.
Onur Güntürkün: 138.
Ljerka Ostojić : 146.
Nature Picture Library/Marie Read: 149.
Alamy/Max Carstairs: 152.
Nicky Clayton, Comparative Cognition Lab, University of Cambridge: 154, 156.
Alamy/liszt collection: 155.
Alamy/keith morris: 165.
Alamy/Nick Gammon: 167.
Alamy/Nature Photographers Ltd: 171.
FLPA/Gianpiero Ferrari: 175.
Tambako The Jaguar/CC BY-ND 2.0: 176BR.
Corbis/Christina Krutz/Masterfile: 182.

＊BC＝下中、BL＝下左、BR＝下右、l＝左、TCR＝上中右

［著者］

ネイサン・エメリー（Nathan Emery）

ロンドン大学上級講師（認知生物学）。動物の心理、特にカラス、霊長類、オウムにおける洞察や想像力などの研究を専門とする。現在は、ロンドン塔で飼われているカラスの研究を進めている。これまでに科学雑誌『Nature』や『Current Biology』に80以上の論文を発表し、その研究成果は国際的に注目され、メディアにも数多く取り上げられている。共同編著に『The Cognitive Neuroscience of Social Behavior（社会行動の認知神経科学）』（Psychology Press, 2005）、『Social Intelligence: From brain to culture（社会的知能：脳から文化まで）』（OUP, 2007）があるほか、研究誌『Animal Cognition』や『Journal of Comparative Psychology』の編集にも携わる。

［訳者］

渡辺智（わたなべ・さとし）

1974年山口県生まれ。広島大学大学院文学研究科博士課程前期修了（英語学英文学）。中学、高校で英語を教えるかたわら、翻訳を手掛ける。

実は猫よりすごく賢い鳥の頭脳

2018年2月22日　初版第1刷発行

著　者　ネイサン・エメリー
訳　者　渡辺智
発行者　澤井聖一
発行所　株式会社エクスナレッジ
〒106-0032　東京都港区六本木7-2-26
http://www.xknowledge.co.jp/
問合せ先　編集　Tel 03-3403-1381
Fax03-3403-1345
info@xknowledge.co.jp
販売　Tel 03-3403-1321
Fax03-3403-1829